四旋翼飞行器快速上手

陈志旺 等编著

電子工業出版社
Publishing House of Electronics Industry
北京·BEIJING

内 容 简 介

本书系统介绍了动手制作（DIY）一个微型四旋翼飞行器的理论知识及实践方法，主要目的是使读者熟悉并掌握四旋翼飞行器的飞行控制及组装原理，熟悉并掌握航电设备的使用。本书以四旋翼飞行器涉及的嵌入式系统基本概念、原理、定律和嵌入式系统软/硬件开发方法为主线，以"实际、实用、实践"为原则，淡化理论深度，突出工程应用，构建科学、协调、可操作的内容体系，知识结构合理，注重课程交叉，及时引入课程最新发展成果。

本书适合对四旋翼飞行器感兴趣的读者阅读，也可作为高等学校相关专业的教学用书。

未经许可，不得以任何方式复制或抄袭本书之部分或全部内容。
版权所有，侵权必究。

图书在版编目（CIP）数据

四旋翼飞行器快速上手/陈志旺等编著．—北京：电子工业出版社，2017.8
ISBN 978-7-121-32548-9

Ⅰ．①四… Ⅱ．①陈… Ⅲ．①无人驾驶飞行器－制作 Ⅳ．①V47

中国版本图书馆 CIP 数据核字（2017）第 205318 号

策划编辑：张　剑（zhang@phei.com.cn）
责任编辑：苏颖杰
印　　刷：涿州市京南印刷厂
装　　订：涿州市京南印刷厂
出版发行：电子工业出版社
　　　　　北京市海淀区万寿路 173 信箱　邮编 100036
开　　本：787×1092　1/16　印张：17　字数：432 千字
版　　次：2017 年 8 月第 1 版
印　　次：2021 年 8 月第 10 次印刷
定　　价：49.90 元

凡所购买电子工业出版社图书有缺损问题，请向购买书店调换。若书店售缺，请与本社发行部联系，联系及邮购电话：(010)88254888，88258888。
质量投诉请发邮件至 zlts@phei.com.cn，盗版侵权举报请发邮件至 dbqq@phei.com.cn。
本书咨询联系方式：zhang@phei.com.cn。

前 言

本书主要讲述动手制作（DIY）一个微型四旋翼飞行器涉及的理论及实践知识。四旋翼知识体系主要涉及两大方面，即机械部分和电控部分，本书侧重电控部分，以"四旋翼电控开发工程师"为培养目标，而电控部分具体指"嵌入式系统开发"，按照嵌入式系统层次组成，本书各章节关系如下图所示：

层次	章节
应用层	第5章 卡尔曼滤波 第8章 PID控制算法
操作系统层	第9章 嵌入式操作系统
驱动层	第4章 传感器及姿态角测量 第6章 动力系统 第10章 无线通信
硬件层	第4章 传感器及姿态角测量 第6章 动力系统 第7章 嵌入式主控系统 第10章 无线通信
机械部分	第2章 空间坐标系及姿态角描述 第3章 四旋翼飞行器数学模型

除了上述章节外，还包括第1章绪论和第11章飞手实训。

本书与各章节理论相结合给出的代码基于我们自己开发的飞控系统，该系统在首届全国高校自动化专业青年教师实验设备设计"创客大赛"中获得铜奖（见下图）。但本书的理论内容不拘泥于此，任选一款开源飞控，都可以参考本书进行四旋翼飞行器的相关学习。

本书以应用为导向进行内容安排。例如，四元数的概念放到第 2 章，四元数的微分方程放到第 5.3.1 节；欧拉角的概念放到第 2 章，欧拉角奇点的概念在第 3.3.5 节中介绍，欧拉角和四元数的转换放到第 5.3.5 节。

本书侧重知识体系构建及引导案例设计，例如第 7 章和第 9 章，给出了知识框架，而没有分别写成"STM32 系列芯片手册"和"FreeRTOS 库函数手册"，因为我们的目的是让读者在本书的指导下入门嵌入式学习，而芯片手册等像砖头一样的参考资料可以上网下载，使用的时候查找即可。

本书反复论述的一个核心："四旋翼能够飞行主要是依靠传感器系统获取位姿信息并反馈到微处理器进行控制系统的运算，然后驱动电动机完成姿态控制"分别在第 3、7、8、9 章从不同方面进行论述，希望读者进行相应归纳。

现在是"互联网架空大学"的时代，在四旋翼开发实践中，与其说四旋翼是"做"出来的，不如说是从搜索引擎"搜"出来的，因此希望大家和 Baidu、Google 做朋友，如果遇到一个四旋翼动力系统参数匹配细节问题，可以搜索四旋翼动力设计网页；如果遇到嵌入式开发 stm32 固件库函数使用上的问题，可以搜索固件库文档；如果遇到卡尔曼滤波、PID 算法等典型任务，可以搜索示例代码；当开发中遇到疑难杂症时，可以提炼关键词搜索是否有人遇到相同问题。总之，网络就是大金矿，而搜索引擎就是采矿机器，善用搜索引擎可以帮助我们充分利用丰富的网络资源来进行有效的学习和开发。

本书是 DJI 大疆创新产学合作专业综合改革项目的成果之一，得到了国内多旋翼知名企业大疆创新公司的支持，在此表示感谢。

本书由陈志旺等编著。其中，第 1~3 章、第 7~10 章和附录由燕山大学陈志旺编写；第 4 章由国网黑龙江省电力有限公司佳木斯供电公司宋娟编写；第 6 章由国网黑龙江省电力有限公司佳木斯供电公司陈志兴编写；第 11 章由燕山大学宁志旋编写；第 5 章由燕山大学吕宏诗编写。全书由陈志旺统稿。参加本书编写的还有薛佳伟、王敬、张子振、赵子铮、邵玉杰、王小飞、张健、黄兴旺、白锌和赵方亮。书中引用了一些网上文献，无法一一注明出处，在此向原作者表示感谢！

由于编著者水平有限，书中难免存在错误与不妥之处，欢迎读者朋友不吝赐教！

本书 QQ 群：560351263（四旋翼无人机原理）

编著者

目 录

第1章 绪论 1
1.1 飞行器分类 1
1.2 无人机的概念 6
1.3 无人机自主飞行 8
1.3.1 自主飞行概念 8
1.3.2 无人机自主控制等级 9
1.3.3 无人机模块化结构 12
1.4 国际空中机器人大赛 14
1.5 开源飞控 17
1.6 飞行器控制涉及的知识 22

第2章 空间坐标系及姿态角描述 25
2.1 满足右手定则的坐标系 25
2.2 方向余弦阵 28
2.2.1 二维坐标旋转 28
2.2.2 三维坐标旋转 29
2.3 欧拉角 32
2.4 由等效旋转矢量到四元数 35
2.4.1 向量点乘和叉乘 35
2.4.2 等效旋转矢量 36
2.4.3 复数形式四元数 39
2.5 四元数、欧拉角以及方向余弦阵对比 41

第3章 四旋翼飞行器数学模型 43
3.1 飞行要素 43
3.1.1 大气飞行环境 43
3.1.2 伯努利定理 45
3.1.3 固定翼飞机的平飞 48
3.2 四旋翼飞行器的飞行原理 49
3.3 四旋翼飞行器的数学模型 53
3.3.1 数学模型概述 53
3.3.2 建模假设条件 54
3.3.3 动力子系统建模 55
3.3.4 动力学模型 56

		3.3.5 运动学模型	61
		3.3.6 模型的简化	63
3.4	四旋翼飞行器的特点		65

第4章 传感器及姿态角测量 66

4.1	基本概念		66
4.2	MEMS		68
4.3	陀螺仪		69
	4.3.1	机械陀螺仪原理	69
	4.3.2	MEMS 陀螺仪	70
	4.3.3	ITG3200 应用	71
4.4	加速度计		72
	4.4.1	加速度计原理	72
	4.4.2	LIS3VDQ 结构	74
	4.4.3	加速度计标定	75
4.5	磁罗盘		79
	4.5.1	磁罗盘原理	79
	4.5.2	磁罗盘 LSM303DLH	80
	4.5.3	磁罗盘标定	82
4.6	GPS		83
4.7	姿态角测量公式		85
	4.7.1	俯仰角和滚转角测量	85
	4.7.2	偏航角测量	86

第5章 卡尔曼滤波 91

5.1	线性系统状态能观性		91
5.2	卡尔曼滤波原理		93
	5.2.1	数学基础	93
	5.2.2	卡尔曼滤波算法	94
	5.2.3	卡尔曼滤波案例 1	98
	5.2.4	卡尔曼滤波案例 2	99
	5.2.5	参数分析	99
	5.2.6	扩展卡尔曼滤波	100
5.3	卡尔曼滤波在姿态解算中的应用		102
	5.3.1	四元数微分方程	102
	5.3.2	状态模型	104
	5.3.3	测量模型	104
	5.3.4	卡尔曼滤波算法步骤	107
	5.3.5	四旋翼姿态解算代码实现	107

第6章 动力系统 ... 109

6.1 电动机 ... 109
6.1.1 有刷电动机 ... 109
6.1.2 空心杯电动机 ... 110
6.1.3 无刷电动机特点 ... 110
6.1.4 无刷电动机结构 ... 111
6.1.5 无刷电动机工作原理 ... 113
6.1.6 无刷电动机参数 ... 116

6.2 电调 ... 119
6.2.1 电调功能 ... 119
6.2.2 电调原理 ... 120
6.2.3 电调参数 ... 122

6.3 电池 ... 123
6.3.1 锂电池简介 ... 123
6.3.2 电池参数 ... 125
6.3.3 电池使用注意事项 ... 128

6.4 螺旋桨 ... 130
6.4.1 螺旋桨的作用 ... 130
6.4.2 螺旋桨的分类 ... 132
6.4.3 螺旋桨的参数 ... 133

6.5 导线 ... 134
6.6 机架 ... 136

第7章 嵌入式主控系统 ... 138

7.1 微型计算机的组成 ... 138
7.2 CM3 体系结构 ... 140
7.3 CM3 寄存器 ... 144
7.4 STM32 的存储结构 ... 148
7.4.1 总线接口 ... 148
7.4.2 CM3 存储器组织 ... 150
7.4.3 STM32 存储器映射 ... 151
7.4.4 大端和小端 ... 154
7.4.5 字节对齐 ... 155
7.4.6 动态内存 ... 159

7.5 ARM 指令集 ... 159
7.6 STM32F1 和 STM32F4 的区别 ... 164
7.7 STM32 的选型 ... 166
7.8 嵌入式系统分层结构 ... 169

第8章 PID 控制算法 … 173

8.1 控制的基本过程 … 173
8.2 四旋翼飞行器 PID 控制器原理 … 174
8.2.1 PID 控制基本理论 … 174
8.2.2 控制规律的选择 … 176
8.2.3 四旋翼飞行器的串级 PID 控制 … 177
8.3 PID 参数整定 … 178
8.3.1 PID 参数对系统性能的影响 … 178
8.3.2 参数整定基本概念 … 181
8.3.3 单环 PID 参数整定 … 181
8.3.4 串级 PID 参数整定 … 182

第9章 嵌入式操作系统 … 184

9.1 操作系统基本概念 … 184
9.1.1 操作系统功能 … 184
9.1.2 操作系统工作过程 … 185
9.1.3 前后台系统 … 186
9.1.4 实时操作系统 … 186
9.1.5 通用操作系统与实时操作系统的比较 … 186
9.2 飞行器与操作系统 … 188
9.3 操作系统中的任务 … 190
9.3.1 任务的特性 … 190
9.3.2 多任务的实现 … 192
9.3.3 任务划分的目标 … 192
9.4 FreeRTOS 操作系统简介 … 193
9.5 FreeRTOS 中的任务管理 … 195
9.5.1 FreeRTOS 中的任务 … 195
9.5.2 相对延时 … 197
9.5.3 绝对延时 … 197
9.6 FreeRTOS 中的互斥信号量 … 198
9.6.1 互斥信号量的概念 … 199
9.6.2 互斥信号量的应用 … 201
9.7 FreeRTOS 中的任务通信 … 205
9.7.1 队列概念 … 205
9.7.2 队列通信案例 … 207
9.8 飞控操作系统中的任务及其通信 … 208

第10章 无线通信 … 210

10.1 无线通信原理 … 210

10.2 无线电波 ……………………………………………………………… 213
    10.2.1 无线通信按频率分类 ………………………………………… 213
    10.2.2 2.4GHz 无线技术简介 ……………………………………… 216
    10.2.3 2.4GHz 无线通信扩频技术 ………………………………… 217
    10.2.4 2.4GHz 无线技术特点 ……………………………………… 220
10.3 手持遥控器工作原理 ………………………………………………… 220
    10.3.1 发射机 ………………………………………………………… 220
    10.3.2 接收机 ………………………………………………………… 226
    10.3.3 设备使用中需注意的问题 …………………………………… 228
10.4 飞行器的其他无线通信 ……………………………………………… 229

第 11 章 飞手实训 …………………………………………………………… 231

11.1 无人机就业职位要求 ………………………………………………… 231
11.2 飞手练习方法 ………………………………………………………… 233
11.3 民用无人机空中交通管理办法 ……………………………………… 238
11.4 飞行时的注意事项 …………………………………………………… 241
    11.4.1 人 ……………………………………………………………… 242
    11.4.2 机 ……………………………………………………………… 245
    11.4.3 环境 …………………………………………………………… 246
11.5 飞行器检修及保养 …………………………………………………… 247

附录 A 磁罗盘椭球拟合标定程序 ………………………………………… 250

附录 B 卡尔曼滤波代码 …………………………………………………… 255

附录 C PID 参数对系统性能影响试验代码 …………………………… 257

参考文献 ……………………………………………………………………… 259

第1章 绪 论

无人机的基础还是一个飞行器,但这是一个多项尖端科技整合的技术,是多个前沿学科的技术集成和积累的产业。

——潘农菲(大疆创新公司原副总裁)

 ## 1.1 飞行器分类

飞行器就是能够离开地面飞行的装置,是在地球大气层内或在大气层之外的空间(含环地球的空间、行星和行星际空间)飞行的器械。按照大气层内外空间,飞行器活动可分成航空和航天两类。

☺ 航空:指在大气层内的空间飞行活动,一般不超过30km高度。航空必须具备空气介质和克服航空器自身重力的升力,大部分航空器还要有产生相对于空气运动所需的推力。

☺ 航天:指在大气层外的近地空间、星际空间的飞行活动。

航天不同于航空,航天器是在极高的真空宇宙空间以类似于自然天体的运动规律飞行。但航天器的发射和回收都要经过大气层,这就使航空航天之间产生了必然的联系。航空航天一词,既蕴藏了进行航空航天活动必需的科学,又包含了研制航空航天飞行器所涉及的各种技术,从科学技术的角度看,航空与航天之间是紧密联系的。

飞行器按照其飞行环境和工作原理的不同被分为三类:火箭和导弹、航天器、航空器。

1) **火箭和导弹** 在大气层内外飞行的一种特殊飞行器,是利用火箭发动机而获得运动的飞行器,带有动力装置和战斗部分。

2) **航天器** 在大气层外飞行,靠运载火箭推力获得一定速度和高度后,在引力作用下按照天体力学的规律进行轨道飞行的飞行器。航天器基本类型如图1-1所示。

3) **航空器** 在大气层内飞行,靠空气静浮力和与空气相对运动产生的空气动力飞行的飞行器。航空器基本类型如图1-2所示。

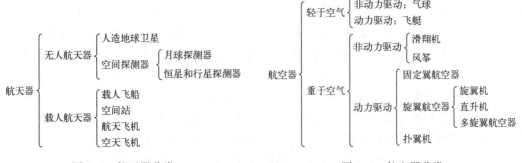

图1-1 航天器分类　　　　　　　　图1-2 航空器分类

航空器中，飞艇是一种装有安定面、方向舵和升降舵的流线型气球，并装有发动机带动螺旋桨产生拉力。滑翔机是指没有动力装置的重于空气的固定翼航空器。

固定翼航空器、直升机和多旋翼航空器外形如图 1-3 所示。

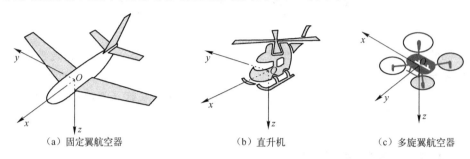

　　（a）固定翼航空器　　　　　　（b）直升机　　　　　　（c）多旋翼航空器

图 1-3　固定翼航空器、直升机和多旋翼航空器外形

（1）固定翼（fixed wing）航空器：商务波音 747、空客 A380 和 F-16、歼-15 等都是固定翼航空器。顾名思义，固定翼就是翅膀形状固定，靠流过机翼的风提供升力。动力系统包括机翼和助推发动机。固定翼航空器的优点是在三类飞行器里续航时间最长、飞行效率最高、载荷最大，缺点是起飞时必须要助跑，降落时必须要滑行。

固定翼航空器是自稳定系统，即飞上天、助推发动机稳定工作之后，不需要复杂控制，固定翼就能自己抵抗气流的干扰保持稳定。此外，对于飞行器姿态控制来说，固定翼航空器是完整驱动系统，即它在任何初始姿态下都可以调整到任何其他姿态，并且保持这个姿态，但存在失速问题。固定翼在空中可以借助气流产生升力，姿态变换通过"借力"实现（还要有执行器控制相应的机械结构，但省"力"很多），螺旋桨或者喷气发动机只提供额外飞行速度。

（2）直升机（helicopter）：特点是靠一个或者两个主旋翼提供升力。如果只有一个主旋翼，则还必须要有一个小的尾翼抵消主旋翼产生的自旋力。为了能向前后左右飞行，主旋翼有极其复杂的机械结构，通过控制旋翼桨面的变化来调整升力的方向。动力系统包括发动机、整套复杂的桨调节系统。直升机的优点是可以垂直起降，续航时间中等，载荷也中等；缺点是极其复杂的机械结构导致了比较高的维护成本。

直升机是不稳定系统，飞上天之后如果不施加控制，一阵风吹来就可能翻倒。直升机是完整驱动系统，可以自由调整姿态。这是因为直升机的桨面不但可以产生相对机身向上的推力，而且可以产生相对机身向下的推力。直升机没有失速的问题，什么时候都能调整姿态。

（3）多旋翼（multi-rotor）航空器：机械结构非常简单，动力系统只需要电动机直接连桨。多旋翼航空器的优点是机械简单，能垂直起降；缺点是续航时间短，载荷也小。

多旋翼航空器是不稳定系统，也不是完整驱动系统（也称欠驱动系统）。它的桨只能产生相对机身向上的升力，所以不稳定、控制较难。随着 MEMS 的发展，惯性导航系统的体积和质量可以被旋翼飞行器承载，因此旋翼机发展起来。多旋翼航空器之所以能够比直升机成功，除了操控简单、成本较低之外，还有一个主要的原因，就是其机械可靠性较高，这也是多旋翼航空器和直升机最主要的区别之一。与多旋翼航空器相比，直升机需要有上千个活动的机械连接部件，飞行过程中会产生磨损，导致可靠性下降，这些不稳定因素的排查成本较高，还有可能对人体产生伤害。而多旋翼航空器上没有活动部件，它的可靠性基本上取决于无刷电动机的可靠性，因此可靠性较高。多旋翼航空器分类见表 1-1。

表1-1　多旋翼航空器分类

名称	结构特点	特　性	示意图	备注
双轴	电动机分别位于直线形机身两侧，重心位于机身正中	横向稳定性差，飞行时易发生滚转，成本虽低但较难操控。两电动机旋转方向相反		一字形
三轴	两电动机以90°角固定，另一电动机位于其角平分线反向延长线上	平衡性差，转速分配复杂，机头方向位于两相互垂直电动机之间。三电动机旋转方向均为逆时针		Y形
四轴	四角各有一个电动机，重心位于其对角线交点	机头方向位于两电动机之间，操控难度相对于十字形较大，动作更灵活。对角两电动机转向相同		X形
四轴	四角各有一个电动机，重心位于其对角线交点	机头方向位于某一个电动机上，较易操作，灵活度较差		十字形
四轴	与Y形三轴类似，较远侧由两电动机组成	机头方向位于两相互垂直电动机之间，俯仰稳定性较好。相邻两电动机旋转方向相反。两垂直电动机下顺上逆		Y形
六轴	六个电动机分别位于正六边形的六个顶点	对角线两电动机旋转方向相反，稳定性比四轴好，便携性差		X形
六轴	六个电动机分别位于正六边形的六个顶点	机头方向位于某两电动机中间		十字形
六轴	其分布与三轴Y形一致，共分上下两层	同一水平面上的两垂直电动机旋转方向相同且与第三个相反，同一垂直轴上两个电动机则相反。自旋，俯仰稳定性好		Y形

续表

名称	结构特点	特性	示意图	备注
八轴	八个电动机分别位于正八边形的八个顶点	对角电动机旋转方向相同，机头与某电动机方向一致。综合稳定性好，成本较高，便携性差，电动机数目多，飞行时单个电动机故障影响较小。载重能力强	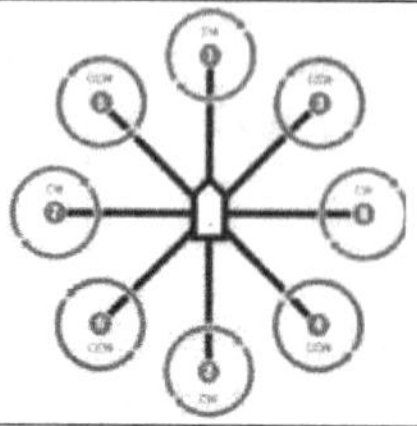	十字形
		对角电动机旋转方向相反，机头位于某两个电动机之间	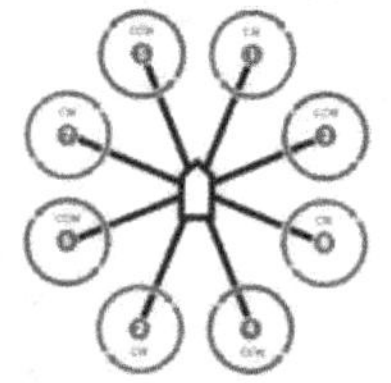	X形
	八个电动机分别位于四个顶点，与四轴形、X形一致，共分上下两层	同一对角线上两电动机旋转方向相同，同一垂直轴上两电动机则相反。自旋稳定性好	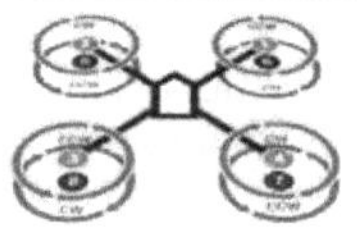	上下布局

固定翼航空器、直升机和多旋翼航空器的比较见表1-2。

表1-2　固定翼航空器、直升机和多旋翼航空器的比较

	固定翼航空器	直升机	多旋翼航空器
优点	续航时间长，飞行效率最高，载荷大	垂直起降，空中悬停	垂直起降，空中悬停，结构简单
缺点	起飞需助跑，降落需滑行，不能空中悬停	续航时间一般；机械结构复杂，维护费用高昂	续航时间短，载荷小，飞控要求高
易用性	一般	一般	优
可靠性	优	一般	优
机动性	一般	优	良
续航时间	优	良	一般
承载性	优	良	一般

从结构上看，固定翼航空器没有垂直起降飞行器过多的旋转、振动部件，气动原理也比较简单；从控制方面看，固定翼飞行器属于静稳定系统，就像我们开车，手离开方向盘几秒汽车仍能正常直行，相比之下，属于静不稳定的旋翼航空器则需要驾驶员每时每刻都调整操纵杆，稍有疏忽就会坠毁。

通常，旋翼航空器和旋翼机易混淆，但旋翼航空器≠旋翼机。直升机和多旋翼航空器都属于旋翼航空器，但"旋翼机"这个名词赋给了一种和直升机类似的单旋翼航空器，如图1-4所示。这种飞行器向前飞时的相对气流吹动旋翼自转以产生升力。它除去旋翼外，还带有一副垂直放置的螺旋桨以提供前进的动力，一般也装有较小的机翼在飞行中提供部分升力。旋翼机与直升机的最大区别是，旋翼机的旋翼不与发动机传动系统相连，发动机不是驱动旋翼为旋翼机提供升力，而是在旋翼机飞行的过程中，由前方气流吹动旋翼旋转产生升力，像一架风车，旋翼系统仅在启动时由自身动力驱动，称之为预旋（Prerotate），起飞之后靠空气

作用力驱动；而直升机的旋翼与发动机传动系统相连，既能产生升力，又能提供飞行的动力，像一台电风扇。由于旋翼为自转式，传递到机身上的扭矩很小，因此旋翼机无须像单旋翼直升机那样的尾桨，但是一般装有尾翼，以控制飞行。在飞行中，旋翼机同直升机最明显的区别为直升机的旋翼面向前倾斜，而旋翼机的旋翼则是向后倾斜的。它具有起降距离短、能低速低空飞行、简单轻巧、便于隐蔽等特点，但不能垂直起降、悬停。

图1-4　旋翼机

穿越机是多旋翼飞行器的一种，如图1-5所示，主要用于竞技飞行，利用第一人称视角监视进行操控飞行，体现的是速度与操控的结合能力，更注重体验。穿越机追求更高的灵活性和更小的惯性，它们需要更轻盈、更细小的身躯，因此它们的轴距往往只有200～300mm，目前主流是250mm左右。穿越机大多没有自稳的电子设备，几乎是全手动飞行，其操作难度远高于航拍机。穿越机要求的是快，实时图传不能有任何迟滞，所以它们很多时候会采用模拟信号（analog）图传，虽然模拟信号传送画面经常会有雪花，但传输速度几乎完全与无人机同步，并配以图传眼镜，能让飞手第一时间做出反应。

图1-5　穿越机

四旋翼飞行器（国外又称 Quad rotor，Four rotor 或 X4-flyer）是多旋翼航空器中的主流飞行器，它具有四个呈十字交叉结构的旋翼，通过对多传感器数据的融合和解算，获取自身的姿态欧拉角，进而通过 PID 控制器控制四个带螺旋桨的电动机，使其完成定点悬停、低速飞行、垂直起降等动作。四旋翼飞行器的空气动力学原理与传统固定翼飞行器及基于桨距控制的直升机系统有很大区别：在动力来源上，四旋翼飞行器直接由旋翼产生升力，而不是由机翼产生升力；在姿态控制上，四旋翼飞行器不是通过改变机翼或旋翼的空气动力学结构，而是通过协调各旋翼转速而实现飞行器的姿态控制。四旋翼飞行器使用电子飞行控制系统，因而彻底抛弃了传统飞行器复杂的机械控制部件，在相当大的程度上简化了飞行器结构和质量，也极大地降低了制造成本及装配难度。除此以外，其独特的空气动力学原理也使之具备了垂直起降能力（VTOL, Vertical Take – On and Landing），能够完成对其他飞行器而言非常困难甚至不可能完成的任务。同时，作为一个具有二阶非完整约束的六自由度飞行器，它与倒立摆、球杆系统一样，可以作为科学研究的载体，进行先进控制方法和机器人学领域的相关实验研究。

1.2　无人机的概念

无人机是无人驾驶飞机（Unmanned Aerial Vehicle）的简称，是利用无线电遥控设备和自备的程序控制装置的不载人飞机。根据中国民用航空局飞行标准司规定：无人驾驶航空器（UA, Unmanned Aircraft），简称无人机，是一架由遥控站管理（包括远程操纵或自主飞行）的航空器，也称遥控驾驶航空器。从某种角度来看，无人机可以在无人驾驶的条件下完成复杂空中飞行任务和各种负载任务，被称为"空中机器人"。传统的无人机指的是无人作战飞机（UCAV, Unmanned Combat Aerial Vehicle），是一种有动力、可控制、能携带多种任务设备、执行多种任务，并能重复使用的无人作战飞行器，也是一种充分利用信息技术革命成果而发展的高性能信息化武器装备平台。

国外通常所讲的 UAV 也包括 Drone（在周围嗡嗡响、不错的玩具、不能随便乱飞、航模），技术成熟度高，对智能性、可靠性要求相对较低。

按不同使用领域，无人机可分为军用、民用和消费级三大类，性能要求各有偏重。

（1）军用无人机：对于灵敏度、飞行高度、速度、智能化等有很高的要求，是技术水平最高的无人机，包括侦察、诱饵、电子对抗、通信中继、靶机和无人战斗机等机型。

无人机同其他无人驾驶智能载具一样，操控者最终的需求都是载具的智能化。军用无人机的智能化要求并不同于其他智能载具。在实战中，形势复杂多变，突发情况频现，由于受技术和多种因素制约，目前装备的无人机对作战态势的自动分析处理、对飞行姿态的准确自动控制以及对敌我目标的准确判断等，都还不能达到令人满意的程度。所以，无人机自主作战即高智能作战无人机将是未来军用无人机发展的最终目标。这将颠覆人们对于智能化军械的认识，也将根本改变未来战争的方式。

（2）民用无人机：一般对于速度、升限和航程等的要求都较低，但对于人员操作培训、综合成本有较高的要求，因此需要形成成熟的产业链，以提供尽可能低廉的零部件和支持服务。目前来看，民用无人机最大的市场在于提供政府公共服务，如警用、消防、气象等，而未来无人机潜力最大的市场可能就在民用，新增市场需求可能出现在农业植保、货物速递、空中无线网络、数据获取等领域。

（3）消费级无人机：一般采用成本较低的多旋翼平台，用于航拍、游戏等休闲用途。

从助力现代乡村到给力智慧城市，凡是需要空中解决方案的地方，无人机都在慢慢占领它的一席之地，就像撒播的种子遇到阳光、空气和水一样，茁壮生长。无人机技术让智能媒体时代再一次悸动。

相对于军用无人机客观设备上的根本改变，民用无人机和消费级无人机未来的发展重点则在于主观的无人机使用方式和使用安全方面。首先，在无人机出现价格大幅下降的趋势之后，普通小型民用无人机更易被当作监视工具使用的同时，安全性无法得到保证。出于对安全和隐私方面的考虑，世界各国至今都未对民用无人机完全开放其监管政策。从目前来看，未来的民用无人机将会走向多元素融合道路。一方面是侧重专业化，即针对特定任务搭配专业的任务载荷模块，从事诸如客运、物流、巡检、反恐等专业任务；另一方面是侧重智能化，它更像是能够走进千家万户的服务型机器人，飞行只是它的一个功能而已，它能够完成日常生活中我们交予的很多任务。

抽象来看，无人机相当于给人一种新的视野和活动维度，所以它能创造的价值就与这两点相关。新视野比较容易理解，无人机最开始的应用，比如地图测绘用的就是这种新视野。新活动维度则是说低空空间资源，之前新闻报道的顺丰物流尝试无人机送货所利用的正是这种资源。至于为什么说这是一种新资源，其实可以从公路、铁路、航道上获得启示，没有人会认为高速公路不创造价值。新活动维度的适用边界比较清晰，主要会用在各种比较特别的物流场合，及时性要求越高，基础设施越不发达（或者被灾害阻断）的时候，这种送付方式的价值越大。无人机的方式在成本和速度上相比其他方式会有优势，虽然要克服安全、空域管理规则、交接等困难。新视野和新活动维度相比，其潜在价值可能更大。新视野的开发其实是有边界限制的，这意味着它可以重构非常多的行业，比如建筑行业，如果可以实时了解施工进度、物料消耗，那无疑可以整体上优化整个过程的效率。在大多的传统行业中，其根本的管理方法可以用戴明环（PDCA）来表示，在这里，P 代表计划，D 代表执行，C 代表检查，A 代表根据检查结果采取的行动。而无人机则相当于可以对 C（检查）进行质的提升，所以说新视野的应用几乎是没边界限制的。

现在的手机已经终端化，终端遍布全球，人们从终端获取全球有益信息的同时也在贡献着自身的价值。未来无人机在各类应用中会像手机一样成为遍布全球的一系列终端设备，飞控作为无人机的核心会在终端化过程中扮演重要作用，在消费、农业、巡视等各领域，飞控将成为数据终端的核心，大量的飞行状态、任务数据、载荷状态会被记录、回传、分发，用户或其他利益相关方会通过付费等商业模式获取终端的有用信息。

《中国制造 2025》中将航空航天装备列为十大重点发展领域之一。其中，推进无人机发展是航空航天装备制造的重要发展方向。此外，国家发改委、科技部、工信部等近期联合发布了《"互联网＋"人工智能三年行动实施方案》，明确提出将推动人工智能技术在无人系统领域的融合应用。国家出台的一系列重要支持政策，对无人机行业的发展起到了重要的助推作用。

什么是好的消费级无人机？

大疆 Mavic 设计者说：好的无人机机型设计，尤其是好的折叠机的设计，是一个非常复杂、需要来回迭代的过程，其中涉及以下方面：

☺ 便携性、折叠方式，包括体积的最小化，折叠展开步骤的最简化；

☺ 结构的简洁，可靠，耐摔；

☺ 续航；

☺ 外观；

☺ 整机布局，合理布置 PCB 和散热，各组件和传感器的位置，并保证它们能发挥性能，互不干扰；

☺ 云台和减震设计；

☺ 优化设计以优化生产和组装。

这些因素之间会相互牵制和影响，而如何平衡取舍，或者如何跳出现有框架，想出新的解决方案做到两全其美，就是设计无人机的难点和乐趣所在。

在消费市场，无人机凭借高空拍摄、上帝视角等亮点在求婚、表演等网络热点事件的出镜，将其应用场景传达得淋漓尽致。遗憾的是，无人机的使用似乎一直都是停留在这些网络热点事件中，在现实中，大多数人对无人机的这些概念性应用是无感的，甚至可以说其是鸡肋。除了续航之外，无人机在实际使用过程中还要受操控距离、拍摄效果、操作难度、噪声过大、安全等多方面限制。离消费太远，成为无人机发展之痛。

无人机离真正意义上的大众消费到底还差什么？首先是易用性和性价比。目前市场上的无人机普遍对起飞环境要求高，操作难度大，危险系数高且价格昂贵，这几点是阻碍无人机在消费市场普及的关键原因。只有提升易用性和性价比，让无人机摆脱低频应用的尴尬，才能释放用户需求。其次是实用性、用户体验和需求的满足。普通用户对产品的要求，实用性永远是第一位，无人机企业也需要在普通用户的高频场景中重新发掘无人机的应用价值。比如旅游跟拍，这虽然是一个很好的应用场景，但是大多数无人机产品在这个方面做得并不好，用户体验参差不齐，对于用户需求的把控并不准确。最后，无人机产业已脱离概念炒作阶段，以前仅凭一个原型机演示视频就可预售众筹的光景已不复存在。无人机产业已经从取悦投资人的阶段转变为取悦用户。而对于无人机企业而言，除了对技术追求的狂热之外，更要重视用户生活场景的需求，让无人机的使用场景自然融入用户的生活，这才是消费升级时代的趋势所在。

1.3 无人机自主飞行

1.3.1 自主飞行概念

国内外的研究中对"自主"的概念有不同的定义。

☺ 美国学者 Panos J. Antsaklis、Kevin M. Passino 和 S. J. Wang 指出，自主意味着具有自治的能力，自主是控制的目的。自主控制器在执行控制功能时拥有自我支配的能力和权限。自主控制器由一系列硬件和软件构成，能够在脱离人的干预活动的情况下，在一段时间内持续完成必要的控制功能。

☺ 美国学者 M. Pachter 和 P. R. Chandler 将自主控制定义为应用于非结构化环境下的高度自动化，其中的自动化强调了无人参与，非结构化强调了各类不确定性，如参数不确定性、未建模动态、随机干扰、传感器或测量的随机噪声、分散控制中的多控制作用与复杂的信息模式等。

☺ Boskovic 等在参考文献 [1] 中认为，自主控制是通过在线感知、信息处理和控制重构得到的，在不确定环境里，在没有人干涉的条件下，以最优的方式执行控制策略，自主、快速、有效地适应环境，实现场景描述、故障检测、策略规划、避障控制等功能。

☺ 自主控制是不需要人的干预,并以最优的方式执行给定的控制策略,并且具有快速而有效的自主适应能力,以及在线对环境态势的感知、信息处理和控制重构。

☺ 自主控制是在"非常"未组织的环境结构下采用的"高度"自动控制。其中,"高度"自动控制指的是无人无外界干预的控制过程,而未组织的环境结构主要是由不确定性所引起的。一般来说,不确定性分为如下几种:参数不确定性(对象参数未知)、未建模动态、随机扰动、传感器/量测装置(随机)噪声、多agent及复杂的信息模式(分散式控制)、某个附加(或决定性)的控制信号为敌方操纵、量测噪声强度被我方或敌方所控制、敌方在决定性的量测或控制中引入错误的信息(欺骗)等。而在飞行规划问题中考虑如下约束:地理或物理的障碍物、威胁(静态/动态)、油耗指标、时间要求、飞机性能指标等。考虑实时性和不确定性,在上述诸多约束条件下规划出满意的决策方案是难度很大的多维多模优化问题。

☺ 根据国际标准化组织的定义,机器人的自主能力是指机器在无人干预下,可以根据当前的状态和感知信息执行任务的能力。很多情况下,根据机器人的类型和要其预期的用途,对机器人自主性的要求也不尽相同。例如,地面上那些连着插座固定式的机器人不必关心能量管理问题,而对于长距离工作的移动式机器人尤其是无人机而言,知道何时要停下当前任务去给自己充点电的能力就很重要了。

可以看出,自主控制应该具有"自治能力",必须能够在不确定性的对象和环境条件下,在无人参与的情况下,持续完成必要的控制功能。因此,无人机的"自动"与"自主"的主要区别就在于:"自动"是指一个系统精确地按照程序执行任务,它没有选择与决策的能力;"自主"是指在需要做出决定的时候,这个决定由无人机做出。

从无人机领域的发展趋势看,自主控制是今后的主流方向,但是遥控驾驶模式仍然是不可或缺的,在某些状态下要完成预定任务或紧急返回时,遥控驾驶模式会更加有利,且遥控驾驶对于无人机部分关键技术的发展有着极大的促进作用。自主控制技术作为无人机的发展重点之一,越来越受到重视。如何最大程度地给无人机赋予智能,实现其自主飞行控制、决策、管理及健康诊断和自修复,从而在某些领域取代有人驾驶飞机,是今后需要研究的主要方向。

1.3.2 无人机自主控制等级

从信息、决策、控制的大系统角度来分析,人机分工的演进将经过以下不同的3个阶段,机器智能也将随之由低到高逐渐发展:图1-6所示为有人驾驶阶段;图1-7所示为无人飞行器发展初级阶段(人不在机但在环,仅参与复杂决策);图1-8所示为无人飞行器发展高级阶段(人不介入过程,只监控,不参与决策)。

图1-6 有人驾驶阶段的人-机分工关系　　图1-7 无人飞行器发展初级阶段的人-机分工关系

图1-8 无人飞行器发展高级阶段的人-机分工关系

自主性层次关系如下。

1）感知–运动自主性　将人的高级指令（如到达一个给定的高度、按照圆形轨迹飞行、移动到某个 GPS 坐标点或保持在某个位置）转化成平台相关控制信号（如俯仰角、横滚角、偏航角或速度）的组合；利用 GPS 航点，按照预先编好的轨迹飞行。

2）反应自主性（需要以感知运动自主性为基础）　在外部有干扰时保持在当前位置或飞行轨迹上，比如在有风或电气、机械故障的情况下；躲避障碍物；保持在距离地面安全的或预定的高度；跟随移动的物体或其他飞行器飞行；自动起飞和着陆。

3）认知自主性（需要以反应自主性为基础）　进行 SLAM 同步定位和绘制地图；解决信息和任务冲突；规划（如电池充电）；识别物体和人；学习。

表 1-3 将飞行器的自主控制等级分为 11 级。

表 1-3　飞行器的自主控制等级

级别	等级描述	制　导	导　航	控　制
10	完全自主	做出人类水平的决策，在没有 ES 介入的情况下完成大多数任务（100% ESI），对操作对象的信息完全把握	对大多数任务具有类似人类的导航能力，在极其复杂环境和情况下快速 SA 优于人类 SA	在同样的情况和条件下，飞行器相比人类具有相同或更好的控制性能
9	群认知和群体决策	具有分布式群组规划策略，可自主选择战略目标，不需要决策设备下达命令执行任务，可与团队成员和 ES 交互信息	对非常复杂环境和情况有长远规划，能推断和预测其他成员意图和策略，具有高级别的团队 SA	基于当前的状态/形势和未来预测的基础上，能选择恰当的控制策略
8	态势感知和分析	推理及进行更高层次的决策、任务规划、RUAS 的大部分监督任务，选择战略目标，识别战略目标	复杂环境和情况下有针对的感知，推断他人的意图，预测近期将发生的事件及其结果（高精确度的 SA）	基于当前的状态/形势和未来预测的基础上，有选择或切换不同控制策略的能力
7	实时协同任务规划	协同任务规划和执行、评价和优化的多机任务性能，将战术任务分配到每个个体	结合第 5 级和第 6 级的能力，在高复杂、对抗性和不确定性的环境中交互信息达到中等程度 SA	和第 5 级水平相同（没有额外的控制功能）
6	动态任务规划	能进行推理、高层决策、任务驱动决策，能自适应地应对任务变化，合理的任务分配，有效进行监控	能应用高层次的感知对检测对象或事件进行识别和分类，并推测它们的特性，达到中等程度 SA	和第 5 级水平相同（没有额外的控制功能）
5	实时合作导航和路径规划	为实现群优化，能避免碰撞，能进行协同路径规划以实现统一目标	能在 RUAS 间交互导航信息，协作感知，数据共享，碰撞检测，达到低级的 SA	分布式或集中式飞行控制架构，各成员进行合作
4	实时障碍/事件检测和路径规划	危险回避，实时路径规划和迭代规划、针对具体事件的决策，能有效应对任务变化	能感知障碍、风险、目标和环境变化，实时规划路径（可选），达到低级的 SA	具有准确和抗干扰的三维轨迹跟踪能力
3	故障/事件自适应的 RUAS	能进行健康诊断，有较低等的适应性，可做出保守简单的决策，执行规划好的任务	RUAS 需要的大部分健康和状态检测，能检测硬件和软件故障	飞行控制器鲁棒性强，能应用重构或自适应控制去补偿大多数故障、任务和环境的改变
2	ESI 导航（如非 GPS）	和第 1 等级相同	RUAS 需要的所有传感器信息和状态估计（非 ES，如 GPS），由人进行观察和感知	和第 1 等级相同

续表

级别	等级描述	制 导	导 航	控 制
1	自动飞行控制	事先规划好的离线计划（如设定航点或参考轨迹等），对ES进行完善的分析、规划和决策	RUAS需要的大多数传感器信息和状态估计，由人进行观察和感知	控制指令由飞行控制系统给出（RUAS 3D位姿自动控制）
0	远程控制	所有的行动都是由外部系统遥控的（主要是人进行驾驶和操作）	RUAS能获得传感器信息，所有的数据被外部系统处理和分析（主要是人）	控制指令由远程ES给出（主要是人驾驶）

注：ESI—独立外部系统；EC—环境复杂性；MC—任务复杂性；ES—外部系统；SA—态势感知；RT—实时；RUAS (Rotorcraft Unmanned Aircraft Systems)—旋翼无人飞行器系统。

下面假设一个场景，如图1-9所示，利用无人机举办一个浪漫的求婚仪式，根据表1-3中的无人机自主等级，婚礼相关情况如下。

图1-9　无人机求婚仪式航拍

1）自主级别0～2　需要精心策划求婚过程的时间、地点、需要准备的物品、具体以哪种方式进行。无人机只能完成一些简单动作，如撒花瓣和送戒指等，并且还需要找一个无人机驾驶员来操纵无人机。飞行过程中如果遇上硬件故障，那可能会以血和泪的形式结束。

2）自主级别3～5　到了这个阶段，无人机不需要人工操控，只要将求婚的位置信息输入无人机地面系统当中，等到那关键的一刻通过远程一键操纵，不远处的无人机自动起飞并按照事先设定的目标点规划路径，自动避开沿途的障碍物。通过精确定位及目标识别，飞到头顶撒下一把玫瑰花瓣，缓缓放下求婚戒指。途中一旦无人机出现故障，也能够立即感知并启用冗余单元设备而不影响飞行安全。

3）自主级别6～9　如果自主能力到达这个程度，无人机自动起飞升空，在远处用高清摄像头时刻记录并分析新郎和新娘的表情与动作。在适当时候发布群组策略，此时若干架无人机起飞，然后按照预先设定自动编队。飞行过程中不停地变换队形，从远处看，"LOVE YOU""MARRY ME"交替出现。到了目标空域，无人机群环绕男女主角，无人机个体各司其职。随着男主单膝跪地，音乐、鲜花、戒指在恰当的时候出现。

4）自主级别10　男主人通知家庭无人系统他想对女朋友求婚。家庭无人（智能）系统根据大数据准确分析男女主人的喜好、习惯等，制定一整套包含各细节的完整方案。这时候的智能系统可以说是一个比我们还要智慧许多的"类人"。

1.3.3 无人机模块化结构

无人机四大核心系统构成包括飞控系统、导航系统、动力系统、数据链等。如图1-10所示为零度ys09系统框图。

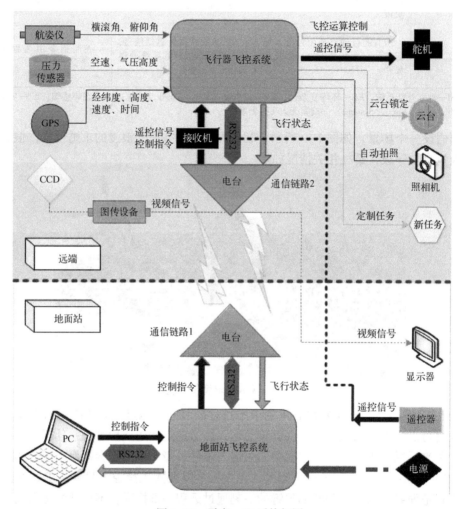

图1-10 零度ys09系统框图

按照1.3.1和1.3.2节所述,具有自主性的无人机通常具有一定智能,智能分层如图1-11所示,各层分析如下。

1)最底层是控制层 是无人机最基本的飞行和运动控制回路。在遵守无人机物理性能(空气动力学约束等)的前提下,主要包括无人机的姿态稳定控制和航迹跟踪控制,不需要学习与决策等功能。传感器测得无人机的状态信息,实时传送给本层的控制器,形成闭环回路。同时,状态信息被传递给上一级,为高层体系提供相关决策依据。控制层主要依赖于无人机系统的自主行为,智能程度最低,控制精度最高。

2)中间层是优化层 是递阶智能控制的次高层,表示为了完成任务约束必须实现的智能体动作。任务约束是最高层传递的指令与当前环境的限制,包括航迹必须经过导航点、及时到达目标、绕过障碍物、避免穿越禁飞区等。依据任务约束,通过GPS、视觉传感器等途径获取环境信息，完成航迹规划。规划出的航迹即为控制层的控制指令。当无人机处于多变的环境或突发情况时，机上的实时重规划、在线环境感知是非常必要的。环境感知是对飞机当前所处的环境、地形、威胁的分布以及飞机的当前状态等信息进行实时获取，以达到飞行环境的自适应。一般需要根据先验知识库建立环境模型。并且环境信息同时传递给最高层，作为决策依据。此外，优化层对控制层的各个控制器可以进行参数整定与性能优化。

3) 最高层是监督层　具有一定的学习能力和较高的智能程度。监督层主要包括任务规划、实时的故障诊断、预测、隔离以及系统重构等自修复控制、操作员的高级监督与实时介入。其中，任务规划是通过环境感知的评估，无人机进行任务分配与自主决策，但是完全自主的无人机尚未研制成功。目前，高自主级别的无人机往往是通过操作员进行任务管理，无人机进行辅助决策。无人机系统健康状态的监督可以通过操作员、无人机自动系统或者两者共同实施，从而保证无人机系统的可靠性和安全性。一旦有必要，操作员可以完全掌握监督主导，通过地面站实时介入飞行控制，重新规划飞行任务甚至切换遥控飞行模式以保证必要的安全。地面站作为一个人机交互的平台，能够实时显示与保存飞行器的状态数据、飞行航迹以及飞行视频，为操作员提供了良好的监督环境。操作员通过地面站来控制飞机的自主飞行，向飞行器发送任务命令、切换飞行模式、一键返航等。

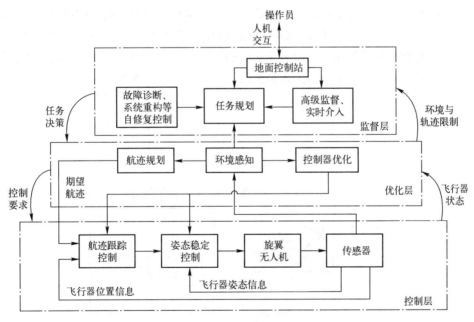

图 1-11　无人机智能分层结构

无人机的智能是模仿人的大脑智能。根据对人大脑认知过程的研究，人的认知控制行为具有层次化结构，如图 1-12 所示，主要包含三层结构：上层是决策性行为，执行一些决策性行为，提供推理、判断、决策等高层次的神经控制活动；中层是程序性行为，提供程序性熟练行为的神经控制行为，负责上层与下层之间的指令和信息传输，主要完成组织与协调，是一种整体化的粗控制；下层主要执行反射性行为，由底层神经中枢提供反射性行为控制，以及与外界的信息沟通，是实际行为的执行体。正是这种层次与功能相配合的结构，使人具有了高级的认知与行为控制能力。

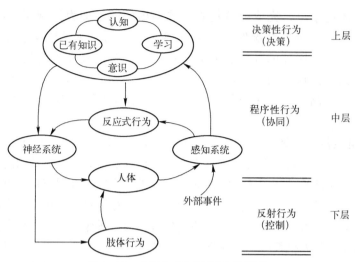

图 1-12　人认知控制的层次化模型

以无人机执行搜索任务为例，借鉴图 1-12，可以为协同搜索的无人机建立三层结构的协同搜索认知控制模型，如图 1-13 所示。无人机的搜索认知控制模型包括任务态势认知层、协同策略规划层和搜索行为决策层。任务态势认知层主要是利用机载传感器、机间数据链和其他信息渠道获得的关于环境、目标等的信息，对目标和环境的匹配态势进行分析和判断，有效缩小需要搜索的任务区域。协同策略规划层主要是依据态势认知层的结果，对无人机进行任务分配和搜索策略优化，使多无人机的协同从宏观上更为高效。搜索行为决策层负责完成具体无人机的搜索决策，为无人机实时确定出最优的搜索行为。

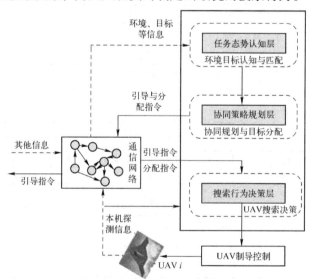

图 1-13　无人机的搜索认知控制模型

1.4　国际空中机器人大赛

国际空中机器人大赛（IARC，International Aerial Robotics Competition）始创于 1990 年，

在 Georgia 理工大学 Robert C. Michelson 教授的倡导下，由国际无人系统协会（AUVSI, Association for Unmanned Vehicle Systems International）举办。1990 年，国际无人系统协会认识到培养未来工程师、科学家和操作人员的重要性，开始举办学生无人系统国际竞赛，每年举行一次，分成三类，即空中、地面和水下。空中机器人比赛为其中最具挑战性的一项比赛。2012 年，该项赛事首次设立亚太赛区，每年与美国赛区同期举行比赛。

迄今为止，该竞赛不仅吸引了众多欧美的著名大学参加，还受到了企业、媒体和公众的关注，美国发现频道（Discovery Channel）、尖端科学（Scientific American Frontiers）以及世界各地的许多电视台、广播电台和传媒都对之进行过报道。国际空中机器人大赛官网为 http://www.aerialroboticscompetition.org/index.php，如图 1-14 所示为官网上的宣传画。

图 1-14　国际空中机器人大赛官网上的宣传画

国际空中机器人大赛（IARC）的根本目标是通过设置具有挑战性的、实用而有意义的比赛任务推进空中机器人最先进技术的进步。这些任务在提出时是几乎不可能实现的，而当其最终被空中机器人完成时，世界将受益于由此带来的技术进步。

实现国际空中机器人大赛的任务需要应用无人系统领域的最前沿科学技术。空中机器人是一项系统工程，涉及航空、电子、机械、材料、计算机控制、系统工程等多个学科，涵盖飞行器设计与制作、控制系统和算法设计、传感器应用与融合、导航制导、数据通信、图像识别、信号处理等多方面的知识。

该赛事融合了多学科的知识，辐射面广，影响力大，对不同专业的学生都有积极的带动作用，在锻炼学生工程能力的同时进一步巩固了专业知识的掌握，能够培养学生刻苦钻研、持之以恒的科学精神，磨炼学生的意志，增强团队协作精神，提高学生的综合能力。

以下是以往 IARC 比赛的任务。

（1）第 1 次任务（1990—1995 年）：要求空中机器人完全自主地将金属圆盘从赛场一侧移到另一侧。该任务设定后，当时的很多专家都认为"不可能实现"，但各参赛队却锲而不舍地进行了研究。1993 年，佐治亚理工大学率先实现了自主起飞和着陆；1995 年，斯坦福大学（Stanford University）成功完成了第 1 次任务。

（2）第 2 次任务（1996—1997 年）：模拟一个核生化废弃物现场，场内凌乱摆放 5 个半埋的废料桶；空中机器人需搜索该比赛区域，根据桶上的标志识别桶内物品，并取回 1 个标志。整个过程不允许人工干预。1996 年，麻省理工学院成功确定了所有桶的位置，并识别出 2 个标志；1997 年，卡耐基梅隆大学的空中机器人完成了全部任务。

（3）第 3 次任务（1998—2000 年）：要求空中机器人完全自主地飞到灾害现场，从建筑废墟中搜索生还者。现场条件非常恶劣：数尺高的火焰、喷着水柱的破裂管道、浓密的有毒烟雾。为增加逼真度和实用性，美国能源部的危害监管和响应部门专门对比赛现场做了改进，并用一些假人模拟伤员。2000 年，德国柏林理工大学率先完成任务：逐一发现并避开了所有危险；通过假人的 2 个基本肢体动作识别出生还者，传回图像。

（4）第 4 次任务（2001—2008 年）：构思了 3 个极富故事性的场景。

☺ 场景一：救援人质。潜艇驶到距敌国海岸 3km 处，在特种部队发动攻击之前，派遣空中机器人执行侦察任务，找到海滨城市中的大使馆并确定入口位置，将任务机器人送入使馆内，拍摄照片传回潜艇。

☺ 场景二：核电厂抢险。电厂的 2 个反应堆爆炸，全部人员罹难。为关闭剩下的 1 个反应堆，派遣空中机器人从 3km 外的安全距离前往现场，确定反应堆建筑物的入口，运送任务机器人进入屋内检查反应堆控制终端的状态。

☺ 场景三：古墓夺宝。一个考古队因古墓内的致命病毒而全军覆没。他们临死前用无线电告知基地，古墓内的一张挂毯上有极珍贵的文字内容，而当地政府准备在 15min 后用燃烧弹摧毁整个比赛区域。为抢救珍贵资料，派遣空中机器人运送任务机器人进入古墓，拍摄挂毯内容并传回照片。

（5）第 5 次任务（2009 年）：延续第 4 代任务中的场景二，一个自主控制的机器人（母机）携带传感器和一架小型自主子飞行器降落到一个安全地点（3km 外），希望能够努力进入尚未关闭的反应堆控制室。母机降落到核电站后释放子机，子机需要识别并进入该控制室，10min 内拍下主控制仪表盘和开关的照片并传送给主机，主机再将照片传送给 3km 外的专家，以便专家分析未能及时关闭反应堆的原因以及关闭的可能性。

（6）第 6 次任务（2010 年）：如图 1-15 所示，潜伏于纳里共和国情报机构、代号为"鼹鼠"的特工称："一份拟破坏全球利益的高度机密的计划书被藏匿于位于偏远小镇的安全机构中。我们已经侦测到此机构有一个安全缺口，计划用一架小型自主飞行器渗入防火墙周围以便由全球组织窃取到此机密信息，阻止纳里政府采取破坏全球利益的行动。"2013 年，清华大学 THRONE 代表队率先完成任务，荣获亚太赛区"最佳任务完成奖"。

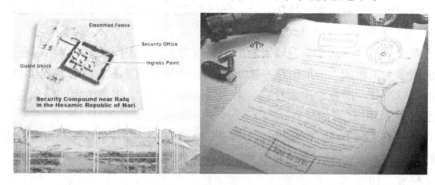

图 1-15　第 6 次任务

（7）第 7 次任务（2014 年）：将有 3 个新行为挑战参赛队。这 3 个行为在前 6 次 IARC 任务中从未被尝试过。第一，空中机器人与地面移动物体（具体而言是地面自主机器人）的交互行为；第二，在一个开敞环境中的导航行为，该环境中无外界导航辅助、GPS 或墙壁等静止点；第三，与其他竞争空中机器人的博弈行为。

该次任务主要是多空中机器人与多地面目标机器人的异构协同，被形象地称为"牧羊犬行动"。两个或多个空中机器人是"牧羊犬"，地面移动机器人是"羊"。"牧羊犬"通过自主协同把"羊"赶入自己的"羊圈"，同时要躲避空中的障碍和干扰，最后以最快的速度赶入最多"羊"者获胜。为此，第7次任务被分成两个阶段：任务7a和任务7b阶段。前者用于验证"牧羊犬"自动判断方位和运动方向的能力，后者用于验证"牧羊犬"的协同控制能力。参赛队只有在任务7a中验证具备基本能力后，方可进入任务7b的比赛。

上述任务的完成说明IARC不是一个"观赏"比赛，而更是一个"技术"比赛。大赛自创始，经历22年，已经成功完成了6次任务。每次任务的完成都将空中机器人某些先进技术的水平提到了新的高度。

第1次任务时，空中机器人使用了三合一GPS载波天线/接收机，验证了全自主飞行能力和不依赖惯性系统导航能力以及两点物体搬运能力。

第2次任务时，空中机器人使用差分GPS导航技术，验证了自主空中测绘、毫米级目标识别和目标获取的能力。

第3次任务时，空中机器人验证了自主搜索和营救的能力。该次任务结合了定位和区分灾害中生还者和死者的能力，在混乱、烟雾和昏暗环境中对各种威胁的规避能力（15m高的火焰、间歇的水柱）以及描绘灾害场景的能力。

第4次任务时，空中机器人验证了长距离自主飞行的能力（3km）。其需发现一间特定房屋，识别房屋所有的入口（开着的窗户/门），并派遣辅助机器人进入入口。

第5次任务是第4次任务的延伸，辅助机器人使用SLAM技术完成自主飞行，绘制室内地图及定位一个目标。

第6次任务时，室内飞行场景更加复杂。空中机器人能够利用SLAM和目标识别技术，自主地绘制建筑物的未知室内地图，躲避或摧毁安防措施，发现并理解墙上的文字指引信息（阿拉伯文），进而找到放置机密物品的房间。空中机器人需进入房间取走机密物品，放入替代品，并快速地退出建筑物。该任务的目的旨在提升小型无人飞行器在密闭空间中完全自主飞行的能力，完成这次任务可以使室内导航水平、飞行器设计及集成技术以及飞行控制技术上升到一个新的层次。

IARC大赛目前已顺利地进入了第3个10年阶段，依次成功完成了大赛制定的任务，见证了空间机器人导航技术的飞跃。

1.5 开源飞控

开源项目从来都是最好的学习教材，对于刚踏入无人机领域的新兴企业而言，大多都是从开源飞控项目入手的，以此构建自己私有的飞控系统。

四旋翼飞行器中，飞控板是飞行控制集成电路板的简称，它是四旋翼飞行器的核心设备。它的主要功能如下：①处理来自遥控器或自动控制的信号，这时飞控需要识别遥控器或自动控制信号，完成要求的飞行姿态或其他命令；②控制电调，此时飞控板要做的就是给电调发送信号调节电动机转速，实现控制改变飞行姿态的功能；③其他功能，如固件烧写和云台搭载，详细介绍见第7章。

开源（open source）的概念最早被应用于开源软件，开放源代码促进会（Open Source

Initiative）用其描述那些源码可以被公众使用的软件，并且此软件的使用、修改和发行也不受许可证的限制。每个开源项目均拥有自己的论坛，由团队或个人进行管理，论坛定期发布开源代码，而对此感兴趣的程序员都可以下载这些代码，并对其进行修改，然后上传自己的成果，管理者从众多的修改中选择合适的代码改进程序并再次发布新版本，如此循环，形成"共同开发、共同分享"的良性循环。

所谓开源飞控就是建立在开源思想基础上的自动飞行控制器项目（open source auto pilot），同时包含开源软件和开源硬件，软件包含飞控硬件中的固件和地面站软件两部分。爱好者可以参与软件的研发，也可以参与硬件的研发，不但可以购买硬件来开发软件，也可以自制硬件，这样便可让更多人自由享受该项目的开发成果。开源项目的使用具有商业性，所以每个开源飞控项目都会给出官方的法律条款以界定开发者和使用者权利，不同的开源飞控对其法律界定有所不同。

开源飞控的发展可分为以下三代。

（1）第一代开源飞控系统：使用 Arduino 或其他类似的开源电子平台为基础，扩展连接各种 MEMS 传感器，能够让无人机平稳地飞起来，其主要特点是模块化和可扩展能力。

（2）第二代开源飞控系统：大多拥有自己的开源硬件、开发环境和社区，采用全集成的硬件架构，将全部传感器、主控单片机等电子设备全部集成在一块电路板上，以提高可靠性。它使用全数字三轴 MEMS 传感器组成航姿系统（IMU）；能够控制飞行器完成自主航线飞行，同时可加装电台与地面站进行通信，初步具备完整自动驾驶仪的功能。此类飞控还能够支持多种无人设备，包含固定翼飞行器、多旋翼飞行器、直升机和车辆等，并具备多种飞行模式，包含手动飞行、半自主飞行和全自主飞行。第二代开源飞控的主要特点是高集成性、高可靠性，其功能已经接近商业自动驾驶仪标准。

（3）第三代开源飞控系统：将会在软件和人工智能方面进行革新。它加入了集群飞行、图像识别、自主避障、自动跟踪飞行等高级飞行功能，向机器视觉、集群化、开发过程平台化的方向发展。

但这种未商品化的天然"半成品"有着天然的基因缺陷：①硬件器件未经可靠性、规模化验证。开源飞控的设计初衷是供极客们二次开发或者爱好者 DIY 的"半成品"，其硬件选型往往是用于移动终端或其他机器人的消费级元器件，意在体现整体系统架构并控制较低成本，并未充分考虑温度、环境、振动、批量供货等产品化过程。②软件技术体系冗余严重、资源不足。出于通用性的考虑，目前开源飞控适配几乎所有类型的飞行器，通信协议中预留了大量负载字段，占用了几乎大部分系统资源等，这些特性会造成过度冗余的底层程序、控制策略、通信协议段、不足的内存及计算资源，后续的开发若不进行处理，会持续处于"对付"的状态，造成产品不稳定。

图 1-16　Arduino UNO 开发板

1. Arduino 开源硬件

Arduino 是最早的开源嵌入式平台，如图 1-16 所示，由 Massimo Banzi、David Cuartielles、Tom Igoe、Gianluca Martino、David Mellis 和 Nicholas Zambetti 于 2005 年在意大利交互

设计学院合作开发而成。Arduino 公司为电子开发爱好者搭建了一个灵活的开源硬件平台和开发环境，用户可以从 Arduino 官方网站取得硬件的设计文档，调整电路板及元器件，以符合自己实际设计的需要。

Arduino 可以通过与其配套的 Arduino IDE 软件查看源代码并上传自己编写的代码，Arduino IDE 使用的是基于 C 和 C++ 的 Arduino 语言，十分容易掌握，且 Arduino IDE 可以在 Windows、Macintosh OSX 和 Linux 三大主流操作系统上运行。

随着该平台逐渐被爱好者所接受，各种功能的电子扩展模块层出不穷，其中最为复杂的便是集成了 MEMS 传感器的飞行控制器。为了得到更好的飞控设计源代码，Arduino 公司决定开放其飞控源代码，从此开启了开源飞控的发展道路。著名的开源飞控 WMC 和 APM 都是 Arduino 飞控的直接衍生产品。

2. APM 系列飞控

APM 是 2007 年由 DIY 无人机社区（DIY drones）推出的飞控产品，其历代产品如图 1-17 和图 1-18 所示，它是当今最为成熟的开源硬件项目，遵守的开源协议为 GPLv3。APM 基于 Arduino 的开源平台，对多处硬件做出了改进，包括加速度计、陀螺仪和磁罗盘组合惯性测量单元（IMU）。由于 APM 良好的可定制性，它在全球航模爱好者范围内迅速传播开来。APM 需要开源软件 Mission Planner 支持。

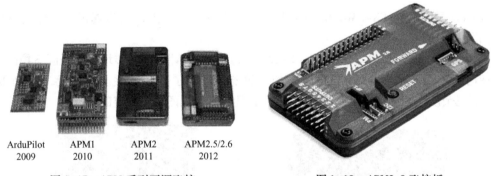

图 1-17　APM 系列开源飞控　　　　　图 1-18　APM2.8 飞控板

目前，APM 飞控已经成为开源飞控成熟的标杆，可支持多旋翼、固定翼、直升机和无人驾驶车等无人设备。针对多旋翼，APM 飞控支持各种四轴、六轴、八轴产品，并且连接外置 GPS 传感器以后能够增稳，并完成自主起降、自主航线飞行、定高、定点等丰富的飞行模式。APM 能够连接外置的超声波传感器和光流传感器，在室内实现定高和定点飞行。

3. PX4 和 Pixhawk

PX4 是一个软硬件开源项目（遵守 BSD 协议），目的在于为学术、爱好和工业团体提供一款低成本、高性能的高端自驾仪。这个项目源于苏黎世联邦理工大学的计算机视觉与几何实验室、自主系统实验室和自动控制实验室的 Pixhawk 项目。它使用了很流行的 stm32f407 单片机。

PX4 包含 PX4FMU 和 PX4IO 两部分。PX4FMU 是 PX4 飞控系统的核心控制部分，主要负责姿态解算等算法的执行，如图 1-19 所示；PX4IO 主要负责飞控各外设接口的管理，如图 1-20 所示。

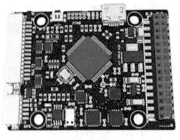 

（a）顶面　　　　　　　　　　　　（b）底面

图 1-19　PX4FMU

 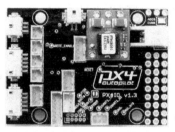

（a）顶面　　　　　　　　　　　　（b）底面

图 1-20　PX4FMU

Pixhawk 第 1 代将 PX4FMU 和 PX4IO 合并到了一个 PCB 上，成为真正的一体化飞控系统，如图 1-21 所示。

在最新版本的 Pixhawk 2.1（如图 1-22 所示）中，设计者进一步增强了开源飞控的可靠性：使用最新传感器，淘汰了比较老旧的传感器；增加了一套惯性测量单元，使 Pixhawk 2.1 具有三余度惯性测量单元；增加了 IMU 恒温控制；保证更加稳定的飞行。

图 1-21　Pixhawk 第 1 代　　　　图 1-22　Pixhawk 第 2 代

4. MWC

MWC（MultWii Copter）是开源的多轴飞行器固件。此固件的原创作者是来自法国的 Alex，他为了打造自己的 Y3 飞行器（一个三轴飞行器）而开发了最初的 MWC 固件，如图 1-23 所示。几年来，经过许多高手的参与及共同努力，其开发进度越来越快，已经基本成熟，支持三轴、四轴、六轴等多种飞行器。其最大的特点是硬件基于 Arduino 平台，这为很多熟悉开源硬件 Arduino 的人入门提供了方便。由于成本低、架构简单、固件比较成熟，该飞控系统在国内外拥有大量爱好者。它还支持很多奇特的飞行器类型，如三旋翼、阿凡达飞行器（BIcopter avatar style）、Y4 型多旋翼（其中两轴为上下对置）等，使得开发趣味性较强，容易博得大家的喜爱。

图 1-23 Alex 最早使用 MWC 的 Y3 飞行器

MWC 飞控系统通常有两种版本（使用的单片机不一样，分为 Atmega328P 版本和 Atmega2560 版本）。

MultiWii 官网：www.multiwii.com。

5. Paparazzi

Paparazzi（PPZ）是一个软硬件全开源的项目，其图标如图 1-24 所示。它始于 2003 年，开发目标是建立一个配置灵活且性能强大的开源飞控项目。PPZ 的一大特点是，该开源飞控方案中除了常见的飞控硬件、飞控软件和地面站软件之外，还包含地面站硬件，包括各种调制解调器、天线等设备。从功能上讲，PPZ 已经接近一个小型的无人机系统了。

该开源项目的另一个特点是采用 ubuntu 操作系统，将全部地面站软件和开发环境集成于该系统下，官方称之为 Live CD。一张 CD 加飞控硬件就可完成从开发到使用的全部工作。

PPZ 目前最流行的硬件版本是 Paparazzi（PPZ）Lisa/M v2.0。该硬件拥有大量的扩展接口，并且使用可扩展的单独

图 1-24 Paparazzi（PPZ）图标

的 IMU 传感器板。这也是早期开源飞控比较流行的做法,这样可以像 DIY 台式计算机那样,随着传感器升级而不断升级 IMU 硬件。

相关网站：http://wiki.paparazziuav.org/wiki/Main_Page；https://github.com/paparazzi。

1.6 飞行器控制涉及的知识

四旋翼控制是一个典型的计算机控制系统。如图 1-25 所示的是一个典型的计算机控制的结构图,它有以下 3 层含义。

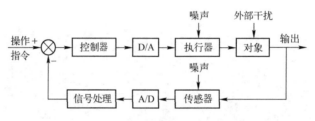

图 1-25 计算机控制负反馈闭环结构

1) 从反馈与控制的角度看计算机控制结构 图 1-25 给出的是"反馈"结构,实现的是"控制"功能,通过这样的负反馈闭环控制,能对被控量实行有效的控制。

2) 从信息与物质、能量的角度看计算机控制结构 为了比较容易地看出负反馈闭环控制图反映的信息与物质、能量的关系,对图 1-25 添加相应的标注使其成为图 1-26。在图 1-26 中,左面处理的都是"信息",而右面则与"物质"、"能量"有关。

从信息与物质、能量的角度,整个负反馈闭环控制的过程又可表述为：传感器将反映被控物质世界对象状态的物质与能量转换为信息（此过程就称为信息获取）,经过信息传输和信息处理,再经过执行器将信息转换为能对被控对象状态产生作用的物质与能量,从而改变物质世界。因此,从信息与物质、能量相互转换的角度,图 1-26 进一步可表示为图 1-27。

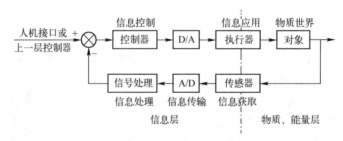

图 1-26 从信息与物质、能量的角度来看的负反馈闭环控制结构

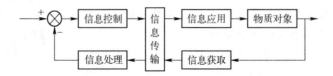

图 1-27 用信息与物质、能量转换关系来表示的负反馈闭环控制结构

3）从数字量与模拟量的角度看计算机控制结构　采用数字计算机作为控制器，在任一个负反馈闭环控制中只存在两种量：在时间轴上连续的模拟量与在时间轴上离散的数字量，如图 1-28 所示。在图 1-28 中，若以模数（A/D）转换和数模（D/A）转换为分界线，则左面处理的都是数字量，而右面则与模拟量有关。图 1-28 虽然只是将负反馈闭环控制划分成了数字量部分与模拟量部分，但实际上反映出了以下许多深层次的东西。

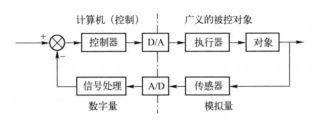

图 1-28　从数字量与模拟量的角度来看基本的计算机控制结构

（1）数字量总是弱电，弱电即低电压（24V 以下）、小电流（毫安、微安级）；而模拟量既有弱电，又有强电，强电即高电压（220V 及以上）、大电流（安培级），模拟量还涉及非电量（与物理、化学过程有关的量）。这些量真实地反映了被控对象的机械、电气状态。

（2）数字量部分通常对应着数字计算机（包括单片机、PLC 等），因而这样的控制常称为计算机控制，相应的控制系统称为计算机控制系统。这深刻地反映了计算机（包括硬件和软件）在现代自动化系统中的重要性与突出地位。

如图 1-29 所示的典型反馈闭环系统，几乎能反映出与飞行器控制相关的控制课程精髓，图中反馈控制的每一部分（每个框）代表一个专业领域，箭头代表了领域之间的关系。

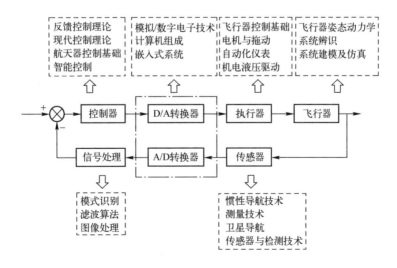

图 1-29　飞行器控制系统需要的专业知识

在控制知识层的基础上，加上构筑飞行器控制必不可少的基础知识层，再加上对应的飞行器控制系统控制问题即系统知识层，可得出飞行器控制所需整个知识结构框架，如图 1-30 所示。

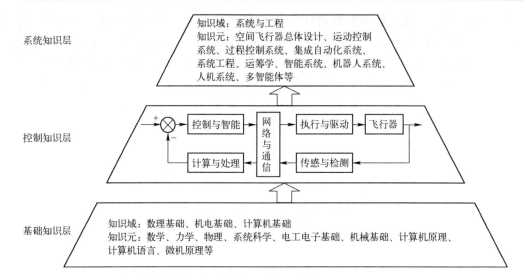

图 1-30　飞行器控制的三层知识结构

第2章 空间坐标系及姿态角描述

任何物体的运动和变化都是在空间和时间中进行的。宇宙间的一切物体都在不断地运动着,但运动是相对的,对单个物体是无运动可言的。一个物体在空间的位置只能相对于另一个物体而确定,这就形成了参考坐标系。作用在飞行器上的力及其相应力矩的来源各不相同,如何选择合适的坐标系,方便确切地描述飞行器的空间运动状态,这是至关重要的。

载体的姿态和航向体现了机体坐标系与导航坐标系之间的方位关系,确定两个坐标系之间的方位关系需要借助矩阵法和力学中的刚体定点运动的位移定理。目前描述动坐标相对参考坐标系方位关系的方法有多种,可简单地将其分为3类,即三参数法、四参数法和九参数法。三参数法也叫欧拉角法,四参数法通常指四元数法,九参数法称作方向余弦法。

 ## 2.1 满足右手定则的坐标系

1) 右手定则 如图2-1(a)所示,右手的拇指指向 X 轴的正方向,食指指向 Y 轴的正方向,中指所指示的方向即是 Z 轴的正方向。进一步,如图2-1(b)所示,要确定轴的正旋转方向,用右手的大拇指指向轴的正方向,弯曲其余四指,那么四指所指示的方向即是轴的正旋转方向。本书采用的坐标系和后文定义的角度正方向都沿用右手定则。

在螺纹的旋向判断中也有右手定则。螺纹就是转换线性运动和旋转运动的螺旋形结构。螺钉和可乐瓶口等生活常见器物上都有螺纹。螺纹有很多种分类方法,其中根据螺旋线方向,可以分为左旋螺纹和右旋螺纹。我们所熟悉的旋转方式(逆时针松,顺时针紧)就属于右旋螺纹。因此,当饮料瓶等带有螺纹的东西因太紧拧不开时可先用右手定则判断拧的方向:若螺纹为右旋螺纹,则伸出右手,将右手的大拇指指向螺旋件的运动方向,其余四指指向螺旋件的旋转方向,如图2-2(a)所示。其中的运动方向——松和紧两个方向是相反的,因此螺纹的旋转方向也相反。

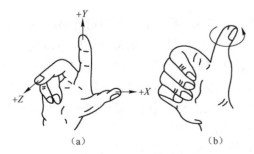

图2-1 右手定则

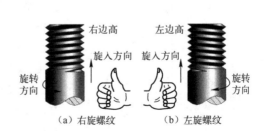

图2-2 判断螺纹器件旋转方向的技巧

左旋螺纹的判断与右旋螺纹相反,如图2-2(b)所示。

右旋很适合绝大多数人的习惯,右手由外向里(右旋)最有力、最顺手。如果拧自攻或木螺钉是左旋就无力量。左旋一般用在特殊场合,主要有如下两种。

☺ 为了防松：如自行车中轴两头的轴端螺纹，一端是左旋，另一端是右旋。
☺ 功能运动方向需要：如电线杆、电线塔的地面拉紧钢丝调紧装置。

2) 惯性系及地心惯性系 任何物体的运动和变化都是在空间和时间中进行的。物体的运动或静止及其在空间中的位置，均指它相对另一物体而言，因此在描述物体运动时，必须选定一个或几个物体作为参照物，当物体相对参照物的位置有变化时，就说明物体有了运动。

牛顿定律揭示了在惯性空间中物体的运动和受力之间的基本关系。
☺ 若物体不受力或受力的合力为零，则物体保持静止或匀速直线运动。
☺ 若物体受到的合力为 F，则该物体将以加速度 a 相对惯性空间运动。三者的关系为

$$a = \frac{F}{m}$$

式中，m 为物体的质量。

【注意】牛顿定律描述的运动或静止均是相对于一个特殊的参照系——惯性空间而言的。惯性空间是牛顿定律的空间。

在宇宙空间中若能找到不受力或受力的合力为零的物体，则它们在惯性空间绝对保持静止或匀速直线运动，即原点在不动点，且不转动的参考系称为惯性空间。与惯性空间相固连的坐标系，并以惯性空间为参照物构成的参照系就是惯性系。惯性系中，牛顿定律所描述的力与运动之间的关系是完全成立的。

要建立惯性坐标系，必须找到相对惯性空间静止或匀速运动的参照物，也就是说，该参照物不受力的作用或所受合力为零。然而根据万有引力原理可知，这样的物体是不存在的。地球在自转的同时还绕着太阳公转，而太阳系在绕着银河系中心转动，同样银河系也是运动的。因此，完全静止的惯性空间是不存在的。通常我们只能建立近似的惯性坐标系，近似的程度根据问题的需要而定（例如惯性导航系统中，用加速度计测量载体相对惯性空间的加速度信息，用陀螺仪测量载体的转动运动，加速度计和陀螺仪总会有误差，只要选择的惯性参照系的精度远高于加速度计和陀螺仪的测量精度，满足惯性导航的需求即可）。惯性导航系统中常用的惯性坐标系是太阳中心惯性坐标系，若载体仅在地球附近运动，如舰船惯性导航系统，也可用地球中心惯性坐标系，此时要同时忽略太阳的引力和地球中心的平移加速度。

地心惯性系简称 i 系，是除太阳惯性坐标系外另一种常用的近似惯性参照系。通常定义地心惯性系是原点在地心，OX 轴过 0°经线与赤道相交，OY 轴过 90°经线与赤道相交，OZ 轴指向北极星，如图 2-3 所示。在太阳系中，地球受到的主要作用力是太阳的引力，此外还有月亮的作用力、太阳系其他行星的作用力等。地心惯性系的原点随地球绕太阳公转，但不参与地球自转，要估算地球中心惯性坐标系作为惯性坐标系的近似误差，除了要考虑太阳系的运动角速度和加速度外，还要考虑地心绕太阳公转的加速度。

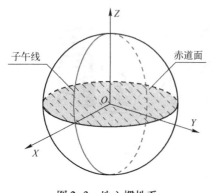

图 2-3 地心惯性系

一般情况下地球中心坐标系不能看作惯性坐标系。但是，当一个物体在地球附近运动

时，如果我们只关心物体相对地球的运动，则由于太阳等星体对地球有引力，同时对运动物体也有引力，太阳等星体引起的地心平移加速度与对地球附近运动物体的引力加速度基本相同，两者之差非常小，远在目前的加速度计的敏感范围之外。这样，研究运动物体相对地球的运动加速度时，我们可以同时忽略地心的平移加速度与太阳等星体对该物体的作用力，即可以把地球中心惯性坐标系当成惯性坐标系来使用。使用这种惯性坐标系时，认为物体受到的引力只有地球的引力，而没有太阳、月亮等星体的引力。

3) 地球坐标系 地球坐标系简称 e 系，如图 2-4 所示，坐标原点位于椭球中心，Z_e 轴为地球自转轴，X_e、Y_e 轴位于地球赤道平面，X_e 指向格林尼治子午线，Y_e 轴与 X_e 轴垂直，构成右手直角坐标系。这样对地球附近任何一点 P，其位置均可用一三维坐标 $P(X,Y,Z)$ 来确定。

地球坐标系的作用是确定载体相对地球位置的坐标系。

地心惯性系和地球坐标系的原点均为椭球中心，随地球一起平移；Z_e 轴和地心惯性系的 Z 轴重合；X_e、Y_e 轴相对于地心惯性系的转动角速度为 ω_e。

地心惯性系和地球坐标系是有区别的：地球坐标系与地球固连，随地球转动；而地心惯性系的坐标轴不随地球转动，指向相对惯性空间不变。地球上任一固定点在地球直角坐标系中的坐标是固定的，但在地球中心惯性坐标系中是变化的。地球坐标系相对惯性参照系的转动角速度就是地球的自转角速度 ω_e。

4) 地面坐标系 地面坐标系简称 g 系，也称地理坐标系。如图 2-5 所示，地面坐标系的原点就是载体重心所在点，Z_g 轴垂直于地面并背离（或指向）地心，X_g 轴与 Y_g 轴均与 Z_g 轴垂直，即在当地水平面内，X_g 轴沿当地纬度线指向正东，Y_g 轴沿当地子午线指向正北。按照这样的定义，地面坐标系的 Z_g 轴与地球赤道平面的夹角就是当地地理纬度，Z_g 轴与 Y_g 轴构成的平面就是当地子午面。Z_g 轴与 X_g 轴构成的平面就是当地卯酉面。X_g 轴与 Y_g 轴构成的平面就是当地水平面。

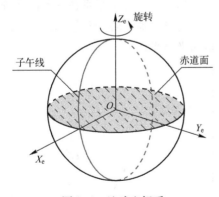

图 2-4 地球坐标系

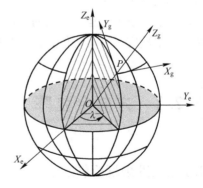

图 2-5 地面坐标系

地面坐标系的三根轴可以有不同的选取方法。图 2-5 所示的地面坐标系是按"东、北、天"为顺序构成的右手直角坐标系。除此之外，还有按"北、西、天"或"东、北、地"为顺序构成的右手直角坐标系。

当载体在地球表面运动时，载体相对地球的位置不断发生变化，而地球上不同地点的地面坐标系相对地球的角位置是不同的。也就是说，载体的运动将引起地面坐标系相对地球坐标系转动。如果考察地面坐标系相对惯性坐标系的转动角速度，应当考虑两个因素：一是地面坐标系随载体运动时相对地球坐标系的转动角速度;二是地球坐标系相对惯性参照系的转动角速度。

地面坐标系用于研究飞行器相对于地面的运动,确定飞行器在空间的位置坐标,从而方便研究飞行器的姿态、航向以及飞行器相对起飞点的空间位置。

5) **导航坐标系** 导航坐标系简称 n 系,它是惯性导航系统求解导航参数时所采用的坐标系。导航坐标系在载体运动时作为基准坐标系,求解载体航行姿态时,需要先将机体坐标系内测量到的数据转换到导航坐标系中,再进行姿态解算。对于一般的航姿参考系统来说,通常取导航坐标系为地面坐标系。本书第 4 章中的姿态角测量部分,导航坐标系取为"北、东、地"(NED)地面坐标系。

6) **机体坐标系** 机体坐标系简称 b 系,是与载体固连的直角坐标系。载体可以是舰船、飞机、火箭等。通常机体坐标系的原点位于载体重心,根据机体坐标系与地面坐标系的角度关系就可以确定载体姿态矩阵(也称方向余弦矩阵),如图 2-6 所示。

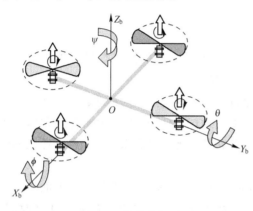

图 2-6 机体坐标系

机体坐标系的选取方法:
☺ 原点取在飞行器质心处,坐标系与飞行器固连。
☺ X 轴在飞行器对称平面内并平行于飞行器的设计轴线且指向机头。
☺ Y 轴垂直于飞行器对称平面且指向机身右方。
☺ Z 轴在飞行器对称平面内,与 X 轴垂直并指向机身下方。

飞行器的姿态角、飞行速度的大小和方向等参数总是和坐标系联系在一起。要确切描述飞机的运动状态,就要先建立适当的坐标系。想要描述飞行器的转动和移动,就必须选用机体坐标系;想要确定飞行器的位置,就必须选用地面坐标系。

2.2 方向余弦阵

2.2.1 二维坐标旋转

二维平面的坐标旋转是三维旋转的基础,如图 2-7 所示。
由图 2-7 中的几何关系可得

$$OC = OA + AB + BC = OD\cos\theta + BD\sin\theta + BE\sin\theta$$
$$= OD\cos\theta + DE\sin\theta$$
$$OF = DG - AD = DE\cos\theta - OD\sin\theta$$

图 2-7 二维平面旋转

所以可以得到如下转换公式:

第 2 章 空间坐标系及姿态角描述

$$\begin{pmatrix} x_2 \\ y_2 \\ z_2 \end{pmatrix} = \begin{pmatrix} \cos\theta & \sin\theta & 0 \\ -\sin\theta & \cos\theta & 0 \\ 0 & 0 & 1 \end{pmatrix} \begin{pmatrix} x_1 \\ y_1 \\ z_1 \end{pmatrix} \quad (2-1)$$

注意左乘，令

$$C_1^2 = \begin{pmatrix} \cos\theta & \sin\theta & 0 \\ -\sin\theta & \cos\theta & 0 \\ 0 & 0 & 1 \end{pmatrix}$$

则有

$$\begin{pmatrix} x_2 \\ y_2 \\ z_2 \end{pmatrix} = C_1^2 \begin{pmatrix} x_1 \\ y_1 \\ z_1 \end{pmatrix}$$

其中，C_1^2 称为方向余弦矩阵，详见 2.2.2 节。

2.2.2 三维坐标旋转

数学上两空间坐标系之间的角度关系可用一矩阵来表示，即方向余弦矩阵。

设有一个三维直角坐标系，如图 2-8 所示，其三个轴上的单位向量分别为 i_1、j_1、k_1。任一向量 R 均可以用它在三个轴上的分量来表示，即

$$R = R_{x1}i_1 + R_{y1}j_1 + R_{z1}k_1 \quad (2-2)$$

式中，R_{x1}、R_{y1}、R_{z1} 是 R 在三个轴上的投影，即

$$\begin{cases} R_{x1} = |R|\cos\theta_{x1} \\ R_{y1} = |R|\cos\theta_{y1} \\ R_{z1} = |R|\cos\theta_{z1} \end{cases} \quad (2-3)$$

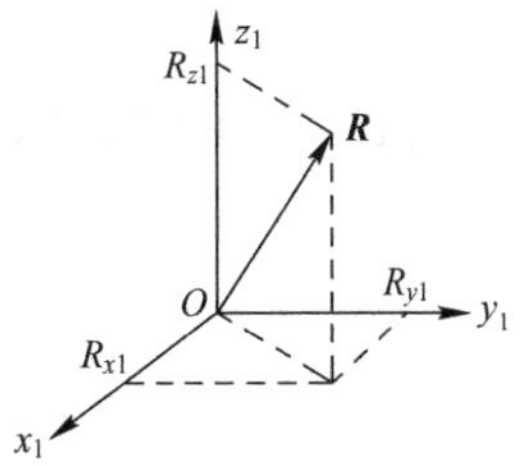

图 2-8 向量在三维直角坐标系中的表示

式中，$|R|$ 是向量 R 的模，θ_{x1}、θ_{y1}、θ_{z1} 分别是向量 R 与坐标系轴的夹角。

当 $\cos\theta_{x1}$、$\cos\theta_{y1}$、$\cos\theta_{z1}$ 确定时，向量 R 相对坐标系的指向也就确定了，因此将 $\cos\theta_{x1}$、$\cos\theta_{y1}$、$\cos\theta_{z1}$ 称为向量 R 在坐标系 $Ox_1y_1z_1$ 中的方向余弦。向量 R 的模 $|R|$ 与其分量 R_{x1}、R_{y1}、R_{z1} 之间存在如下关系：

$$|R|^2 = R_{x1}^2 + R_{y1}^2 + R_{z1}^2 \quad (2-4)$$

将式（2-3）代入式（2-4），得

$$\cos^2\theta_{x1} + \cos^2\theta_{y1} + \cos^2\theta_{z1} = 1 \quad (2-5)$$

这说明向量在直角坐标系中三个方向余弦的平方和为 1，故三个方向余弦中只含有两个独立量。

假设另有一三维直角坐标系 $Ox_2y_2z_2$，其原点与 $Ox_1y_1z_1$ 坐标系相同。其三个轴上的单位向量分别为 i_2、j_2、k_2。向量 R 在 $Ox_2y_2z_2$ 中也可以分解为三个分量 R_{x2}、R_{y2}、R_{z2}，即

$$R = R_{x2}i_2 + R_{y2}j_2 + R_{z2}k_2 \quad (2-6)$$

显然，向量 R 在 $Ox_1y_1z_1$ 和 $Ox_2y_2z_2$ 中的两组坐标 (R_{x1},R_{y1},R_{z1}) 和 (R_{x2},R_{y2},R_{z2}) 之间有着内在联系。这种联系应该由两个坐标系之间的角度关系来确定。

假定 R_{x2} 轴对 $Ox_1y_1z_1$ 坐标系的三个方向余弦为 $\cos\theta_{x1}^{x2}$、$\cos\theta_{y1}^{x2}$、$\cos\theta_{z1}^{x2}$；y_2 轴对 $Ox_1y_1z_1$ 坐

标系的三个方向余弦为 $\cos\theta_{x1}^{y2}$、$\cos\theta_{y1}^{y2}$、$\cos\theta_{z1}^{y2}$；z_2 轴对 $Ox_1y_1z_1$ 坐标系的三个方向余弦为 $\cos\theta_{x1}^{z2}$、$\cos\theta_{y1}^{z2}$、$\cos\theta_{z1}^{z2}$ 则有

$$\begin{cases} \boldsymbol{i}_2 = \boldsymbol{i}_1\cos\theta_{x1}^{x2} + \boldsymbol{j}_1\cos\theta_{y1}^{x2} + \boldsymbol{k}_1\cos\theta_{z1}^{x2} \\ \boldsymbol{j}_2 = \boldsymbol{i}_1\cos\theta_{x1}^{y2} + \boldsymbol{j}_1\cos\theta_{y1}^{y2} + \boldsymbol{k}_1\cos\theta_{z1}^{y2} \\ \boldsymbol{k}_2 = \boldsymbol{i}_1\cos\theta_{x1}^{z2} + \boldsymbol{j}_1\cos\theta_{y1}^{z2} + \boldsymbol{k}_1\cos\theta_{z1}^{z2} \end{cases} \quad (2-7)$$

$$\begin{cases} \boldsymbol{i}_1 = \boldsymbol{i}_2\cos\theta_{x1}^{x2} + \boldsymbol{j}_2\cos\theta_{x1}^{y2} + \boldsymbol{k}_2\cos\theta_{x1}^{z2} \\ \boldsymbol{j}_2 = \boldsymbol{i}_2\cos\theta_{y2}^{x2} + \boldsymbol{j}_2\cos\theta_{y1}^{y2} + \boldsymbol{k}_2\cos\theta_{y1}^{z2} \\ \boldsymbol{k}_2 = \boldsymbol{i}_2\cos\theta_{z1}^{x2} + \boldsymbol{j}_2\cos\theta_{z1}^{y2} + \boldsymbol{k}_2\cos\theta_{z1}^{z2} \end{cases} \quad (2-8)$$

将式（2-7）写成矩阵形式，即

$$\begin{pmatrix} \boldsymbol{i}_2 \\ \boldsymbol{j}_2 \\ \boldsymbol{k}_2 \end{pmatrix} = \boldsymbol{C}_1^2 \begin{pmatrix} \boldsymbol{i}_1 \\ \boldsymbol{j}_1 \\ \boldsymbol{k}_1 \end{pmatrix} \quad (2-9)$$

式中

$$\boldsymbol{C}_1^2 = \begin{pmatrix} \cos\theta_{x1}^{x2} & \cos\theta_{y1}^{x2} & \cos\theta_{z1}^{x2} \\ \cos\theta_{x1}^{y2} & \cos\theta_{y1}^{y2} & \cos\theta_{z1}^{y2} \\ \cos\theta_{x1}^{z2} & \cos\theta_{y1}^{z2} & \cos\theta_{z1}^{z2} \end{pmatrix} \quad (2-10)$$

将式（2-8）写成矩阵形式，即

$$\begin{pmatrix} \boldsymbol{i}_1 \\ \boldsymbol{j}_1 \\ \boldsymbol{k}_1 \end{pmatrix} = \boldsymbol{C}_2^1 \begin{pmatrix} \boldsymbol{i}_2 \\ \boldsymbol{j}_2 \\ \boldsymbol{k}_2 \end{pmatrix} \quad (2-11)$$

式中

$$\boldsymbol{C}_2^1 = \begin{pmatrix} \cos\theta_{x1}^{x2} & \cos\theta_{x1}^{y2} & \cos\theta_{x1}^{z2} \\ \cos\theta_{y1}^{x2} & \cos\theta_{y1}^{y2} & \cos\theta_{y1}^{z2} \\ \cos\theta_{z1}^{x2} & \cos\theta_{z1}^{y2} & \cos\theta_{z1}^{z2} \end{pmatrix} \quad (2-12)$$

$\boldsymbol{C}_1^2$ 和 $\boldsymbol{C}_2^1$ 关系为

$$\boldsymbol{C}_1^2 = (\boldsymbol{C}_2^1)^{\mathrm{T}} \quad (2-13)$$

将式（2-2）写成矩阵形式，然后将式（2-11）代入，得

$$\boldsymbol{R} = (R_{x1} \quad R_{y1} \quad R_{z1}) \begin{pmatrix} \boldsymbol{i}_1 \\ \boldsymbol{j}_1 \\ \boldsymbol{k}_1 \end{pmatrix} = (R_{x1} \quad R_{y1} \quad R_{z1}) \boldsymbol{C}_2^1 \begin{pmatrix} \boldsymbol{i}_2 \\ \boldsymbol{j}_2 \\ \boldsymbol{k}_2 \end{pmatrix} \quad (2-14)$$

同理，将式（2-6）也写成矩阵形式

$$\boldsymbol{R} = (R_{x2} \quad R_{y2} \quad R_{z2}) \begin{pmatrix} \boldsymbol{i}_2 \\ \boldsymbol{j}_2 \\ \boldsymbol{k}_2 \end{pmatrix} \quad (2-15)$$

比较式（2-14）和式（2-15），得

$$(R_{x1} \quad R_{y1} \quad R_{z1}) \boldsymbol{C}_2^1 = (R_{x2} \quad R_{y2} \quad R_{z2}) \quad (2-16)$$

式（2-16）两边取转置，得

第 2 章 空间坐标系及姿态角描述

$$\begin{pmatrix} R_{x2} \\ R_{y2} \\ R_{z2} \end{pmatrix} = (\boldsymbol{C}_2^1)^{\mathrm{T}} \begin{pmatrix} R_{x1} \\ R_{y1} \\ R_{z1} \end{pmatrix} = \boldsymbol{C}_1^2 \begin{pmatrix} R_{x1} \\ R_{y1} \\ R_{z1} \end{pmatrix} \tag{2-17}$$

式（2-17）用矩阵表示为

$$\boldsymbol{R}_2 = \boldsymbol{C}_1^2 \boldsymbol{R}_1 \tag{2-18}$$

式中，$\boldsymbol{R}_2 = \begin{pmatrix} R_{x2} \\ R_{y2} \\ R_{z2} \end{pmatrix}$，$\boldsymbol{R}_1 = \begin{pmatrix} R_{x1} \\ R_{y1} \\ R_{z1} \end{pmatrix}$。

式（2-18）表明，矩阵 $\boldsymbol{C}_1^2$ 将同一向量的两组坐标联系起来。由于 $\boldsymbol{C}_1^2$ 中的 9 个元素均为两坐标系坐标轴之间的方向余弦，它反映了两坐标系之间的角位置关系，称 $\boldsymbol{C}_1^2$ 为从 $Ox_1y_1z_1$ 坐标系到 $Ox_2y_2z_2$ 坐标系的方向余弦矩阵。

同理可得

$$\boldsymbol{R}_1 = \boldsymbol{C}_2^1 \boldsymbol{R}_2 \tag{2-19}$$

称 $\boldsymbol{C}_2^1$ 为从 $Ox_2y_2z_2$ 坐标系到 $Ox_1y_1z_1$ 坐标系的方向余弦矩阵。

$\boldsymbol{C}_1^2$ 和 $\boldsymbol{C}_2^1$ 满足如下关系：

$$\boldsymbol{C}_1^2 \boldsymbol{C}_2^1 = \boldsymbol{I}$$

其中，$\boldsymbol{I}$ 为单位阵。结合式（2-12）可得

$$\boldsymbol{C}_1^2 = (\boldsymbol{C}_2^1)^{\mathrm{T}} = (\boldsymbol{C}_2^1)^{-1}$$

这说明方向余弦矩阵的逆就是其转置阵，这是方向余弦矩阵的重要性质之一，即正交性。

方向余弦矩阵通常表示为

$$\boldsymbol{C} = \begin{pmatrix} c_{11} & c_{12} & c_{13} \\ c_{21} & c_{22} & c_{23} \\ c_{31} & c_{32} & c_{33} \end{pmatrix} \tag{2-20}$$

由于方向余弦矩阵的任一行或任一列的 3 个元素均为两个坐标系中的某一坐标轴在另一坐标系中的方向余弦，由式（2-5）可知任一向量的 3 个方向余弦的平方和为 1，因此，式（2-20）所示的方向余弦矩阵每一行或每一列的 3 个元素的平方和也是 1，这样方向余弦矩阵 $\boldsymbol{C}_1^2$ 和 $\boldsymbol{C}_2^1$ 的 9 个元素实际上有 6 个约束条件，也就是说，一个方向余弦矩阵中只有 3 个元素是完全独立的。

利用方向余弦矩阵，可以方便地实现多个相同原点的坐标系之间的坐标旋转变换，在前述问题中，如果再有第三个坐标系 $Ox_3y_3z_3$，由 $Ox_2y_2z_2$ 到 $Ox_3y_3z_3$ 的方向余弦矩阵 $\boldsymbol{C}_2^3$，记向量 $\boldsymbol{R}$ 在 $Ox_3y_3z_3$ 的坐标列向量为 $\boldsymbol{R}_3$，则

$$\boldsymbol{R}_3 = \boldsymbol{C}_2^3 \boldsymbol{R}_2 = \boldsymbol{C}_2^3 \boldsymbol{C}_1^2 \boldsymbol{R}_1$$

如果令

$$\boldsymbol{C}_1^3 = \boldsymbol{C}_2^3 \boldsymbol{C}_1^2 \tag{2-21}$$

则

$$\boldsymbol{R}_3 = \boldsymbol{C}_1^3 \boldsymbol{R}_1 \tag{2-22}$$

式（2-21）说明，由坐标系 1 到坐标系 3 的方向余弦矩阵可由坐标系 1 到坐标系 2 的方向余弦矩阵左乘坐标系 2 到坐标系 3 的方向余弦矩阵得到。式（2-22）推广为

其中
$$R_n = C_1^n R_1$$
$$C_1^n = C_{n-1}^n C_{n-2}^{n-1} \cdots C_1^2 \tag{2-23}$$

式（2-23）说明方向余弦矩阵具有传递性。

两空间直角坐标系之间的差异包括两个方面：一是原点不同，即一坐标系的原点相对另一坐标系的原点有位移；二是坐标轴的指向不同，即一坐标系相对另一坐标系有旋转。例如，地球表面某点的地面坐标系与地球坐标系之间的关系就是这种情况，原点不同，指向也不同。

在惯性导航中，我们更关心的是两组坐标系之间的角位置关系，这是因为：

☺ 惯性导航中使用的许多坐标系，如地面坐标系、机体坐标系等，它们的原点是相同的，不存在原点位移问题。

☺ 与地面坐标系和机体坐标系原点不同的常用坐标系，如地球坐标系，虽然原点不同，但原点的位移也可通过坐标系之间的角位置关系反映出来，所以弄清了两坐标系的角度关系，就知道了载体位置。

对于原点不相同的两组坐标系，它们的坐标轴之间的关系仍然可以用像式（2-10）和式（2-12）这样的方向余弦矩阵来描述。但是，若要进行坐标变换，必须先进行坐标平移变换（因原点不同），而后再按照式（2-18）和式（2-19）进行坐标旋转变换。

坐标变换的核心思想是：两个坐标系之间的任何复杂的角位置信息都可以看作某一坐标系做有限次数基本旋转的复合，变换矩阵等于由基本旋转确定的变换矩阵连乘，连乘顺序按照基本旋转的先后次序由右向左排列。之所以有顺序，是因为矩阵有左乘和右乘之分。

2.3 欧拉角

在三维空间中，刚体（或坐标系）定点转动具有 3 个自由度，需要 3 个广义坐标才能完整描述。所谓广义坐标，是描述系统位形所需的一组独立参数或最少参数。欧拉角是 3 个一组的角参数广义坐标，3 个旋转角度完全反映了两坐标系之间的角度关系，最早由欧拉（Euler）提出而得名。要注意的是，欧拉角与旋转顺序有关（即先绕哪根轴转、后绕哪根轴转），顺序不同时，欧拉角也不同，顺序固定时，两坐标系之间的欧拉角是唯一的。根据坐标系绕其轴的旋转顺序不同，存在多种定义方式：首先绕 3 个坐标轴中的任意一轴转动，有 3 种情形；接着绕除第一次转轴外的任意一轴转动，有 2 种情形，最后绕除第二次转轴外的任意一轴转动，又有 2 种情形。因此，总计存在 $3 \times 2 \times 2 = 12$ 种定义方式。一般在给出欧拉角参数表示坐标系旋转时，都得指出相应的欧拉角旋转顺序。

欧拉角法的核心思想是：一个坐标系可以用另一个参考坐标系的三次空间旋转来表达。旋转坐标系的方法有以下两种。

☺ 依次旋转 3 个不同的坐标轴，称之为 Tait - Bryan angles（可选顺序有 $x-y-z$、$y-z-x$、$z-x-y$、$x-z-y$、$z-y-x$、$y-x-z$）。

☺ 相邻两次旋转不同的坐标轴，称之为 Euler angles（可选顺序有 $z-x-z$、$x-y-x$、$y-z-y$、$z-y-z$、$x-z-x$、$y-x-y$）。

欧拉角还可以分为外在旋转（extrinsic rotations）和内在旋转（intrinsic rotations）。

☺ 设固定不动的参考坐标系为 xyz，需要被旋转的坐标系为 abc，初始状态两个坐标值完

第2章 空间坐标系及姿态角描述

全重合，现在的目标是旋转坐标 abc 到达 xyz 位置。所谓的外在旋转指的是 3 次旋转中每次旋转的旋转轴都是固定参考系中的 xyz 轴中的 1 个轴。例如：Tait – Bryan angles 的 xyz 顺序，那么在旋转 abc 的时候，每次旋转把 abc 坐标系围绕固定参考系 xyz 中的某个轴旋转。

☺ 内在旋转指的是在旋转 abc 的时候，每次旋转围绕的轴是上一次 abc 旋转后的某个轴。

外在旋转和内在旋转可以类比数学中的数列问题。数列问题一般给出的是第 n 项和第 $n-1$ 项的关系表达式，第 n 项的值是根据前一项推导出来的，建立在前一次的值之上，而通项公式则可以直接通过 n 的表达式计算任意第 n 项的值。比如，计算第 10 项的值，直接通过 n 的表达式就可以计算出来，而不需要通过计算第 9 项、第 8 项……直到第 1 项后再反推。外在旋转好比通项公式，每次旋转都是通过固定的参考系 xyz 旋转而来，与旋转过程中的 abc 状态无关。而内在旋转则需要根据上次旋转后转轴，在这个转轴的基础上再旋转，所以旋转轴是变动的，好比数列中的第 n 项和第 $n-1$ 项的递推关系。

关于内在旋转和外在旋转的关系，如果将其中一种旋转的第一次旋转和第三次旋转互换位置，那么它们就是等价的。例如，外在旋转顺序 $x-y-z$ 和内在旋转 $z-y-x$ 等价，详细证明可见参考文献。以下论述中，如不做说明，则以依次旋转 3 个不同的坐标轴且外在旋转为例。

若基本旋转符合右手定则，则 3 个基本旋转如下所述。

（1）将坐标系绕 x 轴旋转 ϕ 角：如图 2-9 所示，将坐标系转动表示为余弦矩阵的形式

$$\begin{pmatrix} x_2 \\ y_2 \\ z_2 \end{pmatrix} = \begin{pmatrix} 1 & 0 & 0 \\ 0 & \cos\phi & \sin\phi \\ 0 & -\sin\phi & \cos\phi \end{pmatrix} \begin{pmatrix} x_1 \\ y_1 \\ z_1 \end{pmatrix} \tag{2-24}$$

（2）将坐标系绕 y 轴旋转 θ 角：如图 2-10 所示，将坐标系转动表示为余弦矩阵的形式

$$\begin{pmatrix} x_2 \\ y_2 \\ z_2 \end{pmatrix} = \begin{pmatrix} \cos\theta & 0 & -\sin\theta \\ 0 & 1 & 0 \\ \sin\theta & 0 & \cos\theta \end{pmatrix} \begin{pmatrix} x_1 \\ y_1 \\ z_1 \end{pmatrix} \tag{2-25}$$

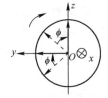
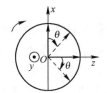

图 2-9 绕 x 轴旋转 ϕ 角　　图 2-10 绕 y 轴旋转 θ 角

（3）将坐标系绕 z 轴旋转 ψ 角：如图 2-11 所示，将坐标系转动表示为余弦矩阵的形式

$$\begin{pmatrix} x_2 \\ y_2 \\ z_2 \end{pmatrix} = \begin{pmatrix} \cos\psi & \sin\psi & 0 \\ -\sin\psi & \cos\psi & 0 \\ 0 & 0 & 1 \end{pmatrix} \begin{pmatrix} x_1 \\ y_1 \\ z_1 \end{pmatrix} \tag{2-26}$$

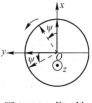

图 2-11 绕 z 轴旋转 ψ 角

由欧拉角法的核心思想可知：一个坐标系可以用另一个参考坐标系

的 3 次空间旋转来表达，令

$$C_x = \begin{pmatrix} 1 & 0 & 0 \\ 0 & \cos\phi & \sin\phi \\ 0 & -\sin\phi & \cos\phi \end{pmatrix} \quad C_y = \begin{pmatrix} \cos\theta & 0 & -\sin\theta \\ 0 & 1 & 0 \\ \sin\theta & 0 & \cos\theta \end{pmatrix} \quad C_z = \begin{pmatrix} \cos\psi & \sin\psi & 0 \\ -\sin\psi & \cos\psi & 0 \\ 0 & 0 & 1 \end{pmatrix}$$

设 3 次转动顺序按照 $z-y-x$（顺序不能变），则三次旋转得到的姿态矩阵为

$$\begin{aligned} C &= C_x C_y C_z \\ &= \begin{pmatrix} 1 & 0 & 0 \\ 0 & \cos\phi & \sin\phi \\ 0 & -\sin\phi & \cos\phi \end{pmatrix} \begin{pmatrix} \cos\theta & 0 & -\sin\theta \\ 0 & 1 & 0 \\ \sin\theta & 0 & \cos\theta \end{pmatrix} \begin{pmatrix} \cos\psi & \sin\psi & 0 \\ -\sin\psi & \cos\psi & 0 \\ 0 & 0 & 1 \end{pmatrix} \\ &= \begin{pmatrix} \cos\theta & 0 & -\sin\theta \\ \sin\theta\sin\phi & \cos\phi & \sin\phi\cos\theta \\ \sin\theta\cos\phi & -\sin\phi & \cos\theta\cos\phi \end{pmatrix} \begin{pmatrix} \cos\psi & \sin\psi & 0 \\ -\sin\psi & \cos\psi & 0 \\ 0 & 0 & 1 \end{pmatrix} \\ &= \begin{pmatrix} \cos\theta\cos\psi & \cos\theta\sin\psi & -\sin\theta \\ \sin\theta\sin\phi\cos\psi - \cos\phi\sin\psi & \sin\theta\sin\phi\sin\psi - \cos\phi\cos\psi & \sin\phi\cos\theta \\ \sin\theta\cos\phi\cos\psi + \sin\phi\sin\psi & \sin\theta\cos\phi\sin\psi - \sin\phi\cos\psi & \cos\theta\cos\phi \end{pmatrix} \end{aligned} \quad (2-27)$$

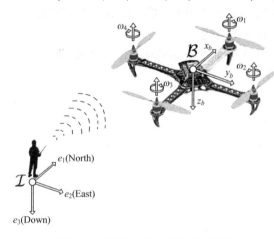

图 2-12 机体坐标系到地面坐标系

式（2-27）称为用欧拉角描述的姿态矩阵，导航文献中的欧拉角多指该式。读者可以进行比较，式（2-20）中有 9 个参数，6 个是未知数；式（2-27）中有 3 个参数，这 3 个参数也是未知数。

以下利用欧拉角描述机体坐标系到地面坐标系的旋转，如图 2-12 所示。

在空中描述运动载体的俯仰、偏航、横滚等姿态信息时，需要引入空间内的三维坐标系，以便于使用空间矢量变换对飞行器的航行姿态进行数学描述。导航坐标系在载体运动时作为基准坐标系，求解载体航行姿态时，需要先将机体坐标系内测量到的数据转换到导航坐标系中，再进行姿态解算。对于一般的航姿参考系统来说，通常取导航坐标系为地面坐标系。导航坐标系保持不变，将机体坐标系相对导航坐标系进行一次或者多次旋转之后，旋转关系仍可以用欧拉角来表示。

描述机体欧拉角中的 3 个角度通常也称姿态角，包括偏向角 Yaw，记作 ψ；横滚角 Roll，记作 ϕ；俯仰角 Pitch，记作 θ。各角参数的定义与运载体各物理轴向相联系，详细定义如下。

☺ 偏向角 ψ：载体绕 Z 轴转动，载体的 Y 轴在水平面上的投影与水平北向之间的夹角称为偏向角。以水平北向为基准，顺时针转动为正，逆时针转动为负，其定义域为 0°～360°。

☺ 横滚角 ϕ：载体绕 X 轴转动，载体的 X 轴与其在水平面上的投影之间的夹角称为横滚角。以轴在水平面上的投影为基准，向右转动为正，向左转动为负，其定义域为 -180°～180°。

☺ 俯仰角 θ：载体绕 Y 轴转动，载体的 Y 轴与其在水平面上的投影之间的夹角称为俯仰

角。以 Y 轴在水平面上的投影为基准，向上转动为正，向下转动为负，其定义域为 $-180°\sim 180°$。

当 3 个欧拉角均为 0 时，地面坐标系和机体坐标系是重合的。

2.4 由等效旋转矢量到四元数

2.4.1 向量点乘和叉乘

1）向量点乘 设 a、b 为两向量，则点乘运算规则为
$$a \cdot b = |a||b|\cos\theta$$

向量点乘示意图如图 2-13 所示。点乘的常见性质还有：

(1) $a \cdot a = |a|^2$；

(2) $a \perp b, a \cdot b = 0$；

(3) $i \cdot j = j \cdot k = k \cdot i = 0, i \cdot i = j \cdot j = k \cdot k = 1$；

(4) 点乘分配律：若 $a = \{x_a, y_a, z_a\}$，$b = \{x_b, y_b, z_b\}$，则 $a \cdot b = (x_a i + y_a j + z_a k) \cdot (x_b i + y_b j + z_b k)$。

2）向量叉乘 叉乘运算规则为
$$a \times b = |a||b|\sin\theta$$

向量叉乘示意图如图 2-14 所示，叉乘后的结果为 a、b 两向量所在平面的右手系法线方向的单位向量。

图 2-13 向量点乘

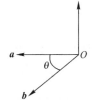
图 2-14 向量叉乘

叉乘的运算规则如下。

(1) 叉乘的反交换律：$a \times b = -(b \times a)$（可用右手定则判断）。

(2) 直角坐标系中的叉乘运算：
$$i \times i = j \times j = k \times k = 0 \tag{2-28}$$
$$i \times j = k, j \times k = i, k \times i = j \tag{2-29}$$
$$j \times i = -k, k \times j = -i, i \times k = -j \tag{2-30}$$

(3) 若 $a = \{x_a, y_a, z_a\}$，$b = \{x_b, y_b, z_b\}$，则
$$a \times b = (y_a z_b - z_a y_b)i - (x_a z_b - z_a x_b)j + (x_a y_b - y_a x_b)k \tag{2-31}$$

可按行列式展开记忆为
$$a \times b = \begin{pmatrix} i & j & k \\ x_a & y_a & z_a \\ x_b & y_b & z_b \end{pmatrix}$$

3) 三重矢积公式 已知在立体解析几何中的三重矢积公式为

$$V_1 \times (V_2 \times V_3) = (V_1 \cdot V_3)V_2 - (V_1 \cdot V_2)V_3 \tag{2-32}$$

其中,符号"·"表示两向量点乘运算,$V_i (i=1,2,3)$ 表示三维空间中的矢量。特别地,若令 $V_1 = V_2 = V$,则根据式 (2-32) 有

$$V \times (V \times V_3) = (V \cdot V_3)V - (V \cdot V)V_3 = (V \cdot V_3)V - v^2 V_3 \tag{2-33}$$

其中,记模值 $v = |V| = \sqrt{V^T V}$。将式 (2-33) 移项,可得

$$(V \cdot V_3)V = V \times (V \times V_3) + v^2 V_3 \tag{2-34}$$

2.4.2 等效旋转矢量

如图 2-15 所示,三维空间中的某矢量 r 绕另一单位矢量 u 转动 ϕ(设 $\phi \geq 0°$)角度,得矢量 r',以下求解转动前后两矢量 r 与 r' 之间的运算关系。

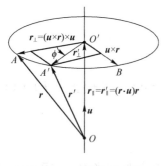

图 2-15 等效旋转矢量

不妨假设矢量 r 和单位矢量 u 具有共同的起始点 O,记 r 的矢端 A 在 u 上的投影为 O'。若以 O' 为圆心、$O'A$ 为半径作圆,则 r' 的矢端 A' 也在该圆周上。在圆上取一点 B 使得 $O'B \perp O'A$,则有

$$\overrightarrow{O'B} = u \times r \tag{2-35}$$

转动前的矢量 r 相对于单位矢量 u 可分解为平行于 u 的分量 $r_\parallel$ 和垂直于 u 的分量 $r_\perp$,即

$$r = \overrightarrow{OO'} + \overrightarrow{O'A}, \text{ 即 } r = r_\parallel + r_\perp \tag{2-36}$$

式中,

$$r_\parallel = (r \cdot u)u \tag{2-37}$$

$$r_\perp = \overrightarrow{O'B} \times u = (u \times r) \times u \tag{2-38}$$

同理,转动后的矢量 r' 相对于 u 也可以分解为平行分量 $r'_\parallel$ 和垂直分量 $r'_\perp$,即

$$r' = \overrightarrow{OO'} + \overrightarrow{O'A'} \quad \text{即} \quad r' = r'_\parallel + r'_\perp \tag{2-39}$$

式中,

$$r'_\parallel = r_\parallel \tag{2-40}$$

$$r'_\perp = \overrightarrow{O'A}\cos\phi + \overrightarrow{O'B}\sin\phi = (u \times r) \times u \cos\phi + u \times r \sin\phi \tag{2-41}$$

至此,将式 (2-37) 和式 (2-41) 代入式 (2-39),可详细展开为

$$r' = (r \cdot u)u + (u \times r) \times u \cos\phi + u \times r \sin\phi \tag{2-42}$$

此外,由三重矢积公式 (2-34),即 $(V \cdot V_3)V = V \times (V \times V_3) + v^2 V_3$,可得

$$(r \cdot u)u = (u \cdot r)u = u \times (u \times r) + |u|^2 r = u \times (u \times r) + r \tag{2-43}$$

将式 (2-43) 代入式 (2-42),得

$$r' = r + u \times u \times r - u \times u \times r \cos\phi + u \times r \sin\phi \tag{2-44}$$

式 (2-44) 称为罗德里格(Rodrigues)旋转公式,它建立了转动前后两矢量 r 与 r' 之间的线性变换关系,该变换是转轴 u 及转角 ϕ 的函数。

令 $u = \begin{pmatrix} l \\ m \\ n \end{pmatrix}, r = \begin{pmatrix} r_x \\ r_y \\ r_z \end{pmatrix}$,根据式 (2-31) 得

$$u \times r = (li + mj + nk) \times (r_x i + r_y j + r_z k)$$
$$= (mr_z - nr_y)i + (nr_x - lr_z)j + (lr_y - mr_x)k$$

写成矩阵形式为

$$u \times r = \begin{pmatrix} 0 & -n & m \\ n & 0 & -l \\ -m & l & 0 \end{pmatrix} \begin{pmatrix} r_x \\ r_y \\ r_z \end{pmatrix} \quad (2\text{-}45)$$

令

$$U = \begin{pmatrix} 0 & -n & -m \\ n & 0 & -l \\ -m & l & 0 \end{pmatrix} \quad (2\text{-}46)$$

则

$$u \times r = Ur \quad (2\text{-}47)$$

$$u \times (u \times r) = u \times (Ur) = U \cdot Ur \quad (2\text{-}48)$$

将式（2-47）和式（2-48）代入式（2-44），结合倍角半角三角函数公式得

$$r' = r + u \times u \times r - u \times u \times r \cos\phi + u \times r \sin\phi$$
$$= r + U \cdot Ur(1 - \cos\phi) + Ur\sin\phi$$
$$= \left(I + 2\sin^2\frac{\phi}{2}U \cdot U + 2\sin\frac{\phi}{2}\cos\frac{\phi}{2}U\right)r$$

令

$$D = I + 2\sin^2\frac{\phi}{2}U \cdot U + 2\sin\frac{\phi}{2}\cos\frac{\phi}{2}U \quad (2\text{-}49)$$

则

$$r' = Dr \quad (2\text{-}50)$$

式（2-50）说明 D 为 r 到 r' 的坐标变换矩阵，将式（2-46）代入式（2-49）得

$$C_r^{r'} = D = \begin{pmatrix} 1 & 0 & 0 \\ 0 & 1 & 0 \\ 0 & 0 & 1 \end{pmatrix} + 2\cos\frac{\phi}{2}\begin{pmatrix} 0 & -n\sin\frac{\phi}{2} & m\sin\frac{\phi}{2} \\ n\sin\frac{\phi}{2} & 0 & -l\sin\frac{\phi}{2} \\ -m\sin\frac{\phi}{2} & l\sin\frac{\phi}{2} & 0 \end{pmatrix} +$$

$$2\begin{pmatrix} -(m^2+n^2)\sin^2\frac{\phi}{2} & lm\sin^2\frac{\phi}{2} & ln\sin^2\frac{\phi}{2} \\ lm\sin^2\frac{\phi}{2} & -(l^2+n^2)\sin^2\frac{\phi}{2} & mn\sin^2\frac{\phi}{2} \\ ln\sin^2\frac{\phi}{2} & mn\sin^2\frac{\phi}{2} & -(l^2+m^2)\sin^2\frac{\phi}{2} \end{pmatrix} \quad (2\text{-}51)$$

令

$$\begin{cases} q_0 = \cos\frac{\phi}{2} \\ q_1 = l\sin\frac{\phi}{2} \\ q_2 = m\sin\frac{\phi}{2} \\ q_3 = n\sin\frac{\phi}{2} \end{cases} \quad (2\text{-}52)$$

则四元数定义为

$$Q = q_0 + q_1 i + q_2 j + q_3 k$$

$$= \cos\frac{\phi}{2} + (l\boldsymbol{i} + m\boldsymbol{j} + n\boldsymbol{k})\sin\frac{\phi}{2} \tag{2-53}$$

$$= \cos\frac{\phi}{2} + \boldsymbol{u}\sin\frac{\phi}{2}$$

式（2-53）中的 q_0 代表实数，又叫罗德里格-哈密尔顿参数。$\boldsymbol{i}$、$\boldsymbol{j}$、$\boldsymbol{k}$ 代表虚数部分单位量，这3个量构成了一个三维空间。

四元数的复数表达式为

$$\boldsymbol{Q} = q_0 + q_1\boldsymbol{i} + q_2\boldsymbol{j} + q_3\boldsymbol{k} \tag{2-54}$$

由式（2-54）可以看出，一个四元数包含实数（q_0）和虚数（$q_1\boldsymbol{i} + q_2\boldsymbol{j} + q_3\boldsymbol{k}$）两部分；把四元数用矩阵展示时，其四维空间的矢量特性便得以显现。若四元数的实部为0，则这个四维空间的矢量就可以映射到三维空间，从而为三维空间物体运动的表达提供了可能。

四元数是一种简单的超复数，它遵循着特有的运算法则，特殊的运算规律与约束使得其能表示空间的旋转。对于一个单位四元数，其实部能表征旋转动作的大小，而其矢量部分则能表示旋转所围绕的旋转轴的方向，旋转轴方向由单位四元数在各单位复向量方向上的投影决定。

$\boldsymbol{Q} = \cos\frac{\phi}{2} + \boldsymbol{u}\sin\frac{\phi}{2}$ 称为四元数的三角式，四元数还常写成矩阵形式

$$\boldsymbol{Q} = \begin{pmatrix} q_0 \\ q_1 \\ q_2 \\ q_3 \end{pmatrix} \tag{2-55}$$

式（2-53）描述了刚体的定点转动，即当只关心 r 系相对 r' 系的角位置时，可认为 r' 系由 r 系经过无中间过程的一次性等效旋转形成，四元数 $\boldsymbol{Q}$ 包含了这种等效旋转的全部信息，$\boldsymbol{u}$ 为旋转瞬轴和旋转方向，ϕ 为旋转角度。

将式（2-52）代入（2-51）得

$$\boldsymbol{C}_r^{r'} = \begin{pmatrix} 1-2(q_2^2+q_3^2) & 2(q_1q_2-q_0q_3) & 2(q_1q_3+q_0q_2) \\ 2(q_1q_2+q_0q_3) & 1-2(q_1^2+q_3^2) & 2(q_2q_3-q_0q_1) \\ 2(q_1q_3-q_0q_2) & 2(q_2q_3+q_0q_1) & 1-2(q_1^2+q_2^2) \end{pmatrix} \tag{2-56}$$

由于

$$|Q|^2 = q_0^2 + q_1^2 + q_2^2 + q_3^2 = \cos^2\frac{\phi}{2} + (l^2+m^2+n^2)\sin^2\frac{\phi}{2} = 1 \tag{2-57}$$

将式（2-57）代入式（2-56）的对角线中，则

$$\boldsymbol{C}_r^{r'} = \begin{pmatrix} q_0^2+q_1^2-q_2^2-q_3^2 & 2(q_1q_2-q_0q_3) & 2(q_1q_3+q_0q_2) \\ 2(q_1q_2+q_0q_3) & q_0^2-q_1^2+q_2^2-q_3^2 & 2(q_2q_3-q_0q_1) \\ 2(q_1q_3-q_0q_2) & 2(q_2q_3+q_0q_1) & q_0^2-q_1^2-q_2^2+q_2^2 \end{pmatrix} \tag{2-58}$$

由刚体定点转动的欧拉定理可知，刚体绕固定点的任一位移，可由刚体绕通过固定点的某一瞬时轴转过某个角度的一次转动而获得。因此可以很方便地用一个代表旋转要素（旋转轴、旋转角度）的四元数体现机体坐标系相对于导航坐标系之间的姿态旋转关系。也就

是机体坐标系和导航坐标系之间的角位置关系，除了可以通过 3 次基本旋转得到（欧拉角、方向余弦矩阵），也可以由机体坐标系绕通过固定点的某一瞬时轴转过某个角度的 1 次转动获得。而四元数包含这种等效旋转的全部信息，因此可用四元数表示机体坐标系和导航坐标系之间的姿态变化矩阵。对一个飞行系统进行姿态计算时，利用四元数可对飞行器的角度运动进行更加清楚、简便的描述，从而简化旋转矩阵的表达。

2.4.3 复数形式四元数

设二维空间复数定义为

$$Q = q_0 + q_1 i \tag{2-59}$$

式中，q_0 和 q_1 都是实数；i 是虚数。

假设将 Q 逆时针转动 θ，将要转动的向量复数乘以复数旋转数，即

$$Q \times (\cos\theta + \sin\theta i) = (q_0 + q_1 i) \times (\cos\theta + \sin\theta i)$$
$$= q_0 \cos\theta - q_1 \sin\theta + (q_0 \sin\theta + q_1 \cos\theta) i$$

以下将二维空间的向量旋转复数运算推广到三维空间。设三维空间的复数定义为

$$P = p_0 + p_1 i + p_2 j$$
$$Q = q_0 + q_1 i + q_2 j$$

将 P 和 Q 相乘，得

$$\begin{aligned} P \times Q &= (p_0 + p_1 i + p_2 j) \times (q_0 + q_1 i + q_2 j) \\ &= (p_0 q_0 - p_1 q_1 - p_2 q_2) + (p_0 q_1 + p_1 q_0) i + (p_0 q_2 + p_2 q_0) j + p_1 q_2 ij + p_2 q_1 ji \end{aligned} \tag{2-60}$$

上述相乘结果多出了两项 ij 和 ji，ij 和 ji 不等于实数，使得最终结果并不是一个三维空间的复数或者说三维向量。

四元数发明者哈密尔顿引入四维空间的概念，四维空间里存在四维向量或者说四维复数，这个四维复数被哈密尔顿定义为四元数，它的形式如式（2-54）所示。因此，结合式(2-28)~式(2-30)的叉乘规则，式（2-60）可以解出。

四元数的复数形式还可以表示如下：

$$Q = (q_0, q_1 i + q_2 j + q_3 k) = (q_0, V)$$
$$P = (p_0, p_1 i + p_2 j + p_3 k) = (p_0, W)$$

其中，q_0、p_0 是实数，对应特殊的第四维；V、W 对应正常空间的 3 个维度。

将两个四元数相乘得

$$\begin{aligned} P \times Q &= (p_0 + p_1 i + p_2 j + p_3 k)(q_0 + q_1 i + q_2 j + q_3 k) \\ &= (p_0 q_0 - p_1 q_1 - p_2 q_2 - p_3 q_3) + \\ &\quad (p_0 q_1 + p_1 q_0 + p_2 q_3 - p_3 q_2) i + \\ &\quad (p_0 q_2 + p_2 q_0 + p_3 q_1 - p_1 q_3) j + \\ &\quad (p_0 q_3 + p_3 q_0 + p_1 q_2 - p_2 q_1) k \end{aligned} \tag{2-61}$$

式（2-61）也可以写成：

$$P \times Q = (p_0 q_0 - W \cdot V, p_0 V + q_0 W + W \times V) \tag{2-62}$$

式中，$W \cdot V$ 是向量点乘，运算结果是一个实数，故而放在实数区；$W \times V$ 是叉积，运算结果是一个垂直于 W 和 V 向量，故而放在虚数区。

哈密尔顿将四元数中实数部分为 0 的四元数定义成纯四元数，就是第四维为 0，只剩下三维空间了。

由于要旋转的向量是一个三维空间的向量，所以它是一个实数轴为 0 的纯四元数，则令

$$P = (0, W) \tag{2-63}$$

将式（2-63）代入式（2-62）得

$$P \times Q = (-W \cdot V, q_0 W + W \times V) \tag{2-64}$$

由于要研究的是三维空间中的旋转，所以需要三维向量乘以四元数旋转后还是三维向量，否则三维向量旋转后变成四维空间的向量就没有意义了。

为了使旋转结果还在三维空间中，需要使 PQ 相乘结果中的实数项为 0，即 $W \cdot V$ 值为 0。已知如果两个向量互相垂直，它们的点乘就会为 0，因而选择三维向量部分垂直于 W 的四元数 Q，注意四维向量 Q 不需垂直于 P，只要 Q 的三维部分 V 垂直于 P 的三维部分 W 就行。

为了使 Q 能让纯四元数 P 旋转 $\theta°$，Q 的旋转四元数也参照二维空间的旋转数复数来表示

$$Q = (\cos\theta, V\sin\theta) \tag{2-65}$$

由于 $W \cdot V = 0$，将式（2-65）代入式（2-64）得

$$P \times Q = (0, W\cos\theta + WV\sin\theta) \tag{2-66}$$

可用一个例子代入检测式（2-65）的正确性。

【例 2-1】 假设要旋转的三维向量为

$$P = (0, 2i + 0j + 0k) = (0, 2i) \tag{2-67}$$

假设要旋转的角度是 45°，则

$$Q = \left(\frac{\sqrt{2}}{2}, \frac{\sqrt{2}}{2}V\right)$$

V 需要垂直于 P 的三维向量部分，即 V 垂直于 $2i$，那先将 V 设定成 k，即 z 轴，则

$$Q = \left(\frac{\sqrt{2}}{2}, \frac{\sqrt{2}}{2}k\right)$$

则有

$$\begin{aligned} P \times Q &= (0, W\cos\theta + W \times V\sin\theta) \\ &= \left(0, \frac{\sqrt{2}}{2} \cdot 2i + 2i \times \frac{\sqrt{2}}{2}k\right) \\ &= (0, \sqrt{2}i - \sqrt{2}j) \end{aligned}$$

这个结果是 P 绕 z 轴（Q 中的三维向量部分）旋转了 45°，是顺时针旋转。这个例子也说明 Q 中的三维向量部分就是旋转轴，并且无论 P 往哪个方向转，都能找到符合要求的 Q，即四元数可以使三维向量往任何一个方向旋转，不像欧拉角只能在 xyz 上旋转，避开了欧拉角死锁造成微分方程退化不可解的问题。上述的旋转过程是顺时针，若要逆时针结果，只要将式（2-66）中 P 和 Q 的结果对调即可

$$Q \times P = (0, W\cos\theta + V\sin\theta \times W) \tag{2-68}$$

式（2-68）为 P 绕 Q 的三维向量轴逆时针旋转结果。

以上的四元数运算都只能使得 P 可以向任意一个方向旋转，它的旋转轴始终垂直于自身，若需要能绕任意的旋转轴旋转，即旋转轴的三维向量 Q 不垂直于 P，进而使得式（2-64）中的实数项 $-W \cdot V$ 不为 0，即三维向量旋转到四维空间去了。若要三维空间不旋转到四维空间去，哈密尔顿想到用共轭四元数来解决这个问题。式（2-54）的共轭

第2章 空间坐标系及姿态角描述

四元数复数定义为

$$Q' = q_0 - q_1 i - q_2 j - q_3 k = (q_0, -V)$$

即共轭就是实数不变，虚数相反，四元数是高阶复数，也遵循这个原理。

先假设要旋转的向量还是式（2-63），哈密尔顿用了如下方式来解决 P 绕任意轴旋转的问题：

$$Q \times P \times Q' = (q_0, V) \times (0, W) \times (q_0, -V) \tag{2-69}$$

虽然 Q 会使 P 进入四维空间，但 Q' 又会把 $Q \times P$ 转换回三维空间。以下还是用一个例子来验证式（2-69）在三维空间。

【例 2-2】

设 P 取为式（2-67），旋转角度也还是选择 45°，但旋转四元数 Q 的三维向量 V 不再垂直于 W，设

$$Q = \left(\frac{\sqrt{2}}{2}, \frac{\sqrt{2}}{2} V\right) = \left[\frac{\sqrt{2}}{2}, \frac{\sqrt{2}}{2}\left(\frac{\sqrt{2}}{2} i + \frac{\sqrt{2}}{2} k\right)\right]$$

$$= \left[\frac{\sqrt{2}}{2}, \frac{1}{2}(i + k)\right] \tag{2-70}$$

即 Q 的三维向量 V 是 x 轴和 z 轴的中间斜线，不再垂直于 W 向量，将式（2-67）和式（2-70）代入式（2-69），得

$$Q \times P \times Q' = \left[\frac{\sqrt{2}}{2}, \frac{1}{2}(i + k)\right] \times (0, 2i) \times \left[\frac{\sqrt{2}}{2}, -\frac{1}{2}(i + k)\right] \tag{2-71}$$

利用式（2-62）得

$$Q \times P = \left[\frac{\sqrt{2}}{2}, \frac{1}{2}(i + k)\right] \times (0, 2i)$$

$$= (-1, \sqrt{2} i + j) \tag{2-72}$$

式（2-72）说明 Q 使 P 进入四维空间。将式（2-72）代入式（2-71），得

$$Q \times P \times Q' = (-1, \sqrt{2} i + j) \times \left[\frac{\sqrt{2}}{2}, -\frac{1}{2}(i + k)\right]$$

$$= (0, i + \sqrt{2} j + k) \tag{2-73}$$

式（2-73）为三维空间。

由式（2-73）可知旋转的角度不是 45° 而是 2×45°=90°，原因是旋转轴四元数先将旋转向量旋转了 45°，然后旋转轴四元数共轭项又将旋转向量继续旋转了 45°，总共旋转了 90°。因而如果要旋转 45°，实际应该设置旋转角度为 45°/2，这样最终结果就会满足要求。这也是式（2-52）中的角度都乘以 1/2 的原因。

2.5 四元数、欧拉角以及方向余弦阵对比

对比式（2-20）、式（2-27）和式（2-54），可得表 2-1。四元数、欧拉法以及方向余弦阵各有优缺点。

表 2-1　四元数、欧拉角以及方向余弦阵对比

算　　法	是否全姿态	计算复杂度	精　　度	实　用　性
欧拉法	否（90°出现退化）	微分方程+ 三角超越函数	微分方程 近似时有误差	小机动条件
方向余弦法	是	9个未知量微分方程	同上	计算实时性差
四元数法	是	4个未知量微分方程	同上	现在最常用
等效旋转矢量法	是	微分方程	误差补偿	大机动

分析表 2-1 可以得出以下结论。

☺ 欧拉法具有明确直观的物理量，简单明了，容易理解，在欧拉角解算更新的过程中无须正交化处理。但是由于方程中涉及三角函数的计算，对计算精度影响较大，实时性也不好，并且在某一姿态角处于90°时，会出现奇点（详见3.3.5节），因此使用该方法需要特别注意，不能全姿态角工作是该算法无法避免的缺点。

☺ 方向余弦法可以避免欧拉法在姿态测量过程出现奇点的问题，姿态测量结果唯一，并且可以实现全姿态工作，对于姿态变化范围较大的场合比较适用。但是它的缺点也同样突出，在求解姿态的过程中，需要求解9个联立的微分方程。与四元数法相比，计算量很大，实时性较差，无法应用在实时性要求较高的飞控中，在实际工程中使用较少。

☺ 四元数法优点很多，计算量小，实时性高，只需要求解4个联立的微分方程；算法简单，易于编程实现，可使用较为成熟的四阶龙格库塔法和毕卡逼近算法对四元数微分方程求解；精度较高，能够满足小型四旋翼姿态控制的要求，在实际工程中应用最为广泛。四元数法的缺点也不容忽略，如果姿态更新速度不够快，姿态更新积分时间过长，则不可交换性误差影响就较大，特别是在高动态下，无人机载体姿态变化较快时，这种误差就不可忽略，必须采取适当的方法加以解决。

第3章 四旋翼飞行器数学模型

四旋翼直升机的运动可分解为两部分,分别为质心运动(也叫平移运动)和相对质心的旋转运动(亦称旋转运动)。这两部分是紧密相关的。

对四旋翼无人飞行器的控制问题进行研究,首先需要了解系统的工作原理,并建立四旋翼无人飞行器的系统模型。在对系统进行建模时,需要选择合适的系统状态变量。

3.1 飞行要素

3.1.1 大气飞行环境

流体是与固体相对应的一种物体形态,是液体和气体的总称,由大量的、不断做热运动而且无固定平衡位置的分子构成,它的基本特征是没有一定的形状并且具有流动性。流体都有一定的可压缩性,当流体的形状改变时,流体各层之间也存在一定的运动阻力(即黏滞性)。当流体的黏滞性和可压缩性很小时,可近似看作理想流体,它是人们为研究流体的运动和状态而引入的一个理想模型。流体是液压传动和气压传动的介质。虽然空气和水在外形上具有相似的流动性,但其性质却有着天壤之别,液体的可压缩性很小,而气体的可压缩性较大。流体具有连续性,日常生活中,山谷里的风通常比平原大;河水在河道窄的地方流得快,河道宽的地方流得慢,如图3-1所示。

(a) 山谷

(b) 有宽有窄的河道

图3-1 日常生活中的流体连续性

飞行环境对飞行器的结构、材料、机载设备和飞行性能都有非常重要的影响。只有了解和掌握飞行环境的变化规律,并设法克服或减少飞行环境对飞行器的影响,才能保证飞行器飞行的准确性和可靠性。这里所指的飞行环境包括地球表面的大气层和地球大气层以外的宇宙空间。

包围地球的空气层(大气)是飞行器唯一的飞行活动环境,也是导弹和航天器的飞行活动环境。大气层没有明显的上限，它的各种特性沿铅垂方向的差异非常显著，例如空气密度和压强都随高度增加而减小。在10km高度，空气密度只相当于海平面空气密度的1/3，压强约为海平面压强的1/4；在100km高空，空气密度只是海平面的$4\times10^{-5}\%$（百万分之零点四），压强只是海平面的$3\times10^{-5}\%$（百万分之零点三）。

以大气中温度随高度的分布为主要依据，可将大气层划分为对流层、平流层、中间层、热层（暖层）和散逸层5个层次，如图3-2所示。航空器的飞行环境是对流层和平流层。

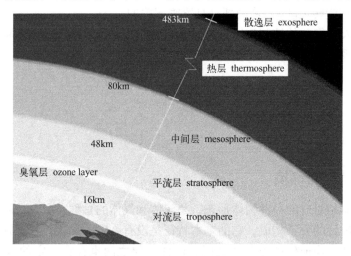

图3-2 大气分层

- 对流层：大气中最低的一层为对流层，其中气温随高度增加而降低，空气对流运动极为明显。对流层的厚度随纬度和季节而变化，低纬度地区平均为16～18km，中纬度地区平均为10～12km，高纬度地区平均为8～9km。对流层集中了约3/4的大气质量和几乎全部的水汽，是天气变化最复杂的一层，飞行中所遇到的各种重要天气变化几乎都出现在这一层中。
- 平流层：平流层位于对流层之上，上界扩展到48～55km。在平流层内，随着高度的增加，起初气温保持不变（190K）或者略有升高；到20～30km以上，气温升高很快；到了平流层顶，气温升至270～290K。平流层的这种气温分布特征同它受地面影响较小和存在大量臭氧有关。过去常称这层为同温层，实际上指的是平流层的下部。平流层中空气沿铅垂方向的运动较弱，因而气流比较平稳，能见度较好。
- 中间层：中间层从48～55km伸展到80～85km高度。这层的特点是：随着高度增加，气温下降，空气有相当强烈的铅垂方向运动。这一层顶部的气温可低至160～190K。
- 热层：热层从中间层顶延伸到800km高空。这层的空气密度极小，声波已难以传播。热层的一个特征是气温随高度增加而上升，另一个特征是空气处于高度电离状态。
- 散逸层：散逸层又称外大气层，位于热层之上，是地球大气的最外层。此处空气极其稀薄，又远离地面，受地球引力较小，因而大气分子不断地向星际空间逃逸。

大气与飞行器空气动力学相关的特性有连续性、黏性和可压缩性。

1) 连续性 气体和流体一样具有连续性。大气是由大量分子组成的，在标准大气状态下，每立方毫米的空间里含有2.7×10^{16}个分子。每个分子都有自己的位置、速度和能量。在气体中，分子之间的联系十分微弱，以至于它们的形状仅仅取决于盛装容器的形状（充满该容器），而没有自己固有的外形。

当飞行器在空气介质中运动时，由于飞行器的外形尺寸远远大于气体分子的自由行程（一个空气分子经一次碰撞后到下一次碰撞前平均走过的距离），故在研究飞行器和大气之间的相对运动时，气体分子之间的距离完全可以忽略不计，即可把气体看成连续的介质。这就是在空气动力学研究中常说的连续性假设。采用连续介质假设后，不仅给描述流体的物理属性和流动状态带来了很大方便，更重要的是为理论研究提供了强有力的数学工具。

航天器所处的飞行环境为高空大气层和外层空间，那里空气非常稀薄，空气分子间的平均自由行程很大，气体分子自由行程大约与飞行器的外形尺寸在同一数量级甚至更大，在此情况下，大气就不能看成连续介质了。

2) **黏性** 大气的黏性是空气在流动过程中表现出的一种物理性质。大气的黏性力是指相邻大气层之间相互运动时产生的牵扯作用力，也叫大气的内摩擦力，即大气相邻流动层间出现滑动时产生的摩擦力。流体的黏性和温度有关。随着温度的升高，流体的黏性将增加，而液体的流动性反而减小。

大气流过物体时产生的摩擦阻力与大气的黏性有关系，因此，大气的黏性与飞机飞行时所产生的摩擦阻力也有很大关系。不同流体的黏性不同，水的黏性是空气的几百倍。由于空气的黏性很小，因此在空气中低速运动时其摩擦力不易察觉。但当飞行速度很大时，黏性力的影响就非常明显。速度如果达到3倍声速以上，因摩擦力的作用，空气会对飞行器产生严重的气动加热，导致飞行器结构的温度急剧上升，以至于不得不采用防热层和耐高温材料。

在描述空气黏性对于飞机空气动力学特性的影响时，通常用雷诺数来表示。雷诺数是一个表示流体惯性力和黏性力比值的无量纲量。雷诺数和流体的密度、速度和特征长度（如机翼的弦长）成正比，和流体的黏性力成反比。雷诺数较小时，黏性力对流场的影响大于惯性力。

3) **可压缩性** 气体的可压缩性是指当气体的压强改变时其密度和体积改变的性质。不同状态的物质可压缩性也不同。由于液体对这种变化的反应很小，因此一般认为液体是不可压缩的；而气体对这种变化的反应很大，因此一般认为气体是可压缩的。

当大气流过飞行器表面时，由于飞行器对大气的压缩作用，大气压强会发生变化，密度也会随之变化。当气流的速度较低时（一般指100m/s以下），压强的变化量较小，其密度的变化也很小，因此在研究大气低速流动的有关问题时，可以不考虑大气可压缩性的影响。但当大气流动的速度较高时，由于可压缩性的影响，使得大气以超声速流过飞行器表面时与低速流过飞行器表面时有很大的差别，在某些方面甚至还会发生质的变化，这时就必须考虑大气的可压缩性。

3.1.2 伯努利定理

在一个流体系统，如气流、水流中，流速越快，流体产生的压力就越小，这就是被称为"流体力学之父"的丹尼尔·伯努利1738年发现的伯努利定理。伯努利定理的内容是：对稳定管道中的流体而言，若流体不可压缩，忽略黏性，且与外界无能量交换，则沿管道各点的流体静压、动压和重力势能之和等于常量。伯努利原理往往被表述为

$$p + 1/2\rho v^2 + \rho g h = C$$

式中，p 为流体中某点的压强；v 为流体该点的流速；ρ 为流体密度；g 为重力加速度；h 为该点所在高度；C 是一个常量。这个式子被称为伯努利方程。

如图 3-3 所示，按照伯努利原理，图中流体速度 $v_1 < v_2 < v_3$。

伯努利定理是飞机飞行原理的根据。伯努利定理在水力学和应用流体力学中有着广泛的应用。需要注意的是，由于伯努利方程是由机械能守恒推导出的，所以它仅适用于黏度可以忽略、不可被压缩的理想流体。以下是生活中常见的伯努利定理应用的例子。

【例3-1】如图3-4所示，向两张纸中间吹气，两张纸中间的空气流速怎样变化？两张纸是被吹开还是向中间靠近？

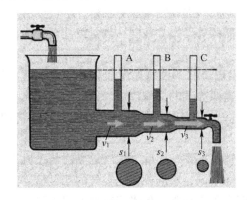 

图3-3　伯努利定理示意图　　　　　图3-4　向两张纸中间吹气

【参考答案】空气流速会变大；两张纸向中间靠近。

【提示】向两张纸中间吹气，两张纸中间的空气流速会变快，两张纸会向中间靠近。因为两张纸向中间靠近，则纸的外侧受力比内侧大，即 $F_{外}>F_{内}$，又因为纸内外侧受力面积 S 相等，且 $F=pS$，能推导出 $p_{外}S>p_{内}S$，即 $p_{外}>p_{内}$。

读者还可以思考如下问题。

（1）两张纸相吸的直接原因是纸中间的空气的哪个参数减小了？

【答案】压强。

（2）压强代表的是空气的哪种能量？

【答案】势能。

（3）压强减小的同时，由于吹气导致空气的哪个参数变大了？

【答案】速度。

（4）速度代表着空气的哪种能量？

【答案】动能。

（5）速度增加的时候为什么压强会减小？

【提示】思考势能与动能的关系，联系能量守恒定律，利用伯努利定理解释上述现象：①该定理是能量守恒在流体力学中的应用；②定义的是速度和压强的关系；③速度高的地方压强小，速度低的地方压强大。

【例3-2】如图3-5所示，在倒置的漏斗里放一个乒乓球，用手指托住乒乓球，然后从漏斗口向下用力吹气，并将手指移开，乒乓球会掉下来吗？

【参考答案】不会。如图3-6所示，球上方气体流速快，气压小；球下方气体流速慢，气压大。

第 3 章　四旋翼飞行器数学模型

图 3-5　悬浮的乒乓球

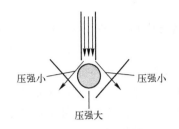

图 3-6　乒乓球悬浮的原因

【例 3-3】如图 3-7（a）所示，有的跑车在车的尾部设计安装了一种导流板，它主要起什么作用？导流板横截面的形状应是图 3-7（b）中的 A 还是 B？

【参考答案】让跑车高速行驶时，能更好地抓紧地面；A。

【提示】导流板的上表面平直，底部呈弧形凸起。这种设计主要是在跑车高速行驶时，导航板的下方气流流速度快、压强小，上方气流速度慢、压强大，上下形成了一个向下的压力差，从而使跑车高速行驶时能更好地抓紧地面。在流体中流速快的地方压强小，轿车上的导流板的主要作用是使向下的压力增大，因此下方流速应高于上方流速，所以导流板下表面是曲面，上表面是平面，故其横截面应如图 3-8 所示。

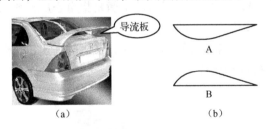

图 3-7　汽车导流板

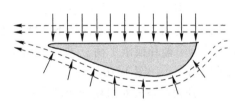

图 3-8　汽车导流板的压强及受力

【例 3-4】机翼的升力是怎样产生的？

【提示】观察机翼的模型，机翼上方是弯曲的，下方大致是平的。如图 3-9 所示，由于上方的空气比下方空气行走的距离要长，机翼上方的空气流动速度比下方要快，压强较小；机翼下方的空气流动速度较慢，压强较大，致使机翼上方比下方气流速度快。结果上方气流对机翼的压强 P_1 比下方气流对机翼的压强 P_2 小，这一压强差就是使飞机获得竖直向上的升力的原因，此静压差称为作用在机翼上的空气动力。当飞机的滑行速度达到一定值时，机翼所受的升力超过飞机自重，飞机就起飞了。

图 3-9　飞机的机翼

3.1.3 固定翼飞机的平飞

固定翼飞机是一种重于空气的航空飞行器，它不是利用空气静力（即浮力）来支持飞行重力，而是利用空气动力来支持飞行重力。当一个物体在空气中运动，或者空气从物体表面流过的时候，空气对物体都会产生作用力，空气这种作用在物体上的力叫作空气动力，即物体与空气相对运动时，空气作用在物体上的力。空气动力产生的条件是物体与空气必须有相对运动，且空气动力作用方向在物体上。"空气动力"一词中"动"字的本意是"运动"之意，即空气与物体必须有相对运动才能产生作用在物体上的力。它与空气静力的产生是相对而言的（空气与物体相对静止而产生浮力），所以空气动力绝不能简称为"动力"，以区别于驱动力。

空气动力学是力学的一个分支，研究飞行器或其他物体在同空气或其他气体做相对运动情况下的受力特性、气体的流动规律和伴随发生的物理化学变化。通常所说的空气动力学的研究内容是飞机、导弹等飞行器在各种飞行条件下流场中气体的速度、温度、压力和密度等参量的变化规律，飞行器所受的升力和阻力等空气动力及其变化规律，气体介质或气体与飞行器之间所发生的物理化学变化以及传热传质规律等。

飞机各部件重力总和是飞机的重力，着力点称为飞机的重心；飞机机体坐标系是以飞机的整个机体为标准，再通过飞机重心三条相互垂直的坐标轴为机体轴，详见2.1节。飞机的水平等速、直线飞行称为平飞。平飞是最基本的飞行状态。飞机的平衡是指重心所构成的各力矩之和为零，作用于飞机的各力之和同样也要为零。飞机在空中处于平衡状态飞行时，除了飞机的速度和飞行方向都保持不变外，还需要不绕重心转动。因此，飞机的平衡包括航向平衡、俯仰平衡和横滚平衡三种。飞机在飞行过程中受到四种作用力，如图3-10所示。

（1）升力：空气对机翼向上的力；
（2）重力：飞行器质量产生的力；
（3）推力：由发动机产生的向前的空气反作用力；
（4）阻力：向后的空气作用力。

飞机平飞时，要满足以下3个条件。

☺ 作用力平衡：具有能产生升力（空气动力在垂直于飞行方向上的分量）的机翼，用来平衡飞机的重力，以维持飞行高度不变；具有能提供拉力或推力的动力系统，用来平衡飞机的阻力（空气动力在平行于飞行反方向上的分量），维持飞机的平飞速度。

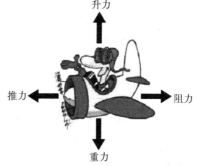

图3-10 飞机在飞行中的受力

☺ 作用力矩平衡：保持俯仰平衡、横滚平衡、航向平衡。
☺ 具有能控制飞机姿态的操纵系统，让飞机具有可操纵性，使其按照预定的轨迹飞行。

升力、阻力都和飞行速度有关，一架平飞的飞机如果增大了驱动力，拉力就会大于阻力使飞行速度加快。飞行速度加快后，升力随之增大，升力大于重力飞机将逐渐爬升。对于固定翼飞行器，为了使飞机在较大驱动力和飞行速度下仍保持平飞，就必须相应减小迎角；反之，为了使飞机在较小马力和速度条件下维持平飞，就必须相应地加大迎角。所以操纵（调整）飞机到平飞状态，实质上是进行发动机驱动力和飞行迎角的正确匹配。

生活中也有迎角的例子：当一个人乘坐于前进中的车子里，把手伸出窗外，手掌张开且向车前进方向倾斜时，手臂将感受到有往后和往上移动的倾向，而且其倾向大小又与手掌倾斜的角度大小成正比；当手掌倾角大于某一角度时，往上移动的倾向急速地消失且往后移动的倾向骤然升高。此种现象可做如下解释：当一物体相对于空气有前进的速度时，空气作用于此物体上的力量可分为两个分量：垂直于自由流（free stream）方向的分量和沿着自由流方向的分量。前者为升力，而后者则为阻力。当手掌的仰角高于某一特定的角度时，升力会急速随着仰角的增加而下降，且阻力骤然上升，而此特定的角度亦随着物体形状的不同改变。

上述升力的分析是以固定翼飞机的机翼为例的，但四旋翼飞行器的飞行原理和固定翼是一致的，四旋翼飞行器的螺旋桨的外形也设计得和固定翼飞机的机翼相类似。当螺旋桨旋转时，螺旋桨推动空气施加向下的力，同时空气也对螺旋桨产生向上的升力，当升力大于重力时，飞行器上升；当升力等于重力时，飞行器悬停；当升力小于重力时，飞行器下降。

3.2 四旋翼飞行器的飞行原理

直升机是典型的旋翼飞行器，它的旋翼可以产生升力，但谁来产生前进的推力呢？单独安装另外的推进发动机当然可以，但这样会增加质量和总体复杂性，因此它的旋翼同时起到产生升力和推进作用，旋翼的摆角可调。升力和推进问题解决后，还有转向、俯仰、横滚控制问题。旋翼旋转产生升力的同时，对机身产生反扭力，如图3-11所示，若没有一定的反扭力措施，直升机就会不由自主地旋转。安装尾桨是抵消反扭力的最常见方法。主旋翼顺时针转，对机身就产生逆时针方向的反扭力，尾桨就必须或推或拉，产生顺时针方向的推力，以抵消主旋翼的反扭力，如图3-12所示。抵消反扭力的主旋翼-尾桨布局，也称常规布局。

图3-11　直升机主旋翼反扭力的示意图　　图3-12　直升机的尾桨

四旋翼飞行器采用四个旋翼作为飞行的直接动力源，旋翼对称分布在机体的前后左右四个方向，并固连在刚性十字交叉结构上，四个旋翼处于同一高度平面，且四个旋翼的结构和半径都相同，对称安装，旋翼1和旋翼3逆时针旋转，旋翼2和旋翼4顺时针旋转，即对角

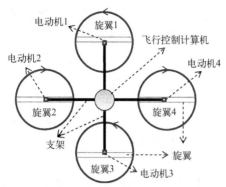

图 3-13 四旋翼飞行器的结构形式

线上的两个旋翼转动方向相同,如图 3-13 所示,因此抵消了机体的反扭力。

传统直升机配备有一个主转子和一个尾桨,它们通过控制舵机来改变螺旋桨的桨距角,从而控制直升机的姿态和位置。而四旋翼飞行器与直升机不同,四旋翼飞行器通过调节四个电动机转速来改变旋翼转速,实现升力的变化,从而控制飞行器的姿态和位置。

四旋翼飞行器按照旋翼布置方式可分为十字模式和 X 模式,如图 3-14 所示。对于姿态测量和控制来说,两种方式差别不大。考虑到可能会使用向前安装的视觉传感器,为了使视线不被遮挡,使用 X 模式布置方式居多。

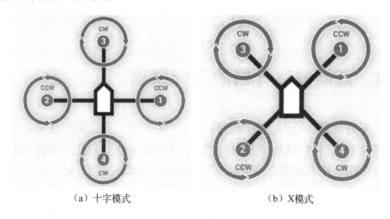

(a) 十字模式　　　　　　(b) X 模式

图 3-14 四旋翼分布模式

任何飞行器都有机体坐标系,也就是飞行器的头、尾。如果推动遥控器手柄使飞行器向前运动,飞行器总是向它头的方向飞行,那么这个飞行器运行在有头模式。飞行器运动的前后左右以自身的坐标系为参考坐标系,称为有头模式。如果使飞行器向前飞行的过程中改变了机头方向(操纵了遥控的航向角),飞行器还是向它起飞时头指示的方向飞行,那么这个飞行器运行在无头模式(head-free 或 head-hold)。无头模式飞行器是以它起飞时头指示的方向为前,其运行的前后左右是参考地理坐标系的。所以在飞无头模式下,操控手尽量不要旋转,否则就会混淆运行的前后左右。

四旋翼飞行器在空间共有 6 个自由度(分别沿 3 个坐标轴作平移和旋转运动),这 6 个自由度的控制都可以通过调节不同电动机的转速来实现。质点运动的形式分成两类:质点平动和刚体转动(相对过质心轴的旋转运动),刚体转动控制称为姿态控制,质点平动称为运动控制。刚体转动包括俯仰运动、横滚运动和偏航运动;质点平动包括垂直运动、前后运动和侧向运动。

由于四旋翼飞行器的转动与平动之间存在耦合性,即俯仰运动和前后运动的电动机转速变化一致,横滚运动和侧向运动的电动机转速变化一致,因此只有改变飞行器的姿态角,才能使得旋翼总升力在期望的方向上产生分量,进而控制飞行器沿期望的航迹方向飞行。

在图 3-15~图 3-20 所示的四旋翼运动分析图中,电动机 1 和电动机 3 逆时针旋转,电动机 2 和电动机 4 顺时针旋转,以十字模式进行分析,规定沿 x 轴反方向的运动为向前运动,箭头在旋翼的运动平面上方表示对应电动机转速提高，在下方表示对应电动机转速下降。

1）俯仰运动　在图 3-15 中，电动机 1 的转速上升，电动机 3 的转速下降，电动机 2、电动机 4 的转速保持不变。由于旋翼转速的改变会引起四旋翼飞行器整体扭矩及总拉力发生改变，为了避免上述改变，旋翼 1 与旋翼 3 转速改变量的大小应相等。由于旋翼 1 的升力上升、旋翼 3 的升力下降，产生的不平衡力矩使机身绕 y 轴旋转；同理，当电动机 1 的转速下降，电动机 3 的转速上升时，机身便绕 y 轴向另一个方向旋转，实现了飞行器的俯仰运动。

2）横滚运动　在图 3-16 中，保持电动机 1、电动机 3 转速不变，增大电动机 4 转速，同时减小电动机 2 转速，可以控制机身向右侧横滚。横滚运动的基本原理和俯仰运动相同，前后两个旋翼产生的升力相同，机身不会发生俯仰运动。

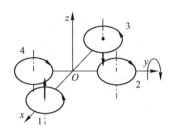 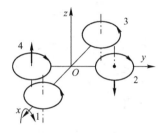

图 3-15　俯仰运动　　　　　　　图 3-16　横滚运动

3）偏航运动　四旋翼飞行器的水平转动可以借助旋翼产生的反扭矩来实现。旋翼转动过程中由于空气阻力作用会形成与转动方向相反的反扭矩，反扭矩的大小与旋翼转速有关，当 4 个旋翼转速相同时，反扭矩互相平衡，机身不发生转动；当 4 个旋翼转速不同时，不平衡的反扭矩会引起机身的水平转动。为了使飞行器按照期望方向做水平转动，可以同时增加一对同方向旋转旋翼的转速并减小另一对旋翼转速，且转速增加的旋翼转动方向与期望的水平转动方向相反。在图 3-17 中，当电动机 1 和电动机 3 的转速上升、电动机 2 和电动机 4 的转速下降时，旋翼 1 和旋翼 3 对机身的反扭矩大于旋翼 2 和旋翼 4 对机身的反扭矩，机身便在富余反扭矩的作用下绕 z 轴转动，实现了飞行器的偏航运动，转向与电动机 1、电动机 3 的转向相反。同时，由于旋翼 1 和旋翼 3 两组电动机的转速相同，旋翼升力对称，机体不会发生侧翻。

4）悬停和垂直运动　在图 3-18 中，有两对电动机转向相反，可以平衡其对机身的反扭矩，当同时增加 4 个电动机的输出功率时，旋翼转速增加使得总的拉力增大，当总拉力足以克服整机的质量时，飞行器便离地垂直上升；反之，同时减小 4 个电动机的输出功率时，飞行器则垂直下降，实现了沿 z 轴的垂直运动。若外界扰动量为零，在旋翼产生的升力等于飞行器的自重时，飞行器便保持悬停状态。保证 4 个旋翼转速同步增加或减小是垂直运动的关键。

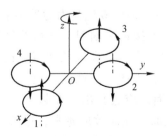 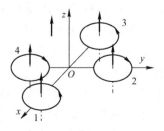

图 3-17　偏航运动　　　　　　　图 3-18　悬停和垂直运动

5) 前后运动　要想实现飞行器在水平面内前后、左右的运动，就必须在水平面内对飞行器施加一定的力。在图 3-19 中，增大电动机 3 转速，使拉力增大，相应减小电动机 1 转速，使拉力减小，同时保持其他两个电动机转速不变，反扭矩仍然要保持平衡。飞行器首先发生一定程度的前倾，使俯角增大，从而使旋翼拉力产生水平分量，因此可以实现飞行器的前飞运动。向后飞行与向前飞行正好相反。同时，拉力在垂直方向的分量和重力平衡，机体在竖直方向上不会产生垂直运动。

6) 侧向运动　在图 3-20 中，由于结构对称，所以侧向飞行的工作原理与前后运动完全一样。

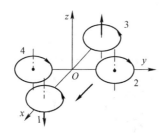
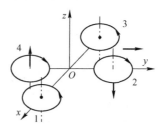

图 3-19　前后运动　　　　　　　图 3-20　侧向运动

由图 3-15～图 3-20 可知，通过调节 4 个电动机的转速，可以改变四旋翼飞行器的运动形式。当 $F_1^b = F_2^b = F_3^b = F_4^b$ [F_i^b 的说明见式（3-30）] 时，飞行器处于悬停或上升/下降运动状态；当 $F_2^b = F_4^b$ 且 $F_1^b \neq F_3^b$ 时，飞行器处于俯仰或前后运动状态；当 $F_1^b = F_3^b$ 且 $F_2^b \neq F_4^b$ 时，飞行器处于横滚或侧向运动状态；当 $F_1^b = F_3^b$、$F_2^b = F_4^b$ 但 $F_1^b \neq F_2^b$ 时，飞行器处于偏航运动状态。表 3-1 为 4 个旋翼电动机对应转速变化与产生相应运动形式的关系。

表 3-1　四旋翼飞行器电动机转速控制表

运动形式	旋翼 1(F_1^b)	旋翼 2(F_2^b)	旋翼 3(F_3^b)	旋翼 4(F_4^b)
俯仰	+	0	−	0
横滚	0	−	0	+
偏航	+	−	+	−
上升	+	+	+	+

注："+"表示增大该旋翼对应电动机的转速；"−"表示减小该旋翼对应电动机的转速；0 表示不变。

以上 6 种基本运动状态相互组合可以实现小型四旋翼飞行器在空间以任何轨迹、任意姿态飞行。

在四旋翼飞行器飞行过程中，还要考虑地面效应。地面效应是因为螺旋桨推动空气向下，使得飞行器下方的气压上升所造成的。当飞行器接近地面时，下行的气流到达了地面不能再继续往下扩散，也就会在飞行器旋翼下方形成一个高气压区域。这个高压区会使得旋翼所受的阻力减小，因此升力也就相应增加。因此，在地面效应下，飞行器可以用更少的燃料进行飞行。气垫船就是这个原理。地面效应通常出现在起飞和降落的时候。在地面效应的影响下，飞行器易不稳定。越靠近地面，地面效应越强，通常高度在 30cm 左右会逐渐消失，这和飞行器大小有关。因此，飞行过程中应尽量避免地面效应。地面效应也会在水面产生。

3.3 四旋翼飞行器的数学模型

3.3.1 数学模型概述

实际飞行试验中容易出现摔机，甚至炸机等高风险情况，因此，为了降低研究工作的危险性，节约科研成本，应首先为其建立数学模型，基于该模型进行一些必要的控制方案的论证与仿真分析，然后再在试验中验证该控制方案的有效性，这将大大提高研究工作的效率。而模型的实用性直接决定了所设计控制器的适用性。模型的主要作用可概括为：在认识系统时筛选信息；在实际行动前指导设计；存储和积累以往的经验；引导认识的发展和进步。

建模是一个用模型来描述系统中各个量之间相互关系的过程，是研究系统问题时常用的手段。而数学建模就是通过简化现实中错综复杂的各种问题，再抽象成合理的数学结构，然后利用数学的理论和方法来分析并解决实际问题。它作为分析、设计、预报及控制实际问题的基础，成为研究及掌握系统运动规律的有效工具。在解决实际问题时，通过调查，利用收集到的有效数据资料，对实际研究对象的特征及其规律进行观察，抓住研究对象存在的主要问题，进而确定能够反映实际问题中各个量之间的关系，抽象成一个理论模型；然后，根据所建立的理论模型和已有的科学规律、定律、知识、经验、试验数据等，用适当的数学形式或数学工具将它们表示出来，这样就可得到一组数学表达式（微分的、积分的、有限的、超越的、确定的、随机的等），为以后的各种计算和仿真建立所需要的数学模型。在建模的过程中，模型的选择很重要，必须选择一个能够描述系统特征的模型。因为模型是飞行器设计、仿真及应用的基础，所以飞行控制器设计的一个关键问题就是要建立一个能够准确描述飞行系统特征的数学模型。

仿真模型（或计算模型，因为计算机仿真运算实质上也是一种计算）是一种以计算机软件形式表示的、计算机化（computerized）的数学模型，或者用计算机程序定义的数学模型，即基于计算机的模型（computer-based model）。从数学模型到仿真模型，这中间经过了一个编程的过程。编程过程中会牵涉到解题限制条件、算法问题、试验设计问题、编程语言问题和编程技巧问题等，例如算法选择是否正确以及算法本身的误差，算法语言的理解和运用是否得当，计算或仿真方案是否合理，以及一些人为疏漏、差错等。因此，不能把数学模型笼统地称为仿真模型，甚至把数学模型误认为是仿真模型，因为二者的概念、内容和作用是完全不同的。

建模步骤与建模方法通常设有固定模式，常与所研究的问题有关，具体建模步骤如下。

(1) 建模的准备：首先分析模型的研究背景，明确建模的目的，同时采集并整理建模所需信息，将尽可能地掌握研究对象的特征，以此来确定所采用的建模方式，做好建模前的一切准备。

(2) 模型的简化：在掌握了研究对象特征，明确建模目的后，对模型进行合理地简化是建模的关键问题。在建模过程中，如果将模型所有可能存在的问题都考虑进去，不仅会给建模增加难度，同时还可能造成建模的失败，因此在建模过程中应抓住所研究对象的主要因素及其之间的关系，同时还要忽略对其影响不大的因素，尽量将非线性化的模型线性化，并在保证一定精度的基础下，尽可能简化模型。

（3）模型的构造：在一定假设的前提下分析对象之间存在的因果关系，利用研究对象的内在规律及相应的数学工具，来构造不同量之间的数学关系。在建模的过程中还应该遵循尽可能使用简单的数学工具这一原则。

（4）模型的求解：数学模型的建模可能会涉及非常复杂的计算，甚至会借助一些软件来模拟系统运行环境。

（5）模型的分析：对所建立的模型进行数学分析，需要根据具体问题的性质来分析不同变量之间的关系和稳定状况，从而得出理论上有效决策。

（6）模型的检验：将数学分析结果与实际问题相结合，并与具体现象或数据相比较，来验证模型的合理性与适用性。若模型的检验结果同实际不相符，则模型假设不正确，修改或改进假设，重新建立模型。有些模型需要经过多次反复的完善，直至最终的检验结果获得一定的满意度。

（7）模型的应用：模型检验的结果成功后，就可用软件算法实现建模数学关系，并在实际研究对象上检验建模是否合适。

四旋翼飞行器控制系统结构框图如图 3-21 所示。其中，检测姿态角的传感器称为内传感器，检测位移量的传感器称为外传感器。

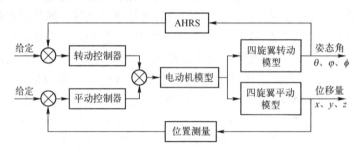

图 3-21　四旋翼飞行器控制系统结构框图

3.3.2　建模假设条件

为了方便对机体的受力分析，对四旋翼飞行器做如下假设。

☺飞行器为外形结构严格对称、机体质量均匀分布的刚体（忽略弹性因素影响），在飞行过程中产生的振动及形变忽略不计；电动机、旋翼位置处于同一水平面上，且位置对称。

☺飞行器的几何中心和重心位置以及机体坐标系的原点重合。

☺升力和阻力与桨叶转速的平方成正比。这个假设简化了四旋翼模型的计算。

☺四旋翼螺旋桨在同一电压下正反转时产生的拉力是一样的。

☺四旋翼桨叶是刚性的。这个假设忽略了四旋翼桨叶自身的颤动而引起的物理效应。

☺忽略物体之间距离对万有引力的影响，四旋翼飞行器所受重力不会受到地域、高度的影响，是恒值。

☺认为地面坐标系为惯性坐标系，忽略地球曲率、自转及公转影响，视地球表面为平面。

☺除了螺旋桨旋转产生的气流外，空气流动速度为零，且空气密度不随高度改变。

☺飞行器是在低速、少风的环境下悬停或者低速飞行；忽略四旋翼飞行器在空中受到空气阻力以及机翼对周围空气流动的影响；忽略四旋翼飞行器运动时所受的摩擦、电动机阻尼力矩的影响。

如图3-22所示为四旋翼飞行器建模框图，飞行器的建模是给电动机输入电压使电动机产生转速，从而带动旋翼的旋转产生升力。升力作用于机体产生向上的力和俯仰、横滚、偏航的力矩，经过牛顿-欧拉模型的解算得出角加速度和线加速度。角加速度经过二次积分得出角度。四旋翼飞行器的模型输入是电压，输出是姿态角度和位置。

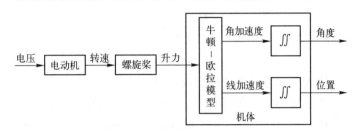

图3-22 四旋翼飞行器建模框图

3.3.3 动力子系统建模

四旋翼的动力子系统由四个旋翼和无刷直流电动机（包括电调）组成。本小节介绍旋翼的空气动力学特性和电机动力学，为建立系统模型做准备。

1. 旋翼动力学

旋翼的空气动力学和刚体动力学一样，本质上都是非线性的。常用动量理论结合叶素理论来推导空气动力和力矩。动量理论用于推导流入或诱导速度，而叶素理论用来确定作用于每个旋翼的总气动力和扭矩。叶素法，顾名思义，它是将螺旋桨分成无限个小叶片元素（即叶素，确定每个叶素上的受力，通过积分计算可得到整个旋翼的空气动力和力矩）。

参考文献[7]提供了旋翼机力和力矩的详细推导过程，这里只是给出推导的结果。

升力（作用于旋翼垂直力）：

$$\begin{cases} F_T = C_T \rho A (\omega R)^2 \\ \dfrac{C_T}{\sigma_\alpha} = \left(\dfrac{1}{6} + \dfrac{1}{4}\mu^2\right)\theta_0 - \dfrac{1}{4}\lambda \end{cases} \quad (3-1)$$

阻力（作用于旋翼的水平力）：

$$\begin{cases} F_D = C_D \rho A (\omega R)^2 \\ \dfrac{C_D}{\sigma_\alpha} = \dfrac{1}{4\alpha}\mu \overline{C}_d + \dfrac{1}{4}\lambda\mu\theta_0 \end{cases} \quad (3-2)$$

反扭力矩（水平方向）：

$$\begin{cases} M_Q = C_Q \rho A (\omega R)^2 R \\ \dfrac{C_Q}{\sigma_\alpha} = \dfrac{1}{8\alpha}(1+\mu^2)\overline{C}_d + \lambda\left(\dfrac{1}{6}\theta_0 - \dfrac{1}{4}\lambda\right) \end{cases} \quad (3-3)$$

侧倾力矩：

$$\begin{cases} M_R = C_R \rho A (\omega R)^2 R \\ \dfrac{C_R}{\sigma_\alpha} = -\mu\left(\dfrac{1}{6}\theta_0 - \dfrac{1}{8}\lambda\right) \end{cases} \quad (3-4)$$

其中，ρ 为空气密度；A 为旋翼旋转面的面积；ω 为旋翼转速；R 为旋翼半径；σ 为旋翼密实度比；α 为升力斜率；μ 为旋翼前进比；λ 为内流比；θ_0 为旋翼几何倾斜角。

当飞行器处于悬停（飞行速度为0）时，$\mu = 0$，$\lambda \approx 0$，得到空气动力和力矩的系数

$$\begin{cases} \dfrac{C_T}{\sigma_\alpha} = \dfrac{1}{6}\theta_0 \\ \dfrac{C_Q}{\sigma_\alpha} = \dfrac{\overline{C}_d}{8\alpha} \\ C_D = C_R = 0 \end{cases} \tag{3-5}$$

所以升力和反扭力矩的大小都与转速的平方成正比。

多旋翼飞行器机体结构小，飞行速度低，飞行时低雷诺数效应明显，并且在低空飞行时，气流复杂容易受到外界扰动影响。由于旋翼的升力系数和空气阻力对雷诺数大小十分敏感，因此，计算出精确的旋翼升力系数和阻力系数对减小系统计算误差的帮助很大。

2. 电机动力学

旋翼采用无刷直流电动机驱动，无刷直流电动机满足电压平衡方程和力矩平衡方程

$$\begin{cases} U = iR_\alpha + L\dfrac{di}{dt} + k_e\omega \\ J_m\dfrac{d\omega}{dt} = M_m - M_{load} \end{cases} \tag{3-6}$$

式中，U 为电动机电枢的控制电压；i 为控制电流；ω 为转动角速度；R_α 为电动机的等效电阻；L 为电动机的等效电感；k_e 为电动机的反电势系数；J_m 为电动机轴上的等效转动惯量；M_m 为电动机的力矩；$M_m = k_m i$；M_{load} 为电机的负载力矩。

由于四旋翼飞行器采用的都是小电动机，这些小电动机具有很小的感应系数，忽略电感 L，则

$$i = \frac{U - k_e\omega}{R_\alpha} \tag{3-7}$$

化简得到电动机近似的动力学模型

$$J_m\frac{d\omega}{dt} = \frac{k_m U}{R_\alpha} - \frac{k_e k_m \omega}{R_\alpha} - M_{load} \tag{3-8}$$

由于 M_{load} 与 ω 有关，所以该模型是非线性的，在基准点 ω_0 附近展开成泰勒级数，忽略高阶小量，则得到

$$\dot{\omega} = -A\omega + BU + C \tag{3-9}$$

式中，A、B、C 为常数。由于 C 相对于 B 太小，可以忽略不计，则直流电动机的数学模型可以近似为惯性环节，对其进行拉普拉斯变换，得到传递函数：

$$\frac{\omega(s)}{U(s)} = \frac{B}{s + A} \tag{3-10}$$

一般可以采用 Matlab 系统辨识工具箱来辨识和验证电机动力学。

3.3.4 动力学模型

1. 物理学中的力学知识总结

力学中理想的研究模型包括以下几种。

第3章 四旋翼飞行器数学模型

- ☺ 质点：质点是具有一定质量而几何形状和尺寸大小可以忽略不计的物体。
- ☺ 刚体：特殊的质点系，形状和体积不变化；在力作用下，组成物体的所有质点间的距离始终保持不变。这是一种理想化模型。

刚体的运动形态包括以下几种。

- ☺ 平移：刚体运动过程中，其上的任意直线始终平行于这一直线的初始位置（可将刚体视为质点）。
- ☺ 定轴转动：刚体运动过程中，有一直线始终保持不动。
- ☺ 平面运动：刚体运动过程中，其上各点到某一固定平面的距离始终保持不变。
- ☺ 定点运动：刚体运动过程中，其上某一点始终保持不动。定点运动的刚体在某瞬时的运动，可视为是绕通过定点的某一转动轴的转动；但与定轴转动不同，这一转动轴是瞬时转动轴，简称瞬轴，它在空间的取向是随着时间的改变而改变的。
- ☺ 一般运动：可以看成随刚体上某一基点（如质心）的平动和绕该点的定点转动的组合。在与基点相对静止的参考系上，绕该点的转动即为定点运动。因此，一般运动刚体的自由度（确定物体的位置所需要的独立坐标数）为6。

由上述分析，可将四旋翼飞行器的运动看成刚体一般运动，即四旋翼飞行器刚体绕定点运动及平移。飞行器在外力作用下的运动一般用微分方程的形式来描述，而运动方程通常又分为动力学方程和运动学方程。

- ☺ 动力学：论述作用在机体上的力和力矩与机体运动之间的关系，既涉及运动又涉及受力情况，或者说跟物体质量有关系的问题。常见的有牛顿第二定律或动能定理、动量定理等式子中含有质量 m 的问题。含有 m 说明要研究物体之间的相互作用（就是力）。
- ☺ 运动学（kinematics）：从几何的角度（指不涉及物体本身的物理性质和加在物体上的力）描述和研究物体位置随时间变化规律的力学分支。以研究质点和刚体这两个简化模型的运动为基础，并进一步研究变形体（弹性体、流体等）的运动。点的运动学研究点的运动方程、轨迹、位移、速度、加速度等运动特征，这些都随所选参考系的不同而异；而刚体运动学还要研究刚体本身的转动过程、角速度、角加速度等更复杂些的运动特征。

物理学中分析物理运动的相关理论总结见表3-2。

表3-2 质点平动和刚体转动

质点（刚体）平动		刚体转动	
力 F	牛二定律：$F = ma$	力矩 M	转动定律：$M = J\alpha$
质量 m		转动惯量 J	
加速度 a		角加速度 α	
速度 v	牛二定律微分形式：$F = \dfrac{dP}{dt}$	角速度 ω	转动定律微分形式：$M = \dfrac{dL}{dt}$
动量 P	动量定理：冲量：$I = F\Delta t = \Delta P$	角动量 $L = rP$ 刚体：$L = J\omega$	角动量定理：冲量矩：$M\Delta t = \Delta L$
动量守恒定律	当 $F = 0$ 时，P 不变	角动量守恒定律	当 $M = 0$ 时，L 不变

续表

质点（刚体）平动		刚体转动	
动能	$E_k = \frac{1}{2}mv^2$	转动动能	$E_k = \frac{1}{2}J\omega^2$
外力做功	$W = \int F dr$	力矩做功	$W = \int M d\theta$
动能定理	$W = \Delta E_k = \frac{1}{2}mv^2 - \frac{1}{2}mv_0^2$	动能定理	$W = \Delta E_k = \frac{1}{2}J\omega^2 - \frac{1}{2}J\omega_0^2$

2. 整体分析

飞行器飞行状态的变化，都是力和力矩作用的结果。飞行器的平衡性、稳定性和操纵性是阐述飞机在力和力矩作用下，飞行器状态保持和改变的基本原理。

四个旋翼的对称布局可以有两种形式，分别称为 X 模式和十字模式。实际应用中，这两种模式在性能上差别不大，但对于分析来说，十字模式更为简化和直观，因此这里以十字模式进行分析。

在惯性坐标系中，根据牛顿第二定律和欧拉方程，飞行器的线运动和角运动方程为

$$\begin{cases} \boldsymbol{F}_{sum} = \dfrac{d\boldsymbol{P}}{dt} = m\dfrac{d\boldsymbol{V}}{dt} \\ \boldsymbol{M}_{sum} = \dfrac{d\boldsymbol{L}}{dt} = J\dfrac{d\boldsymbol{\omega}_{body}}{dt} \end{cases} \quad (3\text{-}11)$$

式中，$\boldsymbol{F}_{sum}$ 为外合力；$\boldsymbol{V}$ 为质心的速度；m 为质量；$\boldsymbol{M}_{sum}$ 为对于某旋转定轴的外合力矩；$\boldsymbol{L}$ 为动量矩。

由前述分析可知四旋翼飞行器的运动为刚体一般运动，即四旋翼飞行器刚体绕定点转动及平动。由于力和力矩可以矢量合成，因此刚体定点运动及平动的力和力矩合成结果为（牛顿-欧拉方程）

$$\begin{cases} \boldsymbol{F}_{sum}^b = \left(\dfrac{d\boldsymbol{P}}{dt}\right)_{rot} + \boldsymbol{W}^b \times \boldsymbol{P} = m(\dot{\boldsymbol{V}}^b + \boldsymbol{W}^b \times \boldsymbol{V}^b) \\ \boldsymbol{M}_{sum}^b = \left(\dfrac{d\boldsymbol{L}}{dt}\right)_{rot} + \boldsymbol{W}^b \times \boldsymbol{L} = I\dot{\boldsymbol{W}}^b + \boldsymbol{W}^b \times (I\boldsymbol{W}^b) \end{cases} \quad (3\text{-}12)$$

结合飞行器的运动将式（3-12）表示为矩阵形式

$$\begin{pmatrix} m\boldsymbol{I}_{3\times 3} & \boldsymbol{0}_{3\times 3} \\ \boldsymbol{0}_{3\times 3} & I \end{pmatrix} \begin{pmatrix} \dot{\boldsymbol{V}}^b \\ \dot{\boldsymbol{W}}^b \end{pmatrix} = \begin{pmatrix} \boldsymbol{F}_{sum}^b \\ \boldsymbol{M}_{sum}^b \end{pmatrix} - \begin{pmatrix} \boldsymbol{W}^b \times (m\boldsymbol{V}^b) \\ \boldsymbol{W}^b \times (I\boldsymbol{W}^b) \end{pmatrix} \quad (3\text{-}13)$$

式中，$\boldsymbol{V}^b$、$\boldsymbol{W}^b$ 分别为飞行器在机体坐标系下的线速度和角速度；m 为飞行器的总质量；$\boldsymbol{I}_{3\times 3}$ 为单位矩阵；I 为机体的转动惯量；$\boldsymbol{F}_{sum}^b$、$\boldsymbol{M}_{sum}^b$ 分别为在机体坐标系下的作用于机体上的外合力和外合力矩。

式（3-13）中，采用在地面坐标系下建立线运动方程，$\boldsymbol{W}^b \times (m\boldsymbol{V}^b)$ 绕机体的旋转量对地面坐标系位移为零，因此线运动方程为

$$m\dot{\boldsymbol{V}} = \boldsymbol{F}_{sum} \quad (3\text{-}14)$$

式（3-13）中，对于机体坐标系的角运动方程不变，即

第 3 章 四旋翼飞行器数学模型

$$M_{\text{sum}}^{\text{b}} = I \dot{W}^{\text{b}} + W^{\text{b}} \times (IW^{\text{b}}) \tag{3-15}$$

飞行器的空间运动需要 6 个自由度来描述，下面就分别从线运动和角运动来讨论式（3-14）和式（3-15）表示的刚体运动方程。

3. 线运动方程

在坐标系转换过程中按照 $z-y-x$ 的旋转顺序，结合式（2-21）~式（2-23），可以得到地面坐标系到机体坐标系的转换矩阵为

$$C_{\text{g}}^{\text{b}} = C_x C_y C_z = \begin{pmatrix} \cos\phi\cos\psi & \cos\theta\sin\psi & -\sin\theta \\ \sin\phi\sin\theta\cos\psi - \cos\phi\sin\psi & \sin\phi\sin\theta\cos\psi + \cos\phi\cos\psi & \sin\phi\cos\theta \\ \cos\phi\sin\theta\cos\psi + \sin\phi\sin\psi & \cos\phi\sin\theta\sin\psi - \sin\phi\cos\psi & \cos\phi\cos\theta \end{pmatrix} \tag{3-16}$$

同理，从机体坐标系到地面坐标系的转换矩阵为

$$C_{\text{b}}^{\text{g}} = (C_{\text{g}}^{\text{b}})^{\text{T}} \tag{3-17}$$

对四旋翼飞行器进行受力分析，可知作用于飞行器的力主要有 3 个来源：旋翼产生的升力 $F_{\text{T}} = C_{\text{b}}^{\text{g}} F_{\text{T}}^{\text{b}}$（$F_{\text{T}}^{\text{b}}$ 表示以机体为参考系）、重力 G 和空气阻力 F_{D}。将作用在四旋翼飞行器的合外力以地面坐标系为参考坐标系，可以表示为

$$F_{\text{sum}} = C_{\text{b}}^{\text{g}} F_{\text{T}}^{\text{b}} - F_{\text{D}} + G \tag{3-18}$$

下面分别在机体坐标系下表示受力情况。

四个旋翼产生的总升力为

$$F_{\text{T}}^{\text{b}} = \begin{pmatrix} 0 & 0 & \sum_{i=1}^{4} F_i^{\text{b}} \end{pmatrix}^{\text{T}} \tag{3-19}$$

式中，$F_i^{\text{b}}(i=1,2,3,4)$ 为旋翼 i 单独转动时产生的升力。

结合式（3-16）和式（3-19）可得四旋翼飞行器的推力通过坐标变换得到地面坐标系下的受力为

$$F_{\text{T}} = C_{\text{b}}^{\text{g}} F_{\text{T}}^{\text{b}} = \sum_{i=1}^{4} F_i^{\text{b}} \begin{pmatrix} \sin\theta\cos\phi\cos\psi + \sin\phi\sin\psi \\ \sin\theta\cos\phi\sin\psi - \sin\phi\cos\psi \\ \cos\phi\cos\theta \end{pmatrix}$$

飞行器重力在地理坐标系下可表示为

$$G = \begin{bmatrix} 0 & 0 & mg \end{bmatrix}^{\text{T}} \tag{3-20}$$

空气阻力为

$$F_{\text{D}} = K_{\text{D}} \begin{pmatrix} \dot{x} \\ \dot{y} \\ \dot{z} \end{pmatrix} \tag{3-21}$$

式中，$K_{\text{D}} = \text{diag}(K_{\text{D}x}, K_{\text{D}y}, K_{\text{D}z})$ 为转动阻力系数矩阵。

则合力为

$$F_{\text{sum}} = \sum_{i=1}^{4} F_i^{\text{b}} \begin{pmatrix} \sin\theta\cos\phi\cos\psi + \sin\phi\sin\psi \\ \sin\theta\cos\phi\sin\psi - \sin\phi\cos\psi \\ \cos\phi\cos\theta \end{pmatrix} - \begin{pmatrix} K_{\text{D}x} \dot{x} \\ K_{\text{D}y} \dot{y} \\ K_{\text{D}z} \dot{z} \end{pmatrix} + \begin{pmatrix} 0 \\ 0 \\ mg \end{pmatrix} \tag{3-22}$$

将式（3-22）代入式（3-14），可得

$$\begin{cases} m\ddot{x} = (\sin\theta\cos\phi\cos\psi + \sin\phi\sin\psi)\sum_{i=1}^{4} F_i^b - K_{dx}\dot{x} \\ m\ddot{y} = (\sin\theta\cos\phi\sin\psi - \sin\phi\cos\psi)\sum_{i=1}^{4} F_i^b - K_{dy}\dot{y} \\ m\ddot{z} = \cos\phi\cos\theta\sum_{i=1}^{4} F_i - K_{dz}\dot{z} + mg \end{cases} \quad (3\text{-}23)$$

4. 角运动方程

四旋翼飞行器在力矩的作用下，绕着四旋翼飞行器机体的质心做旋转角运动。四旋翼飞行器在飞行过程中的主要物理作用有空气动力学效应、惯性反扭矩以及陀螺效应等。

假设四旋翼飞行器结构具有很好的对称性，认为其质心位于机体中心，可以得到惯性积为 $I_{xy} = I_{yx} = I_{yz} = I_{zy} = I_{zx} = I_{xz} = 0$，绕 x、y、z 坐标轴的转动惯量不为 0，四旋翼飞行器的机体惯性矩阵 I 表示为

$$I = \begin{pmatrix} I_{xx} & I_{xy} & I_{xz} \\ I_{yx} & I_{yy} & I_{yz} \\ I_{zx} & I_{zy} & I_{zz} \end{pmatrix} = \begin{pmatrix} I_x & 0 & 0 \\ 0 & I_y & 0 \\ 0 & 0 & I_z \end{pmatrix} \quad (3\text{-}24)$$

式中，I_x、I_y、I_z 分别为对应轴的转动惯量。

式（3-15）中，W^b 为飞行器相对机体坐标系的角速度向量，$W^b = [\omega_x \quad \omega_y \quad \omega_z]^T$，其中 ω_x、ω_y、ω_z 分别为四旋翼飞行器的角速度向量 W^b 在机体坐标系沿 x_b，y_b，z_b 轴的角速度分量。式（3-15）右边第二项可写成

$$W^b \times (IW^b) = \begin{pmatrix} i & j & k \\ \omega_x & \omega_y & \omega_z \\ I_x\omega_x & I_y\omega_y & I_z\omega_z \end{pmatrix} = \begin{pmatrix} \omega_z\omega_y(I_z - I_y) \\ \omega_x\omega_z(I_z - I_y) \\ \omega_x\omega_y(I_z - I_y) \end{pmatrix} \quad (3\text{-}25)$$

结合式（3-24）和式（3-25），将式（3-15）经过整理得到

$$\begin{cases} M_x^b = I_x\dot{\omega}_x + (I_z - I_y)\omega_z\omega_y \\ M_y^b = I_y\dot{\omega}_y + (I_x - I_z)\omega_x\omega_z \\ M_z^b = I_z\dot{\omega}_z + (I_y - I_x)\omega_x\omega_y \end{cases} \quad (3\text{-}26)$$

式中，M_x、M_y、M_z 分别为刚体在 x、y、z 这 3 个坐标轴方向的合力矩分量，合力矩包含升力矩和陀螺力矩。

机体轴 3 个方向受到的升力矩为

$$\begin{pmatrix} M_{Tx}^b \\ M_{Ty}^b \\ M_{Tz}^b \end{pmatrix} = \begin{pmatrix} l(F_4^b - F_2^b) \\ l(F_3^b - F_1^b) \\ -M_{D1}^b + M_{D2}^b - M_{D3}^b + M_{D4}^b \end{pmatrix} \quad (3\text{-}27)$$

式中，l 为飞行器的质心到旋翼旋转轴之间的距离；$M_{Di}^b(i=1,2,3,4)$ 为飞行过程中四旋翼在 z 轴所受的力矩，表示为

$$M_{Di}^b = d\omega_i^2 \tag{3-28}$$

式中，d 为旋翼的阻力系数。

假设四旋翼飞行器前后左右旋翼 i 的角速度为 ω_i（$i=1,2,3,4$），则每个旋翼单独产生的拉力可以表示为

$$F_i^b = b\omega_i^2 \tag{3-29}$$

式中 b 为旋翼的升力系数。

则

$$\begin{pmatrix} M_{Tx}^b \\ M_{Ty}^b \\ M_{Tz}^b \end{pmatrix} = \begin{pmatrix} lb(\omega_4^2 - \omega_2^2) \\ lb(\omega_3^2 - \omega_1^2) \\ d(-\omega_1^2 + \omega_2^2 - \omega_3^2 + \omega_4^2) \end{pmatrix} \tag{3-30}$$

飞行过程中还会有由旋翼旋转产生的陀螺效应。因为旋翼分两组，一组顺时针高速旋转，另一组逆时针高速旋转，当飞行器做俯仰或横滚运动时，会改变旋转飞行器的角动量方向，从而产生力矩。当旋翼转速的代数和不等于零时，将引起机体的不平衡，即产生一个陀螺力矩，使机体进行旋转运动。方程为

$$\boldsymbol{M}_g^b = \sum_{i=1}^{4} \boldsymbol{W}^b \times (I_r \boldsymbol{\Omega}_i) \tag{3-31}$$

式中，$\boldsymbol{\Omega}_i = [0 \quad 0 \quad (-1)^i \omega_i]^T$；$I_r$ 为旋翼的转动惯量。

利用向量积公式（2-27）对式（3-31）化简可得到

$$\boldsymbol{M}_g^b = I_r(-\omega_1 + \omega_2 - \omega_3 + \omega_4) \begin{pmatrix} \omega_y \\ -\omega_x \\ 0 \end{pmatrix} = \begin{pmatrix} I_r \omega_y \omega_{sum} \\ -I_r \omega_x \omega_{sum} \\ 0 \end{pmatrix} \tag{3-32}$$

式中，ω_{sum} 为四个旋翼转速的代数和，即 $\omega_{sum} = -\omega_1 + \omega_2 - \omega_3 + \omega_4$。显然，由于旋翼旋转产生的陀螺效应只与角速度有关，而与线速度无关。

结合式（3-30）和式（3-32）得合力矩为

$$\begin{pmatrix} M_x^b \\ M_y^b \\ M_z^b \end{pmatrix} = \begin{pmatrix} M_{Tx}^b \\ M_{Ty}^b \\ M_{Tz}^b \end{pmatrix} + \boldsymbol{M}_g^b = \begin{pmatrix} lb(\omega_4^2 - \omega_2^2) \\ lb(\omega_3^2 - \omega_1^2) \\ d(-\omega_1^2 + \omega_2^2 - \omega_3^2 + \omega_4^2) \end{pmatrix} + \begin{pmatrix} I_r \omega_y \omega_{sum} \\ -I_r \omega_x \omega_{sum} \\ 0 \end{pmatrix} \tag{3-33}$$

将式（3-33）代入式（3-26）得

$$\begin{cases} I_x \dot{\omega}_x = (I_y - I_z)\omega_z \omega_y + I_r \omega_y \omega_{sum} + lb(\omega_4^2 - \omega_2^2) \\ I_y \dot{\omega}_y = (I_z - I_x)\omega_x \omega_z - I_r \omega_x \omega_{sum} + lb(\omega_3^2 - \omega_1^2) \\ I_z \dot{\omega}_z = (I_x - I_y)\omega_x \omega_y + d(-\omega_1^2 + \omega_2^2 - \omega_3^2 + \omega_4^2) \end{cases} \tag{3-34}$$

综合以上的分析研究，可以将四旋翼飞行器的非线性运动方程表示为式（3-23）和式（3-34）。

3.3.5 运动学模型

3.3.4 节已经讨论过刚体飞行器的空间运动可分为飞行器质心的线运动和绕质心转动的角运动，下面将从运动学的角度讨论飞行器的运动。

首先来讨论位移运动,已知飞行器的速度在机体坐标系中的分量,式(3-13)中,定义 $V^b = (u \quad v \quad w)^T$,$V^b$ 为飞行器相对于机体坐标系的线速度向量,u、v、w 分别为四旋翼飞行器的线速度向量 V^b 在机体坐标系下沿 x、y、z 轴的线速度分量。

通过坐标变换式(3-16),可以将 V^b 转换到地面坐标系

$$\begin{cases} \dot{x} = u\cos\theta\cos\psi + v(\sin\theta\sin\phi\cos\psi - \cos\phi\sin\psi) \\ \qquad + w(\sin\theta\cos\phi\cos\psi + \sin\phi\sin\psi) \\ \dot{y} = u\cos\theta\sin\psi + v(\sin\theta\sin\phi\sin\psi + \cos\phi\cos\psi) \\ \qquad + w(\sin\theta\cos\phi\sin\psi - \sin\phi\cos\psi) \\ \dot{z} = -u\sin\theta + v\sin\phi\cos\theta + w\cos\phi\cos\theta \end{cases} \quad (3\text{-}35)$$

结合式(2-21)~式(2-23),可得3个姿态角速率与机体坐标轴系下的三个角速率之间的关系

$$W^b = \begin{pmatrix} \omega_x \\ \omega_y \\ \omega_z \end{pmatrix} = C_x C_y \begin{pmatrix} 0 \\ 0 \\ \dot{\psi} \end{pmatrix} + C_x \begin{pmatrix} 0 \\ \dot{\theta} \\ 0 \end{pmatrix} + \begin{pmatrix} \dot{\phi} \\ 0 \\ 0 \end{pmatrix}$$

$$= \begin{pmatrix} 1 & 0 & -\sin\theta \\ 0 & \cos\phi & \sin\phi\cos\theta \\ 0 & -\sin\phi & \cos\phi\cos\theta \end{pmatrix} \begin{pmatrix} \dot{\phi} \\ \dot{\theta} \\ \dot{\psi} \end{pmatrix} \quad (3\text{-}36)$$

将式(3-36)进行变换可得

$$\begin{pmatrix} \dot{\phi} \\ \dot{\theta} \\ \dot{\psi} \end{pmatrix} = \begin{pmatrix} 1 & \sin\phi\tan\theta & \cos\phi\tan\theta \\ 0 & \cos\phi & -\sin\phi \\ 0 & \dfrac{\sin\phi}{\cos\theta} & \dfrac{\cos\phi}{\cos\theta} \end{pmatrix} \begin{pmatrix} \omega_x \\ \omega_y \\ \omega_z \end{pmatrix} \quad (3\text{-}37)$$

写成方程式为

$$\begin{cases} \dot{\phi} = \omega_x + (\omega_z\cos\phi + \omega_y\sin\phi)\tan\theta \\ \dot{\theta} = \omega_y\cos\phi - \omega_z\sin\phi \\ \dot{\psi} = \dfrac{1}{\cos\theta}(\omega_z\cos\phi + \omega_y\sin\phi) \end{cases} \quad (3\text{-}38)$$

式(3-38)中,出现 $\cos\theta$ 处于分母上的情形,在 $\theta = \pm\pi/2$ 附近无法通过角速度进行欧拉角的数值求解,因此 $\theta = \pm\pi/2$ 是欧拉角表示的奇点。

这个方程也称系统运动学方程的旋转运动,反映了姿态角速度与机体坐标系的三个角速度分量之间的关系。用欧拉角描述姿态最大的好处是各个变量的物理意义十分明确,但存在奇点缺陷。

根据之前的详细推导,飞行器系统的数学模型包含4个方程组:力方程组、力矩方程组、导航方程组和运动方程组。整理在一起得出系统在悬停或慢速飞行时的非线性数学模型为

$$\begin{cases} m\ddot{x} = (\sin\theta\cos\phi\cos\psi + \sin\phi\sin\psi)\sum_{i=1}^{4} F_i^b - K_{Dx}\dot{x} \\ m\ddot{y} = (\sin\theta\cos\phi\sin\psi - \sin\phi\cos\psi)\sum_{i=1}^{4} F_i^b - K_{Dy}\dot{y} \\ m\ddot{z} = \cos\phi\cos\theta\sum_{i=1}^{4} F_i - K_{Dz}\dot{z} - mg \end{cases}$$

$$\begin{cases} I_x\dot{\omega}_x = (I_y - I_z)\omega_z\omega_y + I_r\omega_y\omega_{sum} + lb(\omega_4^2 - \omega_2^2) \\ I_y\dot{\omega}_y = (I_z - I_x)\omega_x\omega_z - I_r\omega_x\omega_{sum} + lb(\omega_3^2 - \omega_1^2) \\ I_z\dot{\omega}_z = (I_x - I_y)\omega_x\omega_y + d(-\omega_1^2 + \omega_2^2 - \omega_3^2 + \omega_4^2) \end{cases} \quad (3\text{-}39)$$

$$\begin{cases} \dot{x} = u\cos\theta\cos\psi + v(\sin\theta\sin\phi\cos\psi - \cos\phi\sin\psi) \\ \qquad + w(\sin\theta\cos\phi\cos\psi + \sin\phi\sin\psi) \\ \dot{y} = u\cos\theta\sin\psi + v(\sin\theta\sin\phi\sin\psi + \cos\phi\cos\psi) \\ \qquad + w(\sin\theta\cos\varphi\sin\psi - \sin\phi\cos\psi) \\ \dot{z} = -u\sin\theta + v\sin\phi\cos\theta + w\cos\phi\cos\theta \end{cases}$$

$$\begin{cases} \dot{\phi} = \omega_x + (\omega_z\cos\phi + \omega_y\sin\phi)\tan\theta \\ \dot{\theta} = \omega_y\cos\phi - \omega_z\sin\phi \\ \dot{\psi} = \dfrac{1}{\cos\theta}(\omega_z\cos\phi + \omega_y\sin\phi) \end{cases}$$

3.3.6 模型的简化

3.3.5 节详细推导的非线性数学模型中考虑了多种物理效应。为了研究方便和有效性，对数学模型增加约束条件。在外界无风的情况下，可以忽略空气阻力引起的影响。又由于四旋翼飞行器的质量和体积很小，它的转动惯性 I_r 也很小，所以陀螺效应不明显，因此可以忽略陀螺效应对飞行器角速度产生的影响。

假设四旋翼飞行器的俯仰角和横滚角很小，并且此时的旋转速度也很小，系统运动学方程中的式（3-37）可变成一个标准单位矩阵

$$\begin{pmatrix} \dot{\phi} \\ \dot{\theta} \\ \dot{\psi} \end{pmatrix} = \begin{pmatrix} 1 & 0 & 0 \\ 0 & 1 & 0 \\ 0 & 0 & 1 \end{pmatrix} \begin{pmatrix} \omega_x \\ \omega_y \\ \omega_z \end{pmatrix} \quad (3\text{-}40)$$

为了简化问题，描述方便，将动力子系统从整个动力学模型中分离出来，把旋翼转速当作控制输入，从而将 4 旋翼飞行器的非线性模型分解成 4 个独立的控制，系统的虚拟控制输入量定义为

$$\begin{cases} U_1 = \sum_{i=1}^{4} F_i^b = b(\omega_1^2 + \omega_2^2 + \omega_3^2 + \omega_4^2) \\ U_2 = l(F_4^b - F_2^b) = lb(\omega_4^2 - \omega_2^2) \\ U_3 = l(F_3^b - F_1^b) = lb(\omega_3^2 - \omega_1^2) \\ U_4 = -M_{D1}^b + M_{D2}^b - M_{D3}^b + M_{D4}^b = d(-\omega_1^2 + \omega_2^2 - \omega_3^2 + \omega_4^2) \end{cases} \quad (3\text{-}41)$$

则四旋翼飞行器的非线性模型可表示为

$$\begin{cases} \ddot{\phi} = \dfrac{I_y - I_z}{I_x}\dot{\theta}\dot{\psi} + \dfrac{I_r}{I_x}\dot{\theta}\omega_{\text{sum}} + \dfrac{1}{I_x}U_2 \\ \ddot{\theta} = \dfrac{I_z - I_x}{I_y}\dot{\phi}\dot{\psi} - \dfrac{I_r}{I_y}\dot{\phi}\omega_{\text{sum}} + \dfrac{1}{I_y}U_3 \\ \ddot{\psi} = \dfrac{I_x - I_y}{I_z}\dot{\phi}\dot{\theta} + \dfrac{U_4}{I_z} \\ \ddot{x} = \dfrac{U_1}{m}(\sin\theta\cos\phi\cos\psi + \sin\phi\sin\psi) \\ \ddot{y} = \dfrac{U_1}{m}(\sin\theta\cos\phi\sin\psi - \sin\phi\cos\psi) \\ \ddot{z} = \dfrac{U_1}{m}\cos\theta\cos\phi - g \end{cases} \tag{3-42}$$

由式（3-42）可以看出，$\ddot{x}$ $\ddot{y}$ $\ddot{z}$ 只和 U_1 有关，$\ddot{\phi}$ 和 U_2 有关，$\ddot{\theta}$ 和 U_3 有关，$\ddot{\psi}$ 和 U_4 有关。

令式（3-41）中，$b=1$，$l=1$，$d=1$，将式（3-41）写成矩阵形式为

$$\begin{pmatrix} U_1 \\ U_2 \\ U_3 \\ U_4 \end{pmatrix} = \begin{pmatrix} \omega_1^2 + \omega_2^2 + \omega_3^2 + \omega_4^2 \\ \omega_4^2 - \omega_2^2 \\ \omega_3^2 - \omega_1^2 \\ -\omega_1^2 + \omega_2^2 - \omega_3^2 + \omega_4^2 \end{pmatrix} = \begin{pmatrix} 1 & 1 & 1 & 1 \\ 0 & -1 & 0 & 1 \\ -1 & 0 & 1 & 0 \\ -1 & 1 & -1 & 1 \end{pmatrix}\begin{pmatrix} \omega_1^2 \\ \omega_2^2 \\ \omega_3^2 \\ \omega_4^2 \end{pmatrix}$$

通常根据期望姿态能得到力 U_i，但是在控制程序中，需要算出每个电动机的转速控制量 ω_i^2，因此需进行转换

$$\begin{pmatrix} \omega_1^2 \\ \omega_2^2 \\ \omega_3^2 \\ \omega_4^2 \end{pmatrix} = \begin{pmatrix} 1 & 1 & 1 & 1 \\ 0 & -1 & 0 & 1 \\ -1 & 0 & 1 & 0 \\ -1 & 1 & -1 & 1 \end{pmatrix}^{-1}\begin{pmatrix} U_1 \\ U_2 \\ U_3 \\ U_4 \end{pmatrix} = \dfrac{1}{4}\begin{pmatrix} 1 & 0 & -2 & -1 \\ 1 & -2 & 0 & 1 \\ 1 & 0 & 2 & -1 \\ 1 & 2 & 0 & 1 \end{pmatrix}\begin{pmatrix} U_1 \\ U_2 \\ U_3 \\ U_4 \end{pmatrix} \tag{3-43}$$

式（3-43）为十字模式电动机分配，若为 X 模式，则虚拟控制输入矩阵为

$$\begin{pmatrix} U_1 \\ U_2 \\ U_3 \\ U_4 \end{pmatrix} = \begin{pmatrix} \omega_1^2 + \omega_2^2 + \omega_3^2 + \omega_4^2 \\ \omega_1^2 + \omega_2^2 - \omega_3^2 - \omega_4^2 \\ \omega_1^2 - \omega_2^2 - \omega_3^2 + \omega_4^2 \\ \omega_1^2 + \omega_2^2 - \omega_3^2 - \omega_4^2 \end{pmatrix} = \begin{pmatrix} 1 & 1 & 1 & 1 \\ 1 & 1 & -1 & -1 \\ 1 & -1 & -1 & 1 \\ 1 & -1 & 1 & -1 \end{pmatrix}\begin{pmatrix} \omega_1^2 \\ \omega_2^2 \\ \omega_3^2 \\ \omega_4^2 \end{pmatrix}$$

电动机的转速控制量矩阵为

$$\begin{pmatrix} \omega_1^2 \\ \omega_2^2 \\ \omega_3^2 \\ \omega_4^2 \end{pmatrix} = \begin{pmatrix} 1 & 1 & 1 & 1 \\ 1 & 1 & -1 & -1 \\ 1 & -1 & -1 & 1 \\ 1 & -1 & 1 & -1 \end{pmatrix}^{-1}\begin{pmatrix} U_1 \\ U_2 \\ U_3 \\ U_4 \end{pmatrix} = \dfrac{1}{4}\begin{pmatrix} 1 & 1 & 1 & 1 \\ 1 & 1 & -1 & -1 \\ 1 & -1 & -1 & 1 \\ 1 & -1 & 1 & -1 \end{pmatrix}\begin{pmatrix} U_1 \\ U_2 \\ U_3 \\ U_4 \end{pmatrix} \tag{3-44}$$

3.4 四旋翼飞行器的特点

1) 非线性 所谓非线性系统就是指该系统的模型 [式 (3-23) 和式 (3-34)] 不满足齐次定理和叠加性。非线性系统控制器的分析与设计不像线性系统有固定可套用的方法,必须对具体问题进行具体分析。

2) 欠驱动 在实际的工程应用中,可以选择惯性坐标系中的位置向量 x、y、z 和姿态向量 ϕ、θ、ψ 来描述四旋翼飞行器在三维空间内的飞行状态。而旋翼上安装的电动机转子可以为四旋翼飞行器提供飞行过程中所需的升力以及横滚、俯仰、偏航方向的 3 个力矩,即式 (3-41) 中的 U_1、U_2、U_3 和 U_4,可以独立地控制四旋翼飞行器的 3 个位置量和 3 个姿态角。如果将 U_1、U_2、U_3 和 U_4 作为四旋翼飞行器系统的控制输入,那么,四旋翼飞行器就可以看作是一个有 4 个控制输入、6 个控制输出的欠驱动系统。虽然欠驱动特性可以降低系统的设计和制造难度,但为控制设计带来了很大的挑战。由于这类系统内部特性较为复杂,并且状态之间通常带有耦合关系,在设计控制器时需要合理利用直接被控状态与间接被控状态之间的耦合关系,因此欠驱动系统的控制设计一直都是当今控制界的一个热点。

3) 强耦合 从式 (3-39) 可以看出,该控制系统具有 12 个控制变量,其在 x 轴和 y 轴的线运动 u、v 分别受到横滚角 ϕ 和俯仰角 θ 的约束,具有高度的耦合特性。任何一个旋翼转动速度的变化都会引起至少 3 个方向自由度运动的变化。在进行控制器设计时,可以在控制其中 4 个自由度的同时通过耦合实现其余 2 个自由度的稳定控制。因此,在设计飞行控制器时需要巧妙利用这种位置与角度之间的耦合特性,从而实现对四旋翼飞行器的位置控制。

第 4 章 传感器及姿态角测量

信息技术由测量技术、计算机技术、通信技术三部分组成。测量技术是基础。传感器是一种获取信息的工具。如果没有传感器，就不能获取生产、科学、环境、社会等领域中全方位的信息，进入信息时代将是不可能的。传感器是信息时代的"信息获取 – 处理 – 传输"链条中的源头。因此，传感器技术是获取信息的源头技术。

人体内也有惯性测量元件，例如，人的耳蜗充满液体，人运动的时候这些液体有惯性，可以被耳中的神经感受到，因此测量出运动的加速度。

4.1 基本概念

空间是三维的，飞行器的三维位置非常重要。对多旋翼飞行器来说，只知道三维位置和三维速度还不够，因为多旋翼飞行器在空中飞行的时候，是通过调整自己的姿态来产生往某个方向推力的。例如，向侧面飞实际上就是往侧面倾斜，飞行器的一部分升力会推着飞行器往侧面移动，为了能够调整姿态，就必须测量出姿态。姿态是用来描述一个飞行器的机体坐标系和导航坐标系之间的角位置关系。姿态用 3 个角度表示，因此也是三维的。与三维位置、三维角度相对应的物理量是三维速度、三维加速度和三维角速度，一共是 15 个需要测量的状态。

这 15 个状态都对多旋翼飞行器保持稳定飞行有至关重要的作用。以悬停为例，飞行器的控制器在背后做了一系列"多级控制"。在知道自己三维位置的基础上，控制自己的位置始终锁定在悬停位置，这里的控制量是一个目标的悬停速度，当飞行器的位置等于悬停位置时，这个目标悬停速度为 0；当飞行器的位置偏离了悬停位置时，飞行器就需要产生一个让自己趋向悬停位置的速度，也就是一个不为零的目标悬停速度；飞行器要想控制自己产生目标悬停速度，就需要根据自己当前的三维速度，产生一个目标加速度。为了实现这个目标加速度，飞行器需要知道自己的三维角度，进而调整自己的姿态；为了调整自己的姿态，就需要知道自己的三维角速度，进而调整电动机的转速。

15 个状态量是多旋翼飞行器做任何动作的基础，但是让飞行器在任何情况下都准确知道这 15 个状态量是非常困难的事情。以下是与飞行器状态有关的基础概念。

1）惯性测量单元（IMU，Inertial Measurement Unit） 提供飞行器在空间姿态的原始数据传感器，一般由陀螺仪、加速度计、磁罗盘提供飞行器 9 自由度数据。由 3.3.4 节相关内容可知，刚体的一般运动都可以分解为平动和转动，惯性测量单元就是测量这两种运动。假设 IMU 的陀螺仪和加速度计的测量是没有任何误差的，那么通过陀螺仪可以精确地测量物体的姿态，通过加速度计可以二次积分得出位移，即理论上一台 IMU 在宇宙任何位置运动，都可以知道它当前的姿态和相对位移。

IMU 感知飞行器在空中的姿态，将数据送给主控处理器 MCU。主控处理器 MCU 将根据用户操作的指令以及 IMU 数据，通过飞行算法控制飞行器的稳定运行。

2) **姿态解算**（attitude algorithm） 也叫姿态融合或 IMU 数据融合，是指把陀螺仪、加速度计、磁罗盘等数据融合在一起，得出飞行器的空中姿态。

3) **姿态航向参考系统**（AHRS，Attitude and Heading Reference System） 通常由陀螺仪、加速度计和磁罗盘以及微控制器组成，提供载体的姿态角和姿态角速度信息。陀螺仪可以测量机体相对于惯性系的角速度。加速度计测量载体受到的比力，磁传感器测量磁场在 3 个敏感轴上的分量，二者同时对陀螺仪进行弱校准。通过数据融合，在动态和静态条件下都可以获得高精度的姿态估计。因此，该系统输出数据既保持了陀螺仪优良的动态特性，又兼具加速度计、磁罗盘静态的稳定性。

AHRS 与 IMU 的区别在于，AHRS 包含了姿态数据解算单元与航向信息，IMU 仅提供传感器数据，并不能提供准确可靠的姿态数据。也就是 AHRS 是将惯性测量单元的数据进行了姿态解算融合，其功能是"姿态解算"，获得了准确的姿态航向信息。

4) **导航**（navigation） 原指引导飞行，早期的飞机设有专门的导航员，作用就是不断地确定飞行器当前位置，并指示下一步的飞行方向。现代的导航是指利用敏感器件测量飞行器的运动参数，并将测量的信息直接或经过变换、计算来表征飞行器在某种坐标系的角度、速度和位置等状态信息。而由测量、传递、变换、计算等几个环节组成并给出飞行器初始状态和飞行运动参数的系统称为导航系统。

参考文献中经常将导航、制导和控制这几个术语放到一起，实际上，"采用某种技术指引向某个目标运动就是导航；某种能引向某个目标的技术就是制导；而采用某种制导技术导向目标过程中的技术就是控制"。导航是用传感器得到的数据，给出飞行器的位置、速度、角度；制导研究的是飞行器从一个位置到另一个位置，需要力的大小和方向；控制研究的是将飞行器姿态从任意位置稳定到指定位置需要的力矩大小和方向。

5) **惯性导航系统**（INS，以下简称惯导） 是以牛顿力学定律为基础，利用惯性测量元件（陀螺、加速度计等）测量载体相对惯性空间的角运动参数和线运动参数，在给定运动初始条件下，经导航解算得到载体速度、位置、姿态和航向的一种导航方法。其工作环境不仅包括空中、地面，还可以在水下，是一种不依赖于外部信息，也不向外部辐射能量的自主式导航系统。主要特点为：自主性强，隐蔽性好；抗干扰力强，适用条件宽；导航参数丰富，数据更新率高；导航误差随时间有积累。

6) **捷联惯性导航系统**（strapdown inertial navigation system） 将惯性测量器件直接固连在载体上，再将其输出通过数学平台（又称捷联矩阵转换到导航坐标系的参量）进行导航解算。系统的惯性测量元件为角速度陀螺仪和加速度计，它们固连在载体上，测得的都是载体坐标系下的物理量。

7) **组合导航技术** 结合 GPS、惯性测量元件、磁罗盘和气压计各自的优缺点，使用电子信号处理领域的技术，融合多种传感器的测量值，获得较为准确的飞行器 15 个状态量的测量。惯性测量元件的测量容易发散，这个发散可以通过 GPS 来抑制：GPS 可以获得三维位置也可以获得三维速度，惯性测量元件可以获得三维加速度，加速度的积分也是速度。在通过磁罗盘获得航向的基础上，两种速度的观测就可以融合起来，通过 GPS 的测量值来抑制惯性测量元件的发散。惯性测量元件的发散被抑制住之后，它可以更准确地测量三维角度和三维加速度。因此，GPS 和惯性测量元件在这些情况下互相取长补短。除此之外，气压计和 GPS 共同提高了高度测量的精度，磁罗盘、GPS 和惯性测量元件共同提高了航向测量的精度，它们都利用了相同的"融合"、"互补"的思想。

组合导航技术中传感器互补的原理直接源于1948年诞生的信息论。克劳德·香农提出的信息论给出了信息的概念以及如何从数学上度量信息。解释清楚信息的本质之后，人们才能够用数学表示一个朴素而又深刻的原理：信息可以用来估计状态，越多的信息可以把状态量估计得越准。

4.2　MEMS

　　MEMS（Micro Electro Mechanical Systems）即微电子机械系统。微电子机械系统技术是建立在微米/纳米技术（micro/nanotechnology）基础上的21世纪前沿新型多学科交叉技术，它涉及机械、电子、化学、物理、光学、生物、材料等多学科，是指对微米/纳米材料进行设计、加工、制造、测量和控制的技术。它可将机械构件、光学系统、驱动部件、电控系统集成为一个整体单元的微型系统。通常它的组成包括微传感器、微处理器、微执行器、通信接口4部分，如图4-1所示。它的工作原理是：外部环境输入信号，通过微传感器检测并转换成电信号，经过微处理器处理后，由微执行器执行动作，达到与外部环境"互动"的功能。这种微电子机械系统不仅能够采集、处理与发送信息，还能够按照所获取的信息自主地或根据外部的指令采取行动。它用微电子技术和微加工技术（包括硅体微加工、硅表面微加工等技术）相结合的制造工艺，制造出各种性能优异、价格低廉、微型化的传感器、执行器、驱动器和微系统。微电子技术将对未来人类生活产生革命性的影响。由于微电子机械系统具有体积小、成本低和可靠性高的特点，已经广泛应用于汽车、寻北仪、微型卫星等领域。随着MEMS加工工艺的不断提高和数字信号处理技术的发展，其在姿态测量、空间角速度测量等领域具有广泛的应用前景。目前，微机电惯性传感器在国内外的惯导领域越来越受到重视。

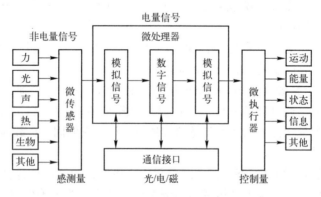

图4-1　MEMS系统组成

　　MEMS惯性传感器采用腐蚀、光刻等集成电路的制造工艺，在硅、石英等晶片上直接加工出感应部件和专用集成电路。与传统的机械式惯性器件相比，MEMS惯性传感器是一种固态的惯性器件。具有以下优点。

☺ 微型化：MEMS器件体积小，质量轻，耗能低，惯性小，谐振频率高，响应时间短。其体积可达亚微米以下，尺寸精度达纳米级，质量可至纳克级。大批量时生产成本低廉。

- ☺ 机械电气性能优良：MEMS 以硅为主要材料，而硅材料的强度、硬度和杨氏模量与铁相当，密度类似铝，热传导率则接近钼和钨。因此，MEMS 器件机械电气性能优良，适于在恶劣环境中使用。
- ☺ 能耗低、工作效率高：很多微机械装置所消耗的能量远小于传统机械的 1/10，但却能以 10 倍以上的速度来完成同样的工作。

4.3 陀螺仪

4.3.1 机械陀螺仪原理

我们小时候玩的陀螺，让它高速旋转起来后是不会倒的，它会尽量保持当前的姿态，如图 4-2 所示。由于旋转的陀螺具有角动量，它有抗拒方向改变的趋向，即一个高速旋转的物体所指的方向在不受外力的影响下不改变（角动量守恒），陀螺仪正是利用这个特点来实现功能。

图 4-2 旋转的陀螺

机械式陀螺仪如图 4-3 所示，它的核心部分是装置在常平架上的一个质量较大的转子，常平架由套在一起且分别具有竖直轴和水平轴的两个圆环组成。转子装在内环上，其轴与内环的轴垂直。转子是一根精确地对称于其转轴的圆柱，各轴承均高度润滑。这样转子就可以绕其三个相互垂直的轴自由转动。因此，不管常平架如何移动或转动，转子都不会受到任何力矩的作用。所以一旦转子高速转动起来，根据角动量守恒定律，它将保持其对称轴在空间的指向不变。

图 4-3 机械式陀螺仪

陀螺仪可感测一轴或多轴的旋转角速度，以此感测自由空间中的复杂移动动作，因此成为追踪物体移动方位与旋转动作的必要运动传感器。不像加速器与磁罗盘，陀螺仪无须借助任何如重力或磁场等的外在力量，能够自主地发挥其功能。所以，从理论上讲只用陀螺仪就可以完成姿态导航的任务。

陀螺仪有两个基本特性：一个是定轴性（inertia or rigidity），另一个是进动性（precession），这两种特性都是基于角动量守恒的原则。

（1）当陀螺转子高速旋转，并没有任何外力矩作用在陀螺仪上时，陀螺仪的自转轴在惯性空间中的指向保持不变，即指向一个固定的方向，同时反抗任何改变转子轴向的力量。这种物理现象称为陀螺仪的定轴性或稳定性。稳定性的特点如下：

☺ 转子的转动惯量越大，稳定性越好。

☺ 转子角速度越大，稳定性越好。

所谓转动惯量，是描述刚体在转动中的惯性大小的物理量。当以相同的力矩分别作用于两个绕定轴转动的不同刚体时，它们所获得的角速度一般是不一样的，转动惯量大的刚体所获得的角速度小，也就是保持原有转动状态的惯性大；反之，转动惯量小的刚体所获得的角速度大，也就是保持原有转动状态的惯性小。

（2）当转子高速旋转时，若外力矩作用于外环轴，则陀螺仪将绕内环轴转动；若外力矩作用于内环轴，则陀螺仪将绕外环轴转动。其转动角速度方向与外力矩作用方向互相垂直。这种特性，叫作陀螺仪的进动性。进动角速度的方向取决于动量矩的方向（与转子自转角速度矢量的方向一致）和外力矩的方向，而且是自转角速度矢量以最短的路径追赶外力矩。

进动性的大小有以下3个影响因素：

☺ 外界作用力越大，其进动角速度也越大。

☺ 转子的转动惯量越大，进动角速度越小。

☺ 转子的角速度越大，进动角速度越小。

应用到运动体上，初始时陀螺垂直旋转，即使地面是斜的，陀螺也会保持垂直旋转，这是陀螺的定轴性；运动体处于初始姿态时，陀螺开始旋转，当运动体姿态变化时，便与初始姿态产生了一个夹角，但陀螺仪依然会沿着变化姿态的轴继续高速旋转，具有进动性。利用安装在陀螺仪上的传感器就可以知道这个夹角的大小和方向，从而确定姿态的变化。

4.3.2 MEMS 陀螺仪

现在的陀螺仪已推广到没有刚体转子而功能与经典陀螺仪等同的传感器。MEMS 陀螺仪利用振动来测量科里奥利力，间接获得角速度。因此，MEMS 陀螺仪没有旋转部件，利用科里奥利力，通过连续振动的振子在旋转系统中的运动偏移，改变电路状态，引起相关电参数的变化，从而反映出左右倾斜、前后倾斜和左右摇摆等运动情况。

科里奥利力的说明如图 4-4 所示。假设在一个逆时针转动的圆盘中央 O 点有个运动员（O 点不动），要把篮球传给站在边缘 A 点的另一个运动员，当他沿 OA 直线方向投球后，O 点的运动员会发现篮球向右偏转，最终落在 A' 点，如图 4-5 所示。以转动的圆盘为参照系，篮球仿佛受到一股向右的力，从而发生偏移，这个力就称为科里奥利力。MEMS 陀螺仪的工作原理就是利用科里奥利力。振动物体被柔软的弹性结构悬挂在基底上，这个系统中由振动和转动产生的科里奥利力把正比于角速度的信号传递到传感单元。

图 4-4 科里奥利力案例

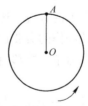 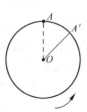

（a）期望落点　　（b）实际落点

图 4-5 科里奥利力的说明

陀螺仪输出得到的是载体的角速度,是一个间接的测量仪器,需要对角速度在时间域进行积分才能得到角度。设角速度为 ω,角速度传感器的采样间隔为 t,则得到的角度公式为

$$\theta = \theta_0 + \int_0^t \omega \mathrm{d}t$$

式中,θ 为旋转后的绝对角度;θ_0 为旋转前的绝对角度。

实际使用中,不容忽视的是陀螺仪的多次积分很容易引入误差。误差来源包括两方面:一是积分时间,即采样间隔,间隔越短,计算出的角度越精准;二是陀螺仪本身的误差,需要校准之后才能使用,且误差随时间的增加不断累积,多次积分之后将偏离真实的角度。因此,陀螺仪只是在短时间内具有较大的参考价值。

4.3.3 ITG3200 应用

ITG3200 内部的组成结构图 4-6 所示,芯片由 3 个独立的 MEMS(微机电系统)陀螺仪组成,能分别检测 x(roll)、y(pitch)、z(yaw)三轴,如图 4-7 所示。

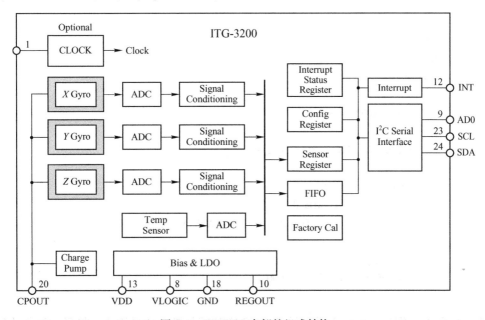

图 4-6 ITG3200 内部的组成结构

当检测到转动时,检测结果经过放大、解调、滤波后产生一个正比于转动速度的电压信号,这个电压信号由一个片上独立的 16 位 A/D 转换器对每个轴的数据进行采样然后转换成数字信号。A/D 转换器的输出频率可设置为 3.9～8000 个采样每秒,并且用户可选择的低通滤波器有较宽的截止频率范围。

芯片可选择多种内部或外部的时钟源,内部时钟源有内部振荡器(不够精确),x、y、z 任意一轴的(MEMS)振荡器(随温度变化有 ±2 的误差)。

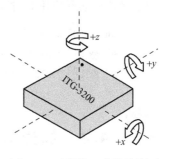

图 4-7 陀螺仪 3 个轴的检测

芯片的数据寄存器包括角速度和温度的数据。寄存器是只读寄存器,并通过串行口访问,数据随时可以读取。

ITG3200 采用 I^2C 接口与 STM32 单片机相连。I^2C 总线是多主机系统所需的高性能串行

总线,包括总线裁决和高低速器件同步功能。I^2C 共有两根双向信号线,一根是数据线 SDA,另一根是时钟线 SCL。INT 引脚与 STM32 一个 I/O 口相连,当芯片数据准备好时向 MCU 发出中断信号。AD0 决定了 ITG3200 作为 I^2C 总线从机地址的最低位,AD0 为 0 时从机地址为 0xD0,AD0 为 1 时从机地址为 0xD1。x 轴数据存在芯片中 GYRO_XOUT_H(高 8 位)和 GYRO_XOUT_L(低 8 位),y 轴和 z 轴也存在相应寄存器中。通信时 ITG3200 作为从机,从机地址的最低有效位由引脚 AD0 设置。

传感器测量总有误差,因为环境温度的变化、传感器结构的热胀冷缩效应、残余应力的作用、系统的刚度变化等,都会使传感器输出产生漂移现象。故而在传感器开始使用之前,应当对其进行标定,以便尽可能提高精度,减小误差。标定陀螺仪数据的方法为:当飞行器静止时,多次测量陀螺仪的输出值并求其平均值,把这个值作为陀螺仪的零漂,在以后的测量中去掉这个零漂值即可。计算陀螺仪零漂的代码如下:

```
void Gyro_Cali(float * gyro_offset)
{
    u16 i;
    u8 j;
    float rawData[3];
    float sum[3] = {0.0};

    for(i=0;i<1000;i++)
    {
        AHRS_Read_I2C_Gyr(rawData);

        for(j=0;j<3;j++)
            sum[j] += rawData[j];
        vTaskDelay((portTickType)5/portTICK_RATE_MS);
    }
    for(j=0;j<3;j++)
        gyro_offset[j] = (sum[j]/1000.0);
}
```

上述代码在陀螺仪静止的条件下计算 1000 次陀螺仪输出的平均值,将平均值作为零漂。取得零漂值后实际应用时对陀螺仪实测数据进行修正的代码如下:

```
sdt.gyr[0] = gyr[0] - gyro_offset[0];
sdt.gyr[1] = gyr[1] - gyro_offset[1];
sdt.gyr[2] = gyr[2] - gyro_offset[2];
```

4.4 加速度计

4.4.1 加速度计原理

加速度是表征物体在空间运动本质的一个基本物理量,并且还可以通过测量加速度来判断运动系统所承受的加速度负荷的大小。加速度计在运动的时候,其内部的敏感质量块由于惯性,会对 x、y、z 方向(前后、左右、上下)产生压力,再利用一种压电晶体把这种压力转换成电信号输出,随着运动的变化,各方向压力不同,电信号也在变化,从而判断加速方向和大小。上述加速度计的工作原理是基于经典的牛顿力学定律。加速度计由敏感质量块、支承、电位器、弹簧、阻尼器和壳体组成。如图 4-8 所示是一个由敏感质量块 m、弹簧 k 和阻尼器 c 所组成的惯性二阶测量系统。质量块通过弹簧和阻尼器与传感器基座(仪器壳体)相连接。传感器基座与被测运动体相

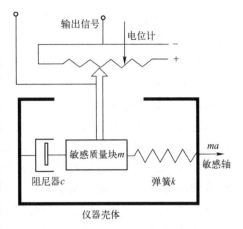

图 4-8 加速度计原理

固连,因而随运动体一起相对于运动体之外惯性空间的某一参考点做相对运动。敏感质量块受支承的约束只能沿一条轴线移动,这个轴常称为输入轴或敏感轴。

当仪表壳体随着运载体沿敏感轴方向做加速运动时,根据牛顿定律,具有一定惯性的敏感质量块力图保持其原来的运动状态不变。阻尼器则用来阻尼质量块到达稳定位置的振荡。敏感质量块(质量设为 m)借助弹簧(弹簧刚度设为 k)被约束在仪表壳体内,并且通过阻尼器与仪表壳体相连。当沿加速度计的敏感轴方向无加速度输入时,敏感质量块相对仪表壳体处于零位。当安装加速度计的运载体沿敏感轴方向以加速度 a 运动时,仪表壳体也随之做加速运动,但质量块由于保持惯性,故朝着与加速度相反方向相对壳体位移而压缩(或拉伸)弹簧。当相对位移量达到某一定位时,弹簧受压(或受拉)变形所给出的弹簧力 kx(x 为位移量)使质量块以同一加速度 a 相对惯性空间运动。在此稳态情况,有如下关系成立:

$$kx_a = ma$$

即稳态时质量块的相对位移量 x_a 与运载体的加速度成正比。

加速度计的测量将受到引力的影响。设加速度计的质量块受到沿敏感轴方向的引力(重力)$G = mg$ 的作用,将沿着引力作用方向相对壳体位移而拉伸(或压缩)弹簧,即稳态时质量块的相对位移量 x_g 与重力加速度 g 成正比。由于 mg 和 ma 都是矢量,二者可进行矢量运算,所以最终的关系为

$$kx = k(x_a + x_g) = ma + mg$$

由上式可知,加速度是物体速度的变化率,是描述物体速度变化快慢和方向的物理量。然而,加速度的大小是不能直接测量的,施加在敏感质量块 m 上的限动元件即弹簧所发出的力可直接测量。这个力能够使质量块 m 在物体匀加速过程中保持在固定位置上,测得的力必须经计算后才能求得外界加速度的大小。这个力称为比力(specific force),就是作用在单位质量上惯性力和万有引力的矢量和。比力的大小与弹簧变形量成正比,而加速度的输出正是与加速度计的弹簧变形量成正比。借助位移传感器可将该变形位移量变换成电信号,就可以输入单片机进行进一步处理。

综上所述,加速度计测得的加速度值正比于弹簧变形量,当加速度计放置于桌面时,弹簧呈拉伸状态,根据牛顿定律可知,弹簧的变形力和重力大小相同,但与重力方向相反。由 2.1 节的相关内容可知,导航坐标系和机体坐标系在初始情况下重合,则加速度计初始加速

度为 $-g$（负号表示与初始坐标系正方向相反）。此时，物体并没有运动但加速度计数值并不为 0，两者是否矛盾？答案当然是否定的。加速度计得到的比力是为了直接表现弹簧形变，在机体运动过程中，并不由加速度计直接获得机体三轴加速度。若想获得机体的加速度，则需根据第 3 章中介绍的运动学模型进行进一步的解算，由式（3-18）、式（3-23）可求得机体三轴加速度。

加速度计测量姿态角的工作原理是：敏感质量块感受加速度，产生与之成正比的惯性力 $F=ma$，再通过弹性元件把惯性力转变成应变、应力，或通过压电元件把惯性力转变成电荷量，然后通过测量应变、应力或电荷来间接测量加速度。具体来说，一个放置于斜面上的物体所受到的重力可以分解为两个方向：平行于物体的方向和垂直于物体的方向。那么对于斜角是 α 的物体，重力加速度 g 可以分解为 x 方向的 $g\sin\alpha$ 和 y 方向的 $g\cos\alpha$，从而可以得到 x 方向的重力作用 $F_x=mg\sin\alpha$ 以及 y 方向的重力作用 $Fy=mg\cos\alpha$。上述说明的示意图如图 4-9 所示。重力感应器把这两个力转化成电压信号，通过读取该电压信号，即可以计算物体的倾斜角度。另外必须注意的是，运动中的物体所测量出来的倾斜角度是不准确的，原因是运动中的物体由于不同角度加速度的叠加，物体各个方向的力不能准确代表由于倾斜所产生的重力。

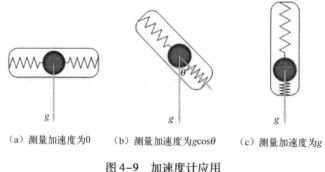

(a) 测量加速度为 0　　(b) 测量加速度为 $g\cos\theta$　　(c) 测量加速度为 g

图 4-9　加速度计应用

在安装加速度计时，需要进行硬件电路低通滤波或者软件程序滤波。大多数多旋翼飞控板在 MEMS 加速度计上都配有一个模拟抗锯齿滤波器，在信号采样之前要进行电子电路滤波。

4.4.2　LIS3VDQ 结构

LIS3VDQ 由敏感元件、C/U（电容/电压）转换电路、电荷放大器、$\Sigma\Delta$ 模数转换器、多路分配器、低通滤波抽样以及 SPI/I^{2}C 接口电路组成，如图 4-10 所示。敏感元件检测到有加速度时，产生电容变化，通过 C/U 转换器将微小的电容变化转换为模拟电压，经过多路复用器后由电荷放大器将信号放大，再经 $\Sigma\Delta$ 模数转换器将电压信号转化为数字信号，滤波器对数字信号进行滤波并将数据存入到寄存器中，最后通过 I^{2}C 或 SPI 接口发送给 MCU。

加速度计 LIS3VDQ 采用 SPI 接口与 STM32 相连。SPI 接口使用 4 条线，分别为串行时钟线（SCLK）、主机输入/从机输出数据线（MISO）、主机输出/从机输入数据线（MOSI）、低电平有效的从机选择线 NSS。DRY 引脚与 STM32 的 I/O 口相连，作为 Data-Ready 信号使能线。

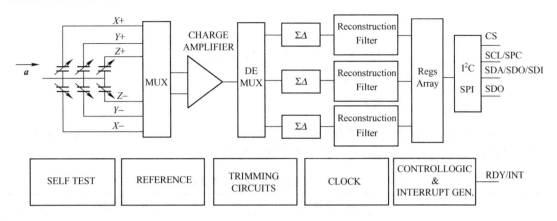

图 4-10 LIS3VDQ 内部结构

4.4.3 加速度计标定

标定也称为校准,是所有传感器都不能避免的问题,任何传感器都有误差,有误差就需要进行标定。传感器标定包括精标定和粗标定。精标定效果比较好,但需要昂贵的标定设备;粗标定则不需要借助外部设备,只对传感器本身进行操作即可。

本节介绍有以下约定。

☺ 欧拉角按 $z-y-x$ 旋转,则姿态旋转矩阵为式(2-27)。

☺ 地面坐标系正方向为"北、东、地";按照 4.4.1 节中的说明,重力 G 相对地面坐标系矩阵为 $[0,0,-g]^T$。

对于加速度计,重力加速度可以作为真实值参考进行标定。三轴加速度计要对不同方向的静止状态测量加速度,然后把数据拟合到重力加速度,就完成了加速度计的标定。MEMS 加速度计的六位置测试法,就是加速度计标定的简单且高效的标定方法。本书采用的就是加速度计的六位置测试法。

由参考文献 [8] 可得 MEMS 加速度计的误差模型方程为

$$\begin{pmatrix} A_x \\ A_y \\ A_z \end{pmatrix} = \begin{pmatrix} a_{x0} \\ a_{y0} \\ a_{z0} \end{pmatrix} + \begin{pmatrix} K_{11} & K_{12} & K_{13} \\ K_{21} & K_{22} & K_{23} \\ K_{31} & K_{32} & K_{33} \end{pmatrix} \begin{pmatrix} a_x \\ a_y \\ a_z \end{pmatrix} + \begin{pmatrix} \varepsilon_x \\ \varepsilon_y \\ \varepsilon_z \end{pmatrix} \quad (4-1)$$

式中, A_x、A_y、A_z 为 MEMS 加速度计的实际测量值; a_{x0}、a_{y0}、a_{z0} 为 MEMS 加速度计的零偏; K_{ij} 为 MEMS 加速度计安装误差系数; a_x、a_y、a_z 为加速度真值; ε_x、ε_y、ε_z 为干扰量。

将式(4-1)中干扰忽略不计,则:

$$\begin{pmatrix} A_x \\ A_y \\ A_z \end{pmatrix} = \begin{pmatrix} a_{x0} \\ a_{y0} \\ a_{z0} \end{pmatrix} + \begin{pmatrix} K_{11} & K_{12} & K_{13} \\ K_{21} & K_{22} & K_{23} \\ K_{31} & K_{32} & K_{33} \end{pmatrix} \begin{pmatrix} a_x \\ a_y \\ a_z \end{pmatrix} \quad (4-2)$$

式(4-2)中的未知待求量为 a_{x0}、a_{y0}、a_{z0} 和 K_{ij},因此,将式(4-2)中零偏量转换到最后一项中,即

$$\begin{pmatrix} A_x \\ A_y \\ A_z \end{pmatrix} = \begin{pmatrix} K_{11} & K_{12} & K_{13} & a_{x0} \\ K_{21} & K_{22} & K_{23} & a_{y0} \\ K_{31} & K_{32} & K_{33} & a_{z0} \end{pmatrix} \begin{pmatrix} a_x \\ a_y \\ a_z \\ 1 \end{pmatrix} \quad (4-3)$$

令

$$A = \begin{pmatrix} A_x \\ A_y \\ A_z \end{pmatrix}, \quad K = \begin{pmatrix} K_{11} & K_{12} & K_{13} & a_{x0} \\ K_{21} & K_{22} & K_{23} & a_{y0} \\ K_{31} & K_{32} & K_{33} & a_{z0} \end{pmatrix}, \quad a = \begin{pmatrix} a_x \\ a_y \\ a_z \\ 1 \end{pmatrix}$$

选择标定的六位置取向，分别为地东南、天西南、西地南、东天南、南西地、东北天。表 4-1 给出了加速度计的六位置与各轴重力加速度的关系。

表 4-1　加速度计六位置与各轴重力加速度的关系

位置	坐标轴取向			重力加速度		
	x 轴	y 轴	z 轴	x 轴	y 轴	z 轴
1	天	西	南	g	0	0
2	地	东	南	$-g$	0	0
3	东	天	南	0	g	0
4	西	地	南	0	$-g$	0
5	东	北	天	0	0	g
6	南	西	地	0	0	$-g$

注：当 x 轴指向上（天）时，重力加速度为正值 g；当 x 轴指向下（地）时，重力加速度为负值 $-g$。

根据表 4-1，在位置 1 的情况下，有

$$A_1 = \begin{pmatrix} A_{x1} \\ A_{y1} \\ A_{z1} \end{pmatrix}, \quad a_1 = \begin{pmatrix} g \\ 0 \\ 0 \\ 1 \end{pmatrix}$$

在位置 2 的情况下，有

$$A_2 = \begin{pmatrix} A_{x2} \\ A_{y2} \\ A_{z2} \end{pmatrix}, \quad a_2 = \begin{pmatrix} -g \\ 0 \\ 0 \\ 1 \end{pmatrix}$$

其他情况依次类推。由式（4-3）可知，每种情况可列写 3 个方程，6 种情况共有 18 个方程，但未知数，即矩阵 K 中的元素只有 12 个，这种未知数小于方程个数的方程组称为超定方程组。显然，该方程组一般而言没有解，所以为了选取最合适的 K 让该等式"尽量成立"，以下采用最小二乘法进行处理。

将 6 种情况下的 $a_i(i=1,2,\cdots,6)$ 写到一个矩阵中，即

$$\bar{a} = \begin{pmatrix} g & -g & 0 & 0 & 0 & 0 \\ 0 & 0 & g & -g & 0 & 0 \\ 0 & 0 & 0 & 0 & g & -g \\ 1 & 1 & 1 & 1 & 1 & 1 \end{pmatrix} \tag{4-4}$$

将 6 种情况下的 $A_i(i=1,2,\cdots,6)$ 也写到一个矩阵中，即

$$\overline{A} = \begin{pmatrix} A_{x1} & A_{x2} & A_{x3} & A_{x4} & A_{x5} & A_{x6} \\ A_{y1} & A_{y2} & A_{y3} & A_{y4} & A_{y5} & A_{y6} \\ A_{z1} & A_{z2} & A_{z3} & A_{z4} & A_{z5} & A_{z6} \end{pmatrix}$$

则式（4-3）可转化成

$$\overline{A} = K\overline{a} \tag{4-5}$$

引入残差平方和函数 S

$$S(K) = |K\overline{a} - \overline{A}|^2 \tag{4-6}$$

将式（4-6）对矩阵 K 进行微分求极小值，则当

$$K\overline{a}\overline{a}^{\mathrm{T}} = \overline{A}\overline{a}^{\mathrm{T}} \tag{4-7}$$

时，$S(K)$ 取极小值。因此，如果矩阵 $\overline{a}\overline{a}^{\mathrm{T}}$ 非奇异，则

$$K = \overline{A}\overline{a}^{\mathrm{T}}(\overline{a}\overline{a}^{\mathrm{T}})^{-1} \tag{4-8}$$

式（4-8）表明，在此情况下，K 有唯一解。将式（4-4）代入式（4-8），得

$$K = \overline{A}\overline{a}^{\mathrm{T}}(\overline{a}\overline{a}^{\mathrm{T}})^{-1} = \begin{pmatrix} \dfrac{A_{x1} - A_{x2}}{2g} & \dfrac{A_{x3} - A_{x4}}{2g} & \dfrac{A_{x5} - A_{x6}}{2g} & \dfrac{(A_{x1} + \cdots + A_{x6})}{6.0} \\ \dfrac{A_{y1} - A_{y2}}{2g} & \dfrac{A_{y3} - A_{y4}}{2g} & \dfrac{A_{y5} - A_{y6}}{2g} & \dfrac{(A_{y1} + \cdots + A_{y6})}{6.0} \\ \dfrac{A_{z1} - A_{z2}}{2g} & \dfrac{A_{z3} - A_{z4}}{2g} & \dfrac{A_{z5} - A_{z6}}{2g} & \dfrac{(A_{z1} + \cdots + A_{z6})}{6.0} \end{pmatrix} \tag{4-9}$$

由式（4-2）得加速度的实际使用值为

$$\begin{pmatrix} a_x \\ a_y \\ a_z \end{pmatrix} = \begin{pmatrix} K_{11} & K_{12} & K_{13} \\ K_{21} & K_{22} & K_{23} \\ K_{31} & K_{32} & K_{33} \end{pmatrix}^{-1} \begin{pmatrix} A_x - a_{x0} \\ A_y - a_{y0} \\ A_z - a_{z0} \end{pmatrix} \tag{4-10}$$

在标定过程代码中涉及的矩阵运算对应子函数如下：

（1）转置矩阵 $\overline{a}^{\mathrm{T}}$：arm_mat_trans_f32（&UMat, &trUMat）

$$\overline{a}^{\mathrm{T}} = \begin{pmatrix} g & 0 & 0 & 1.0 \\ -g & 0 & 0 & 1.0 \\ 0 & g & 0 & 1.0 \\ 0 & -g & 0 & 1.0 \\ 0 & 0 & g & 1.0 \\ 0 & 0 & -g & 1.0 \end{pmatrix}$$

（2）$\overline{a}\overline{a}^{\mathrm{T}}$：arm_mat_mult_f32（&UMat, &trUMat, &UtrUMat）

$$\overline{a}\overline{a}^{\mathrm{T}} = \begin{pmatrix} 2g^2 & 0 & 0 & 0 \\ 0 & 2g^2 & 0 & 0 \\ 0 & 0 & 2g^2 & 0 \\ 0 & 0 & 0 & 6.0 \end{pmatrix}$$

(3) $(\overline{aa}^T)^{-1}$: arm_mat_inverse_f32(&UtrUMat, &invUtrUMat)

$$(\overline{aa}^T)^{-1} = \begin{pmatrix} \dfrac{1}{2g^2} & 0 & 0 & 0 \\ 0 & \dfrac{1}{2g^2} & 0 & 0 \\ 0 & 0 & \dfrac{1}{2g^2} & 0 \\ 0 & 0 & 0 & \dfrac{1}{6.0} \end{pmatrix}$$

(4) $\overline{a}^T(\overline{aa}^T)^{-1}$: arm_mat_mult_f32(&trUMat, &invUtrUMat, &trUinvUtrUMat)

$$\overline{a}^T(\overline{aa}^T)^{-1} = \begin{vmatrix} \dfrac{1}{2g} & & & \dfrac{1}{6.0} \\ -\dfrac{1}{2g} & & & \dfrac{1}{6.0} \\ & \dfrac{1}{2g} & & \dfrac{1}{6.0} \\ & -\dfrac{1}{2g} & & \dfrac{1}{6.0} \\ & & \dfrac{1}{2g} & \dfrac{1}{6.0} \\ & & -\dfrac{1}{2g} & \dfrac{1}{6.0} \end{vmatrix}$$

(5) 式 (4-9): 对应 arm_mat_mult_f32(&AMat, &trUinvUtrUMat, &KMat)

(6) 式 (4-10) 代码如下:

K[0] = accCaliStructure. K[0]; K[1] = accCaliStructure. K[1]; K[2] = accCaliStructure. K[2];
K[3] = accCaliStructure. K[4]; K[4] = accCaliStructure. K[5]; K[5] = accCaliStructure. K[6];
K[6] = accCaliStructure. K[8]; K[7] = accCaliStructure. K[9]; K[8] = accCaliStructure. K[10];

bias_a[0] = accCaliStructure. K[3]; bias_a[1] = accCaliStructure. K[7]; bias_a[2] = accCaliStructure. K[11];

KMat. numRows = 3;
KMat. numCols = 3;
KMat. pData = K;

invKMat. numRows = 3;
invKMat. numCols = 3;
invKMat. pData = pvPortMalloc(36);

arm_mat_inverse_f32(&KMat, &invKMat);   //式(4-10)中的求逆过程
memcpy(K, invKMat. pData, 36);

vPortFree(invKMat. pData);   //式(4-10)

sdt. acc[0] = K[0] * (acc[0] − bias_a[0]) + K[1] * (acc[1] − bias_a[1]) + K[2] * (acc[2] − bias_a[2]);

sdt. acc[1] = K[3] * (acc[0] − bias_a[0]) + K[4] * (acc[1] − bias_a[1]) + K[5] * (acc[2] − bias_a[2]);

sdt. acc[2] = K[6] * (acc[0] − bias_a[0]) + K[7] * (acc[1] − bias_a[1]) + K[8] * (acc[2] − bias_a[2]);

4.5 磁罗盘

4.5.1 磁罗盘原理

磁力线，即磁感线，在磁场中画一些曲线，使曲线上任一点的切线方向都和这一点的磁场方向相同，这些曲线叫作磁感线。磁感线互不交叉，且磁感线是闭合曲线，如图 4-11 所示。规定小磁针的北极所指的方向为磁感线的方向。磁铁周围的磁感线都是从 N 极出来进入 S 极，在磁体内部磁感线从 S 极到 N 极。

如图 4-12 所示，地球的磁场像一个条形磁体一样由磁南极指向磁北极。在磁极点处磁场和当地的水平面垂直，在赤道磁场和当地的水平面平行，所以在北半球磁场方向倾斜指向地面。需要注意的是，磁北极和地理上的北极并不重合，通常它们之间有 11°左右的夹角。

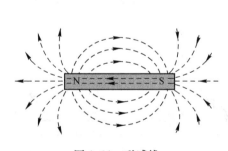
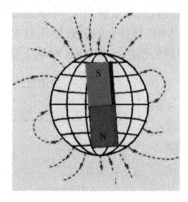

图 4-11　磁感线　　　　　　　　图 4-12　地磁场

描述磁场强弱和方向的物理量是磁感应强度（magnetic flux density），而不是磁场强度。磁感应强度常用符号 B 表示，国际单位为特斯拉（T）；在高斯单位制中，磁感应强度的单位是高斯（Gs），1T = 10000Gs。磁感应强度也称磁通量密度或磁通密度。这个物理量之所以叫作磁感应强度，而没有叫作磁场强度，是由于历史上"磁场强度"一词已用来表示另外一个物理量，用于描述磁场性质，用 H 表示。其定义式为 $H = B/\mu_0 - M$，其中，B 是磁感应强度；M 磁化强度；μ_0 是真空中的导磁率，$\mu_0 = 4\pi \times 10^{-7}$ Wb/m·A。H 的单位是 A/m。磁感应强度和磁场强度的区别为：磁感应强度反映的是相互作用力，是两个参考点 A 与 B 之间的应力关系；而磁场强度是主体单方的量，不管 B 方有没有参与，这个量都是不变的。

磁罗盘（也称地磁传感器、地磁指南针）测量偏航角的原理与指南针类似。指南针是用以测定方向基准的仪器，如图 4-13 所示。其主要组成部分是一根装在轴上可以自由转动

的磁针。指南针之所以能够指示方向,是因为地球本身存在磁场,磁针在地磁场作用下能保持在磁经线的切线方向上。磁针的 N 极指向地磁的南极,利用这一性能可以辨别方向。磁罗盘能够指南是因为地球表面空间中有看不见的横贯南北的地磁线,磁罗盘可以测量出穿过自身的地磁强度,从而指出当前自身相对于地磁线的偏转量。

地磁场是一个矢量,对于一个固定的地点来说,这个矢量可以被分解为两个与当地水平面平行的分量和一个与当地水平面垂直的分量。如果保持磁罗盘和当地的水平面平行,那么磁罗盘中磁力计的 3 个轴就

图 4-13 指南针

和这 3 个分量对应起来。地磁是和地面坐标系固连的,通过这种关系,可以得到机体坐标系对于地面坐标系的偏航角。

4.5.2 磁罗盘 LSM303DLH

在 LSM303DLH 中,磁力计采用各向异性磁电阻(AMR,Anisotropic Magneto-Resistance)材料来检测空间中磁感应强度的大小。这种具有晶体结构的合金材料对外界的磁场很敏感,磁场的强弱变化会导致 AMR 自身电阻值发生变化。

在制造过程中,将一个强磁场加在 AMR 上使其在某一方向上磁化,建立起一个主磁域,与主磁域垂直的轴被称为该 AMR 的敏感轴,如图 4-14 所示。为了使测量结果以线性的方式变化,AMR 材料上的金属导线呈 45°角倾斜排列,电流从这些导线上流过,如图 4-15 所示。由初始的强磁场在 AMR 材料上建立起来的主磁域和电流的方向有 45°的夹角。

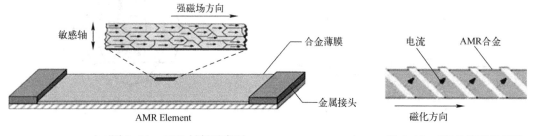

图 4-14 AMR 材料示意图　　　　图 4-15 45°角排列的导线

当有外界磁场 B_a 时,AMR 上主磁域方向就会发生变化,磁场方向和电流的夹角 θ 也会发生变化,如图 4-16 所示。对于 AMR 材料来说,θ 角的变化会引起 AMR 自身阻值的变化,并且呈线性关系。

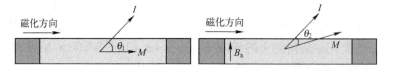

图 4-16 磁场方向和电流方向的夹角

LSM303DLH 利用惠斯通电桥检测 AMR 阻值的变化,如图 4-17 所示。$R1$、$R2$、$R3$、$R4$ 是初始状态相同的 AMR 电阻,因此没有外界磁场的情况下,电桥的输出为零。但是 $R1$、$R2$

和 $R3$、$R4$ 具有相反的磁化特性。当检测到外界磁场的时候，$R1$、$R2$ 阻值增加 ΔR，而 $R3$、$R4$ 减少 ΔR。这样在有外界磁场时电桥的输出为一个微小的电压 ΔU，电桥输出电压 ΔU 正比于 ΔR。这就是磁力计的工作原理。

LSM303DLH 内部结构由敏感元件（磁阻传感器）、多路配置器、电荷放大器、A/D 转换器、逻辑控制器、I^2C/SPI 接口组成，如图 4-18 所示。

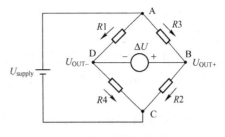

图 4-17　惠斯通电桥

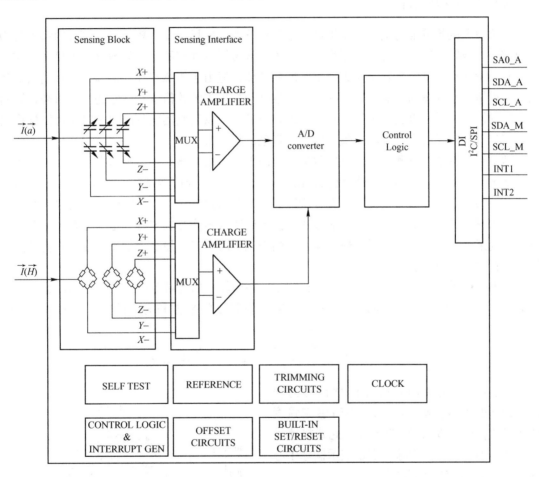

图 4-18　LSM303DLH 内部结构

LSM303DLH 集成了三轴磁力计和三轴加速度计，采用数字接口。磁力计的测量范围从 1.3G 到 8.1G 共分 7 挡，用户可以自由选择。并且在 20G 以内的磁场环境下都能够保持一致的测量效果和相同的敏感度。它的分辨率可以达到 8×10^3G。传感器测定磁感应强度的 3 个互相垂直的分量，分别对应 x、y、z 轴，对应轴上的传感器检测该方向的地磁感应强度。将检测到的磁阻变化值转化为差分电压信号后输出给多路配置器，再通过放大器对信号进行放大，12 位 A/D 转换器将电压信号转换为数据信号，经逻辑控制器送到 I^2C/SPI 接口与 MCU 进行通信。和采用霍尔效应原理的磁力计相比，LSM303DLH 功耗低、精度高、线性度好，并且不需要温度补偿。

LSM303DLH 芯片有一个内部时钟，具有内部数字逻辑功能和定时管理功能。作为高集成度的传感器模组，除了磁力计以外，LSM303DLH 还集成一个高性能的加速度计。加速度计同样采用 12 位 ADC，可以达到 $1mg$ 的测量精度。加速度计可运行于低功耗模式，并有睡眠/唤醒功能，可大大降低功耗。同时，加速度计还集成了 6 轴方向检测、2 路可编程中断接口。

LSM303DLH 采用 I^2C 接口与 STM32 相连。I^2C 共有两根双向信号线，一根是数据线 SDA – M（用磁罗盘引脚），另一根是时钟线 SCL – M。

4.5.3 磁罗盘标定

以磁罗盘的粗校准为例，由于地球上任意位置的地磁场强度在较长时间跨度内都可视为是恒定的，当转动磁罗盘时，根据相对运动可假设磁罗盘固定不动，而地磁场矢量随之在转动，其矢量端点在空间的轨迹应为一个标准的球体，但由于传感器存在误差，实际测出的数据并不严格都在球体的表面，这时候就需要根据测量出来的数值以及已知的准确值来计算两者之间的换算关系，也就是该款磁罗盘的误差模型。在以后使用该款磁罗盘时就可以根据粗校准得出的误差模型来处理测量值，使得测量值的误差减小。

地磁场正常情况下测量到的三维数据在空间上的包络应该是一个标准的圆球，3 轴的数据满足 $x^2 + y^2 + z^2 = r^2$。但是磁罗盘测量出来的数据由于受到外界磁场的影响，加上磁阻传感器各轴的标度因子和非正交度，导致传感器采集到的数据在三维空间内分布的包络面为球心偏移的椭球面。磁罗盘校准的一般方法是使与磁罗盘固连的机体做特定的运动，或者将机体转动到某些特定的角度，得到磁罗盘在不同姿态下的磁感应强度测量值，通过对测量值分析，进行磁罗盘校准。

本书采用椭球拟合方法对磁罗盘进行矫正。在比较小的巡航范围内，地磁场的磁感应强度 B_0 不会发生明显变化，所以可以假设三轴磁场强度的平方和为定值，下面的方程近似成立：

$$\frac{(B_x - B_{xh})^2}{r_x^2} + \frac{(B_y - B_{yh})^2}{r_y^2} + \frac{(B_z - B_{zh})^2}{r_z^2} = B_0^2$$

其中 r_x、r_y、r_z 为磁阻传感器的软铁磁力误差，即标度因数；B_x、B_y、B_z 为磁感应强度的测量值；B_{xh}、B_{yh}、B_{zh} 为零偏，此式描述了一个中心不在原点的椭球，零偏表示椭球中心的位置；B_0 代表椭球的半径。

磁罗盘矫正过程如下。

（1）将磁罗盘固连到机体上，自由旋转机体，同时对磁罗盘的数据进行采集。

（2）利用 Matlab 的椭球拟合函数拟合椭球参数，拟合结果如图 4-19 所示。在 Matlab 中运行 drawEllipse.m 程序（代码详见附录 A），程序运行结果为磁罗盘零偏和标度因数的修正值。例如输出结果如下：

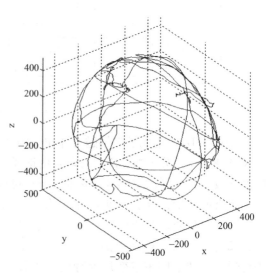

图 4-19　原始数据（近似椭球）

```
center =
    -4.0608
   140.0869
    26.0798
ans =
    1.2339
    1.2181
    1.5322
```

校正后的结果如图 4-20 所示。

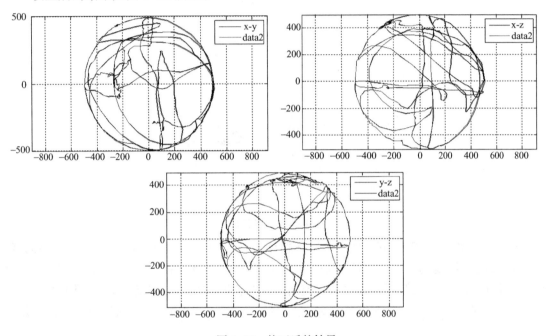

图 4-20　校正后的结果

（3）得到步骤（2）数据后，补偿方法如下：

```
Mag[0] = ans[0] * (mag_raw[0] - center[0]);
Mag[1] = ans[1] * (mag_raw[1] - center[1]);
Mag[2] = ans[2] * (mag_raw[2] - center[2]);
```

其中，mag_raw 表示补偿前的磁罗盘测量值；mag 表示补偿后的输出。

此外，读者还可以根据参考文献［9］算法进行在线标定。

4.6　GPS

全球定位系统（GPS，Global Positioning System）又称全球卫星定位系统，是美国国防部研制和维护的中距离圆形轨道卫星导航系统。该系统自 20 世纪 70 年代投入运行以来，已经为世界各地数以亿计的用户提供准确的定位、测速服务以及高精度的授时服务。用户只需要一个 GPS 接收机，并且接收到 GPS 系统中 3 颗卫星的信号，就能迅速确定用户在地球上所处的位置及海拔；所能接收到的卫星信号数量越多，解算出来的经纬度位置就越精确，通常能达到5m以下的精度。

在开阔地（平原），GPS定位精度较高；在室内和城市楼宇密集的地区，GPS定位精度会出现偏差，也就是所谓的漂移。GPS包括三大部分：空间GPS卫星星座（空间部分）、地面监控系统（控制部分）、用户GPS信号接收机（用户部分），如图4-21所示。

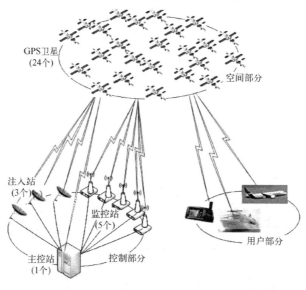

图4-21　GPS组成

（1）空间部分：GPS空间部分主要由24颗GPS卫星构成，其中21颗为工作卫星，3颗为备用卫星。24颗卫星运行在6个轨道平面上，运行周期为12h。保证在任一时刻、任一地点高度角15°以上位置都能够观测到4颗以上卫星。空间部分的作用是发送用于导航定位的卫星信号。

（2）控制部分：GPS控制部分由1个主控站、5个监控站和3个注入站组成。各部分功能如下：

- ☺ 主控站：从各个监控站收集卫星数据，监测和控制卫星运行，计算出卫星的星历和时钟修正参数等，并通过注入站注入卫星；向卫星发布指令，控制卫星，当卫星出现故障时，调度备用卫星。
- ☺ 监控站：接收卫星信号，监控卫星运行状态，收集天气数据，并将这些信息传送给主控站。
- ☺ 注入站：将主控站计算的卫星星历及时钟修正参数等注入卫星。

（3）用户部分：用户部分是接收、跟踪、变换和测量GPS信号的设备，GPS系统的消费者。GPS用户部分包含GPS接收器及相关设备，如图4-22所示的四旋翼飞行器常用的GPS设备。GPS接收器主要由GPS芯片构成。车载、船载GPS导航仪，内置GPS功能的移动设备，GPS测绘设备等都属于GPS用户设备。

GPS定位原理就是3点定位，天上的GPS定位卫星距离地球表面22500km处，它们所运动的轨道正好形成一个

图4-22　四旋翼飞行器常用的GPS设备

网状面,也就是说,在地球上的任意一点,都可以同时收到3颗以上卫星的信号。卫星在运动的过程中会不断地发出电波信号,信号中包含数据包,其中就有时间信号。GPS接收机通过解算来自多颗卫星的数据包以及时间信号,可以清楚的计算出自己与每颗卫星的距离,使用三角向量关系计算出自己所在的位置。3颗卫星可进行2D定位(经度、纬度),4颗卫星则可进行3D定位(经度、纬度及高度)。通过接收机不断地更新接收信息,就可以计算出移动方向和速度。

4.7 姿态角测量公式

传感器与15个导航参数的关系总结见表4-2。

表4-2 传感器与15个导航参数的关系总结

传感器		导航参数				
类型	应用场景	三维位置	三维速度	三维加速度	三维角度	三维角速度
陀螺仪	室内/外					是
加速度计	室内/外		是	是	是	
磁罗盘	室内/外	辅助GPS			是	
GPS	室外	是	是			
气压计	室内/外	一维位置	一维速度	一维加速度		
超声波	室内/外	一维位置	一维速度			
双目视觉	光照条件好	是	是		是	

惯性测量单元有自己的坐标系,是厂家自己定义的,惯性测量单元固连在飞行器上,飞行器坐标系为机体坐标系,因此可认为惯性测量单元测量的坐标系是机体坐标系。

4.7.1 俯仰角和滚转角测量

利用惯性传感器组成的姿态检测系统,能够通过对重力矢量夹角进行测量,从而实时地检测系统的俯仰和横滚姿态角。

加速度计测得的加速度为机体加速度,设为

$$\boldsymbol{a}^{\mathrm{b}} = \begin{pmatrix} a_x^{\mathrm{b}} \\ a_y^{\mathrm{b}} \\ a_z^{\mathrm{b}} \end{pmatrix} \tag{4-11}$$

机体转动时,$\boldsymbol{a}^{\mathrm{b}}$ 会随着机体的姿态变化。

G 为地面坐标系下的重力加速度向量,有

$$\boldsymbol{G} = \begin{pmatrix} 0 \\ 0 \\ -g \end{pmatrix} \tag{4-12}$$

G 中元素 $-g$ 前的负号见4.4.1节中的相关说明。

根据4.4.3节中的假设,欧拉角按 $z-y-x$ 旋转,则姿态旋转矩阵为式(2-27),即

$$\boldsymbol{C}_{\mathrm{g}}^{\mathrm{b}} = \begin{pmatrix} \cos\theta\cos\psi & \cos\theta\sin\psi & -\sin\theta \\ -\cos\varphi\sin\psi + \sin\varphi\sin\theta\cos\psi & \cos\varphi\cos\psi + \sin\varphi\sin\theta\sin\psi & \sin\varphi\cos\theta \\ \sin\varphi\sin\psi + \cos\varphi\sin\theta\cos\psi & -\sin\varphi\cos\psi + \cos\varphi\sin\theta\sin\psi & \cos\varphi\cos\theta \end{pmatrix} \tag{4-13}$$

根据式（2-13）可得

$$C_b^g = (C_g^b)^T$$

因此有

$$C_b^g = \begin{pmatrix} \cos\theta\cos\psi & -\cos\phi\sin\psi + \sin\phi\sin\theta\cos\psi & \sin\phi\sin\psi + \cos\phi\sin\theta\cos\psi \\ \cos\theta\sin\psi & \cos\phi\cos\psi + \sin\phi\sin\theta\sin\psi & -\sin\phi\cos\psi + \cos\phi\sin\theta\sin\psi \\ -\sin\theta & \sin\phi\cos\theta & \cos\phi\cos\theta \end{pmatrix} \quad (4-14)$$

利用方向余弦矩阵可以进行矢量变换

$$a^b = C_g^b G$$

$$= \begin{pmatrix} \cos\theta\cos\psi & \cos\theta\sin\psi & -\sin\theta \\ -\cos\phi\sin\psi + \sin\phi\sin\theta\cos\psi & \cos\phi\cos\psi + \sin\phi\sin\theta\sin\psi & \sin\phi\cos\theta \\ \sin\phi\sin\psi + \cos\phi\sin\theta\cos\psi & -\sin\phi\cos\psi + \cos\phi\sin\theta\sin\psi & \cos\phi\cos\theta \end{pmatrix} \cdot \begin{pmatrix} 0 \\ 0 \\ -g \end{pmatrix} \quad (4-15)$$

因此有

$$\begin{pmatrix} a_x^b \\ a_y^b \\ a_z^b \end{pmatrix} = \begin{pmatrix} \sin\theta \cdot g \\ -\sin\phi\cos\theta \cdot g \\ -\cos\phi\cos\theta \cdot g \end{pmatrix} \quad (4-16)$$

由 $a_x^b = \sin\theta \cdot g$ 可得出俯仰角 θ 的表达式为

$$\theta = \arcsin\left(\frac{a_x^b}{g}\right) \quad (4-17)$$

又由 a_y^b 和 a_z^b 相比可得出横滚角 ϕ 的表达式为

$$\phi = \arctan\left(\frac{a_y^b}{a_z^b}\right) \quad (4-18)$$

姿态解算的相关代码如下：

```
void MeasureAngle(float * acc,s16 * mag,float * angle,float * refangle,u8 use_ref)
{
    float totalAcc;
    ...
    arm_sqrt_f32(acc[0] * acc[0] + acc[1] * acc[1] + acc[2] * acc[2],&totalAcc);   //求 g 的值
    angle[1] = asin(acc[0]/totalAcc);                                              //公式(4-17)
    angle[0] = atan2(-acc[1], -acc[2]);                                            //公式(4-18)
    ...
}
```

4.7.2 偏航角测量

偏航角图示如图 4-23 所示。设磁罗盘在 x 轴和 y 轴方向检测的磁感应强度分别为 B_x 和 B_y，B_x 和 B_y 所构成的坐标系符合右手法则，B_x 在 B_y 左侧；B_x、B_y 和 B_z 坐标系原点和磁力线零点重合；若 B_x 和 B_y 投影到磁力线上的分量为正，则 B_x 和 B_y 磁感应强度符号为正，否则为负；若 B_x 和 B_y 所在的水平面与磁力线平行，则磁力线顺时针转至 x 轴正向夹角称为偏航角 ψ。按照磁感应强度定义，B_x 和 B_y 可看成 O 点处磁感应强度的矢量分解，因此航向角 ψ 为

$$\psi = \arctan(B_y/B_x), \quad B_x \neq 0 \quad (4-19)$$

实际上，对水平方向的两个分量来说，它们的矢量和总是指向磁北的。磁罗盘中的航向

角（azimuth）就是当前方向和磁北的夹角。由于罗盘保持水平，只需要用磁力计水平方向两轴（通常为 x 轴和 y 轴）的检测数据就可以用式（4-19）计算出航向角。当罗盘水平旋转的时候，航向角在 $0\sim360°$ 之间变化。

当飞行器上的磁罗盘随着机体姿态变化，磁罗盘平面不与磁力线平行时，需要利用加速度计与陀螺仪测得的俯仰角 θ 和滚转角 ϕ，通过磁罗盘测得的磁感应强度 B_x 和 B_y，利用坐标变换投影到与磁力线平行的平面上时，即将机体坐标系下的磁罗盘数据转换到地面坐标系下的磁罗盘数据，才可以计算偏航角。设机体坐标系下的3轴磁感应强度向量为

$$\boldsymbol{B}^{\mathrm{b}} = \begin{pmatrix} B_x \\ B_y \\ B_z \end{pmatrix}$$

地面坐标系下的3轴磁感应强度向量为

$$\boldsymbol{B}^{\mathrm{g}} = \begin{pmatrix} B'_x \\ B'_y \\ B'_z \end{pmatrix}$$

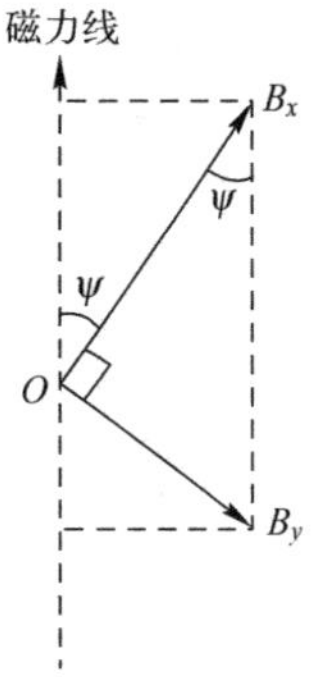

设欧拉角的旋转顺序为 $z-y-x$，根据式（2-27）可得

$$\begin{pmatrix} B_x \\ B_y \\ B_z \end{pmatrix} = \begin{pmatrix} 1 & 0 & 0 \\ 0 & \cos\phi & \sin\phi \\ 0 & -\sin\phi & \cos\phi \end{pmatrix} \begin{pmatrix} \cos\theta & 0 & -\sin\theta \\ 0 & 1 & 0 \\ \sin\theta & 0 & \cos\theta \end{pmatrix} \begin{pmatrix} B'_x \\ B'_y \\ B'_z \end{pmatrix} \quad (4-20)$$

图 4-23 偏航角

注意式（4-20）中的 z 轴没有旋转，因为（4-19）中偏航角只与 B_x 和 B_y 有关，投影角度只含俯仰角 θ 和滚转角 ϕ。因此有

$$\begin{pmatrix} B'_x \\ B'_y \\ B'_z \end{pmatrix} = \begin{pmatrix} \cos\theta & 0 & -\sin\theta \\ 0 & 1 & 0 \\ \sin\theta & 0 & \cos\theta \end{pmatrix}^{-1} \begin{pmatrix} 1 & 0 & 0 \\ 0 & \cos\phi & \sin\phi \\ 0 & -\sin\phi & \cos\phi \end{pmatrix}^{-1} \begin{pmatrix} B_x \\ B_y \\ B_z \end{pmatrix}$$

$$= \begin{pmatrix} \cos\theta & \sin\theta\sin\phi & \sin\theta\cos\phi \\ 0 & \cos\phi & -\sin\theta \\ -\sin\theta & \sin\phi\cos\theta & \cos\theta\cos\phi \end{pmatrix} \begin{pmatrix} B_x \\ B_y \\ B_z \end{pmatrix}$$

所以

$$B'_x = B_x\cos\theta + B_y\sin\theta\sin\phi + B_z\sin\theta\cos\phi$$
$$B'_y = B_y\cos\phi - B_z\sin\phi$$

则

$$\psi = \arctan(B'_y/B'_x) = \frac{\pi}{2} - \arctan(B'_x/B'_y) \quad (4-21)$$

式中，$\arctan(B'_x/B'_y)$ 函数的值域是 $(-\pi/2,\pi/2)$，但偏航角 ψ 的值域是 $(0,2\pi)$，因此，偏航角需进一步处理，即

$$\psi = \begin{cases} 0 & B'_y=0, B'_x>0 \quad (1) \\ \dfrac{\pi}{2} + \arctan(B'_x/B'_y) & B'_y<0 \quad (2) \\ \pi & B'_y=0, B'_x<0 \quad (3) \\ \dfrac{3\pi}{2} + \arctan(B'_x/B'_y) & B'_y>0 \quad (4) \end{cases} \quad (4-22)$$

式（4-22）中，情况（2）的 $\arctan(B'_x/B'_y)$ 前的符号与式（4-21）中不同，原因在于

此时 $B'_x<0$，B'_x 的符号影响了 $\arctan(B'_x/B'_y)$，情况（4）的符号分析同理可得。以下分情况讨论。

(1) 情况（1）：如图 4-24 所示。

(2) 情况（2）：如图 4-25 所示，当 $B'_y<0$ 且 $B'_x>0$ 时，$\arctan(B'_x/B'_y)<0$，则 $0<\dfrac{\pi}{2}+\arctan(B'_x/B'_y)<\dfrac{\pi}{2}$。

如图 4-26 所示，当 $B'_y<0$ 且 $B'_x=0$ 时，$\dfrac{\pi}{2}+\arctan(B'_x/B'_y)=\dfrac{\pi}{2}$。

如图 4-27 所示，当 $B'_y<0$ 且 $B'_x<0$ 时，$\arctan(B'_x/B'_y)>0$，则 $\dfrac{\pi}{2}<\dfrac{\pi}{2}+\arctan(B'_x/B'_y)<\pi$。

图 4-24 情况（1）

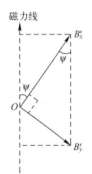

图 4-25 情况（2）中 $B'_x>0$

图 4-26 情况（2）中 $B'_x=0$

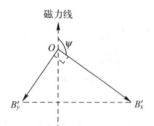

图 4-27 情况（2）中 $B'_x<0$

(3) 情况（3）：如图 4-28 所示。

(4) 情况（4）：如图 4-29 所示，当 $B'_y>0$ 且 $B'_x<0$ 时，$\arctan(B'_x/B'_y)<0$，则 $\pi<\dfrac{3\pi}{2}+\arctan(B'_x/B'_y)<\dfrac{3\pi}{2}$。

如图 4-30 所示，当 $B'_y>0$ 且 $B'_x=0$ 时，$\dfrac{3\pi}{2}+\arctan(B'_x/B'_y)=\dfrac{3\pi}{2}$。

图 4-28 情况（3）

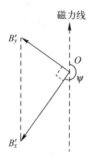

图 4-29 情况（4）中 $B'_x<0$

图 4-30 情况（4）中 $B'_x=0$

如图 4-31 所示，当 $B'_y>0$ 且 $B'_x>0$ 时，$\arctan(B'_x/B'_y)>0$，则 $\dfrac{3\pi}{2}<\dfrac{3\pi}{2}+\arctan(B'_x/B'_y)<2\pi$。

第4章 传感器及姿态角测量

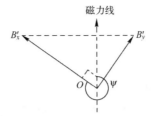

图4-31 情况（4）中 $B_x' > 0$

偏航角代码如下：

```
void MeasureAngle(float *acc, s16 *mag, float *angle, float *refangle, u8 use_ref)
{
    float totalAcc;
    float Hx, Hy;

    if(use_ref == 0)
    {
        arm_sqrt_f32(acc[0]*acc[0] + acc[1]*acc[1] + acc[2]*acc[2], &totalAcc);
        angle[1] = asin(acc[0]/totalAcc);              //加速度计算出的俯仰角
        angle[0] = atan2(-acc[1], -acc[2]);            //加速度计算出的横滚角
        Hx = mag[0]*arm_cos_f32(angle[1]) + mag[1]*arm_sin_f32(angle[1]) + mag[2]*arm_cos_f32(angle[0])*arm_sin_f32(angle[1]);   //由俯仰和横滚角求出的Bx
        Hy = mag[1]*arm_cos_f32(angle[0]) - mag[2]*arm_sin_f32(angle[0]);
                                                       //由俯仰和横滚求出的By
    }
    else
    {
        Hx = mag[0]*arm_cos_f32(refangle[1]) + mag[1]*arm_sin_f32(refangle[1]) + mag[2]*arm_cos_f32(refangle[0])*arm_sin_f32(refangle[1]);
        Hy = mag[1]*arm_cos_f32(refangle[0]) - mag[2]*arm_sin_f32(refangle[0]);
        arm_sqrt_f32(acc[0]*acc[0] + acc[1]*acc[1] + acc[2]*acc[2], &totalAcc);
        angle[1] = asin(acc[0]/totalAcc);
        angle[0] = atan2(-acc[1], -acc[2]);
    }
    if(fabs(Hy) < 2)         //由航向真值表求出偏航角,考虑实际干扰,此处为小于2,而不是等于0
    {
        if(Hx > 0) angle[2] = 0;             //情况(1)
        else angle[2] = PI;                  //情况(3)
    }
    else
    {
        angle[2] = atan(Hx/Hy);
        if(Hy < 0) angle[2] += PI/2;         //情况(2)
        else
```

```
            }
                angle[2] += PI * 3/2;                    //情况(4)
        }
    }
        angle[2] = angle[2] - 0.11461;
        if(angle[2] < 0.0) angle[2] += 2 * PI;           //0~2*Pi
}
```

程序中算出的 angle[2] 称为磁北角，但在地理上磁北与真北并不重合，需要通过当地的磁偏角进行修正，即程序中：

angle[2] = angle[2] - 0.11461;

-0.11461 为磁偏角，它随地球表面载体所处位置变化而不同，并随时间呈缓慢变化趋势，可根据测量点经纬度及测量时间，由美国国家地球物理数据中心（NGDC）实时在线获取。

加速度计在地球上测量的是重力加速度，如果载体沿着 z 轴旋转，加速度计是无法感知它的运动的。类似地，电子罗盘测量的是地球上的磁场方向，如果载体沿着 y 轴旋转，电子罗盘同样也是无法感知它的运动的。综上所述，加速度计和电子罗盘只能得到两维的角度关系，通过某种方式的融合，可以得到正确的三维姿态信息，详见第 5 章相关内容。

第5章 卡尔曼滤波

对动态事物的感知往往有两种手段，一种是通过模型"算"，另一种是通过传感器"测"。但是，无论是"算"还是"测"均避免不了误差，比如天气情况可以用一组非线性偏微分方程算出来，也可以用各个基站测量出来，但是均有误差。再比如导弹的运行轨迹可以"算"也可以通过雷达观测，但是也都有误差。那么如何在计算和观测中给出一个最优的估计值？卡尔曼（Kalman）说明了答案，即如果某时刻观测的误差大则有理由相信下一时刻观测的贡献要小一些。对未来时刻用卡氏算法称为预测，对当下的结果用卡氏算法称为滤波，对过去的结果用卡氏算法称为平滑。

5.1 线性系统状态能观性

能控性研究系统内部状态是否可由输入影响；能观性研究系统内部状态是否可由输出反映。

【例5-1】 $\begin{cases} \dot{x} = Ax + Bu \\ y = Cx \end{cases}$，$A = \begin{pmatrix} 4 & 0 \\ 0 & -5 \end{pmatrix}$，$B = \begin{pmatrix} 1 \\ 2 \end{pmatrix}$，$C = (0 \quad -6)$，系统框图如图5-1所示，问系统的能控性和能观性。

解：由于 $\dot{x}_1 = 4x_1 + u$，$\dot{x}_2 = -5x_2 + 2u$，因此状态可由输入影响，系统能控。$y = -6x_2$，x_1 不能由输出反映，因此系统不能观。

线性系统状态方程为

$$\begin{cases} \dot{x} = Ax + Bu \\ y = Cx \end{cases}$$

若系统的初始状态 x_0 在有限时间内可由输出的测量值确定，则称系统在 t_0 时刻是能观测的。若系统在任意初始时刻都能观测，称此系统完全能观。

能观性判别定理：对 n 维线性时不变系统，系统完全能观的充分必要条件为

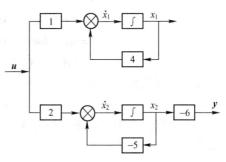

图5-1 例5-1系统框图

$$\text{rank} \begin{pmatrix} C \\ CA \\ \vdots \\ CA^{n-1} \end{pmatrix} = n$$

根据能观性判别定理，也可验证例5-1的能观性。

要实现状态反馈，需要测量到每个状态量，并可以作为反馈信号。但有些状态很难测量，或者受到经济上和使用上的限制，不能设置太多的传感器，有些状态变量没有物理意义而无法测量。因此，需要设计状态观测器估计实际状态，实现状态反馈。状态观测器是指一个在物理上可以实现的动态系统，它参考观测系统的输入和输出，产生一组逼近于被观测系统的状态变量。状态观测器基于可直接量测的输出变量 y 和控制变量 u 来估计状态变量，是一个物理可实现的模拟动力学系统。根据系统可以直接测量的输出量 $y(k)$ 来计算出系统状态的估计值 $\hat{x}(k)$（通常把这样获得的真实状态的估计值称为重构状态），用以代替真实状态。若要估计系统的状态，一个直观的想法是采用仿真技术构造一个和被控系统具有同样动态方程的物理装置，如图 5-2 所示。状态观测器能否起作用的关键是：观测器在任何初始条件下，都能够无误差地重构原状态，即 $\lim\limits_{t\to\infty}(x-\hat{x})=0$，因此状态观测器极点配置设计方法如下。

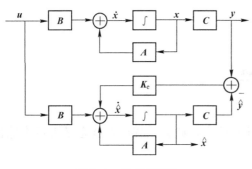

图 5-2 状态观测器

（1）系统状态方程为

$$\begin{cases} \dot{x} = Ax + Bu \\ y = Cx \end{cases}$$

按上述系统构造模拟系统为

$$\begin{cases} \dot{\hat{x}} = A\hat{x} + Bu \\ \hat{y} = C\hat{x} \end{cases}$$

（2）加入观测器误差反馈的模拟系统状态量为

$$\dot{\hat{x}} = A\hat{x} + Bu + K_e(y - \hat{y})$$

（3）取误差状态为

$$\tilde{x} = x - \hat{x}$$

则

$$\begin{aligned}
\dot{\tilde{x}} &= \dot{x} - \dot{\hat{x}} \\
&= Ax + Bu - \{A\hat{x} + Bu + K_e[y(k) - \hat{y}(k)]\} \\
&= Ax + Bu - \{A\hat{x} + Bu + K_e C[x - \hat{x}]\} \\
&= (A - K_e C)[x - \hat{x}] = (A - K_e C)\tilde{x}
\end{aligned}$$

误差状态特征方程为

$$|sI - A + K_e C| = 0$$

（4）根据极点配置，求反馈阵 K_e。若期望的极点为 $\beta_i (i = 1, 2, \cdots, n)$，则期望观测器特征多项式为

$$\eta(s) = \prod_{i=1}^{n}(s - \beta_i) = |sI - A + K_e C| = 0$$

对比系数可求 K_e。

上述说明以连续系统为例，离散系统状态观测器设计与连续系统类似，请读者自行查阅《现代控制理论》教材。以下论述中，以离散系统为例。

5.2 卡尔曼滤波原理

信号在传输与检测过程中不可避免地会受到来自外界的干扰与设备内部噪声的影响，为获取准确的信号，就要对信号进行滤波。所谓滤波就是指从混合在一起的诸多信号中提取出有用信号的过程。例如，低通滤波器就是利用信号所处频带的不同，设置具有相应频率特性的滤波器，使得有用的低频信号尽量无衰减地通过，从而去除高频杂波。

卡尔曼滤波可以从包含噪声的有限信号中预测出目标真实值。它实际是对随时间改变参数估计的一种顺序最小二乘逼近。它的基本思想是：根据前一次的估计值和当前的观测值，用状态方程和递推方法来估计非平稳随机信号的波形，其解以估计值的形式给出。它利用目标的动态信息，设法去掉噪声的影响，得到一个关于目标量的最优估计，这个估计可以是对当前目标的估计，可以是对将来的估计，也可以是对过去的估计。同时，它是一种递归的估计，只要获知上一时刻状态的估计值以及当前状态的观测值就可以计算出当前状态的估计值，因此不需要记录观测或者估计的历史信息。

5.2.1 数学基础

设 X 为随机变量，其取值为 x_i，则随机变量 X 的均值（数学期望）、标准差、方差数学公式如下。

（1）均值

$$\overline{X} = E(X) = \frac{\sum_{i=1}^{n} x_i}{n} \tag{5-1}$$

（2）标准差

$$S(X) = \sqrt{\frac{\sum_{i=1}^{n}(x_i - \overline{X})^2}{n-1}} \tag{5-2}$$

（3）方差

$$S^2(X) = \mathrm{var}(X) = \frac{\sum_{i=1}^{n}(x_i - \overline{X})^2}{n-1} \tag{5-3}$$

均值描述的是样本集合的中间点，标准差描述的是样本集合的各个样本点到均值的平均距离。例如，$\{0, 8, 12, 20\}$ 和 $\{8, 9, 11, 12\}$ 两个集合的均值都是 10，但两个集合差别是很大的，计算两者的标准差，前者是 8.3，后者是 1.8，显然后者较为集中，故其标准差小一些，标准差描述的就是这种"散布度"。之所以除以 $n-1$ 而不是除以 n，是因为这样能以较小的样本集更好地逼近总体的标准差，即统计上所谓的"无偏估计"。而方差则仅仅是标准差的平方。

协方差是一种用来度量两个随机变量关系的统计量，定义如下：

$$c_{ij} = \mathrm{cov}(X, Y) = \frac{\sum_{i,j=1}^{n}(x_i - \overline{X})^2 (y_j - \overline{Y})^2}{n-1} \tag{5-4}$$

如果结果为正值,则说明两者是正相关的(从协方差可以引出"相关系数"的定义);如果结果为负值,就说明两者是负相关的;如果为0,就是统计上说的"相互独立"。

从协方差的定义可以得出以下性质。

(1) 当 $X = Y$ 时,$\text{cov}(X,X) = S^2(X)$。

(2) $\text{cov}(X,Y) = \text{cov}(Y,X)$。

协方差只能处理二维问题,高于二维就需要计算多个协方差,设$(X_1, X_2, \cdots, X_n)$是 n 维随机变量,则根据式(5-4)可得

$$C = \begin{pmatrix} c_{11} & c_{12} & \cdots & c_{1n} \\ c_{21} & c_{22} & \cdots & c_{2n} \\ \vdots & \vdots & \cdots & \vdots \\ c_{n1} & c_{n2} & \cdots & c_{nn} \end{pmatrix}$$

为 n 维随机变量的协方差矩阵。协方差矩阵是一个对称的矩阵,而且对角线是各个维度上的方差。

5.2.2 卡尔曼滤波算法

设一个线性随机微分方程(Linear Stochastic Difference Equation)描述离散系统如下:

$$X(k) = AX(k-1) + W(k) \tag{5-5}$$

系统的测量方程为

$$Z(k) = CX(k) + V(k) \tag{5-6}$$

上式中,$X(k)$ 是 k 时刻的系统状态;A 是作用在前一状态的状态转移模型(状态转移矩阵);$Z(k)$ 是 k 时刻的测量值;C 是观测矩阵(观测模型),它把真实状态映射到观测空间;$W(k)$ 和 $V(k)$ 分别表示过程和测量的噪声。它们被假设成彼此不相关的零均值高斯白噪声(white gaussian noise),方差分别是 Q 和 R 即:

$$E[W(k)] = 0$$
$$\text{var}[W(k)] = Q$$
$$E[V(k)] = 0$$
$$\text{var}[V(k)] = R$$

$W(k)$ 和 $V(k)$ 每一时刻的噪声向量都是互相独立的。

式(5-5)被称为系统模型或过程模型,描述了状态与误差协方差矩阵随时间的变化特性,对于选定的状态量,系统模型是确定的。式(5-6)被称为观测模型,描述了观测向量与状态向量间的函数关系。式(5-6)说明,系统测量值 $Z(k)$ 无法直接得到,只能得到各分量 $X(k)$ 的线性组合。

根据式(5-5),利用系统的过程模型,可预测下一状态的系统。假设现在的系统状态是 k,根据系统的模型,可以基于系统的上一状态而预测出现在状态为

$$\overline{X}(k) = A\hat{X}(k-1) \tag{5-7}$$

式中,$\overline{X}(k)$ 是利用上一状态预测的结果;$\hat{X}(k-1)$ 是上一状态最优的结果。式(5-7)也称状态一步预测方程。

设 $\hat{P}(k)$ 是 $\overline{X}(k)$ 对应的方差,则

$$\hat{P}(k) = AP(k-1)A^T + Q \tag{5-8}$$

式中，$P(k-1)$ 是 $\hat{X}(k-1)$ 对应的方差；A^T 表示 A 的转置矩阵；Q 是系统过程噪声 $W(k)$ 的方差。

卡尔曼增益（Kalman Gain）$H(k)$ 为

$$H(k) = \frac{\hat{P}(k)C^T}{C\hat{P}(k)C^T + R} \tag{5-9}$$

式（5-9）称为滤波增益方程。式（5-7）是当前状态的预测结果，然后再得到当前状态的测量值，结合预测值和测量值，可以得到现在 k 状态的最优化估算值

$$\hat{X}(k) = \overline{X}(k) + H(k)[Z(k) - C\overline{X}(k)] \tag{5-10}$$

式（5-10）称为状态估值计算方程。为了使卡尔曼滤波器不断运行下去直到系统过程结束，还要更新 k 状态下 $\hat{X}(k)$ 的方差

$$P(k) = [I - H(k)C]\hat{P}(k) \tag{5-11}$$

式中，I 为单位矩阵。当系统进入 $k+1$ 状态时，$P(k)$ 就是式（5-8）的 $P(k-1)$。这样，算法就可以自回归的运算下去。

式（5-7）～式（5-11）是卡尔曼滤波器的 5 个基本公式。式（5-7）称为预测方程，式（5-8）称为预测误差协方差阵，式（5-9）称为增益矩阵；式（5-10）称为滤波方程；式（5-11）称为滤波误差协方差阵。

如图 5-3 所示是卡尔曼滤波器的基本构造，它与图 5-2 所示的状态观测器类似。

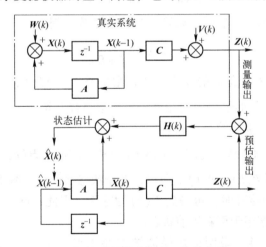

图 5-3　卡尔曼滤波控制系统结构图

卡尔曼滤波器解析如下。

（1）比较式（5-7）和式（5-10），这两个方程基于不同类型的信息，表示状态的估计。原始方程式（5-7）表示预测状态，式（5-10）表示基于观测值的更新预测。式（5-10）中没有 A，A 的作用在式（5-8）中影响 $\hat{P}(k)$，进而影响式（5-9）中的 $H(k)$，最终影响式（5-10）中的 $\hat{X}(k)$。因此，可以说是式（5-7）和式（5-10）这两个方程一起来估计状态。

（2）为便于分析，令式（5-6）中 C 为单位阵。当式（5-10）中 $H(k)$ 为零阵时，有

$$\hat{X}(k) = \overline{X}(k) + H(k)[Z(k) - C\overline{X}(k)] = \overline{X}(k) \tag{5-12}$$

即增益为零阵时,观测值对状态估计没有影响,当前状态为先前的状态估计值。当 $H(k)$ 为单位阵时,可得

$$\hat{X}(k) = \overline{X}(k) + H(k)[Z(k) - C\overline{X}(k)] = \overline{X}(k) + [Z(k) - \overline{X}(k)] = Z(k) \quad (5-13)$$

即当增益为单位阵时,前面的状态估计值 $\hat{X}(k-1)$ 并不重要,当前状态估计完全跟当前的观测值有关。当然,实际的增益值可能介于这两种极端情况之间。

(3) 增益是间接从噪声获得的。由式(5-6)可得每个观测值都与一个特定的噪声值有关,即

$$Z(k) = X(k) + V(k) \quad (5-14)$$

虽然不知道每个观测量的单独噪声值,但通常能知道噪声的均值,如传感器的精度能说明输出噪声的大概值,定义这个变量为 $V(k)$ 的方差 $R = \mathrm{var}[V(k)]$,R 不随时间变化而变化,与传感器的性能有关。可以根据 R 计算当前增益 $H(k)$,即

$$H(k) = \frac{\hat{P}(k)}{\hat{P}(k) + R} \quad (5-15)$$

这里的 $\hat{P}(k)$ 是一个用于递归计算的预测误差,即

$$P(k) = [I - H(k)]\hat{P}(k) \quad (5-16)$$

假设之前预测的误差 $\hat{P}(k)$ 是零阵,代入式(5-15)得当前的增益 $H(k)$ 为零阵,由式(5-12)得下一个状态估计与当前的状态估计相等,因为当预测值准确的时候,我们不应该调整状态估计。在另一个极端,如果 $\hat{P}(k)$ 是单位阵,则

$$H(k) = \frac{I}{I + R}$$

如果 R 是零阵,或者传感器的噪声很小,则增益 $H(k)$ 近似为单位阵。由式(5-13)得新的状态估计 $\hat{X}(k)$ 与测量值 $Z(k)$ 有很大关系。但随着 R 增大,增益越来越小,即若传感器的噪声太大,则忽略不准确的测量值 $Z(k)$。

(4) 式(5-16)递归地从它的前一个值 $\hat{P}(k)$ 和当前增益 $H(k)$ 计算预测误差 $P(k)$。当 $H(k)$ 为零阵时,可得到 $P(k) = \hat{P}(k)$。所以,对于状态估计,零增益 $H(k)$ 表示没有更新的预测误差。当 $H(k)$ 为单位阵时,可得到 $P(k)$ 为零阵。因此,增益的最大值也就没有预测误差,当前的观测值直接用于更新当前状态。

(5) 上述(2)~(4)说明卡尔曼滤波主要优点,即由于式(5-5)有高斯噪声,式(5-6)也有高斯噪声,这两个噪声相互独立,因此单独利用式(5-5)或式(5-6)都不能很好地得到真实值,所以在两者之间有个信赖度的问题,应该相信谁更多些,这也就是卡尔曼算法的核心。这个信赖度就是卡尔曼增益 $H(k)$,卡尔曼增益是通过"测量值和真实值之间的协方差最小"确定的,由此求这个协方差偏导为 0 时的系数,这个系数就是卡尔曼增益,这样就能很好地融合预测值和测量值。如果 $H(k)$ 较大,则测量值在最终系统状态权重稍大,否则测量值在最终系统状态权重稍小。推导卡尔曼增益时,发现协方差是可以递归的,因此只要刚开始指定初始协方差就可以源源不断地求出卡尔曼增益和新的协方差,从而不断更新真实值。

(6) 卡尔曼滤波器也可以分成两个主要过程:预估与校正,如图 5-4 所示。预估过程主要是利用时间更新方程建立对当前状态的先验估计,及时向前推算当前状态变量和误差协方

差估计值，以便为下一个时间状态构造先验估计值，包括上述式（5-7）和式（5-10）；校正过程负责反馈，利用测量更新方程在预估过程的先验估计值及当前测量变量的基础上建立起对当前状态改进的后验估计，包括式（5-8）、式（5-9）和式（5-11）。上述两个过程也被称为预估－校正过程，对应的估计算法称为预估－校正算法。

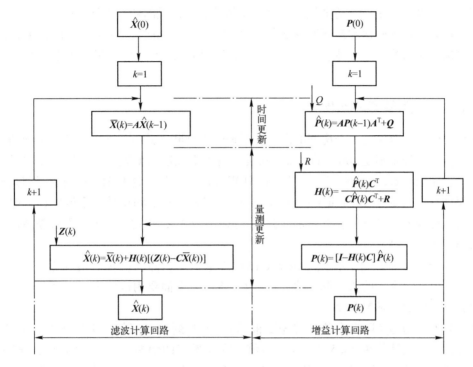

图 5-4　卡尔曼滤波流程图

（7）卡尔曼滤波的要素如图 5-5 所示，其中实线表示一直存在的数据流，虚线表示只在某些应用中存在的数据流。

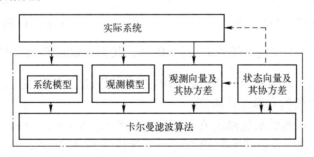

图 5-5　卡尔曼滤波的要素

卡尔曼滤波还有以下几个特点。

（1）它的数学模型不再是高阶微分方程，而是一阶的（连续系统是一阶微分方程，离散系统是一阶差分方程），很适合计算机进行处理。

（2）用状态转移矩阵来描述实际的动态系统，扩大了适用的范围，在许多工程领域中都可以使用。

（3）卡尔曼滤波的每次运算只要求前一时刻的估计数据和当前的测量数据，而不用存储历史数据，减少了对计算机存储的要求。

(4) 卡尔曼滤波的对象是随机信号。

(5) 被处理信号无有用和干扰之分，滤波的目的是要估计出所有被处理信号。

(6) 系统的白噪声激励和测量噪声并不是需要滤波的对象，它们的统计特性正是估计过程中需要利用的信息。

(7) 卡尔曼滤波是一种递推线性最小方差估计。在提供的初始估计基础上，卡尔曼滤波通过递归运算，用先验值和最新观测数据的加权平均来更新状态估计（老信息 + 新信息）。非递归算法（如标准最小二乘）中没有先验估计，估计结果由全部观测数据计算而来（新信息）。

5.2.3 卡尔曼滤波案例1

假设要研究的对象是一个房间的温度。根据经验判断［式（5-5）］，这个房间的温度是恒定的。但是，经验不是100%的正确，可能会有上下几度的偏差。把这些偏差看成是高斯白噪声（white gaussian noise）［式（5-5）中$W(k)$］，也就是这些偏差跟前后时间是没有关系的，而且符合高斯分布（gaussian distribution）。另外，在房间里放一个温度计，但这个温度计也是不准确的，测量值会有一定的偏差［式（5-6）］，把这些偏差也看成是高斯白噪声［式（5-6）中$V(k)$］。

现在对于某分钟有两个有关于该房间的温度值：根据经验的预测值（系统的预测值）［式（5-5）］和温度计的值（测量值）［式（5-6）］。下面要用这两个值结合它们各自的噪声来估算出房间的实际温度值。

要估算k时刻的实际温度值，首先要根据$k-1$时刻的温度值，来预测k时刻的温度。假设温度恒定则估计值为23.5℃，同时该值的高斯噪声的偏差是1℃［1℃是这样得到的：如果$k-1$时刻估算出的最优温度值的偏差是0.86℃，则对预测的不确定度是0.5℃，它们平方再相加，值就是1，即式（5-5）中$W(k)$的方差］。然后，你从温度计那里得到了k时刻的温度值，假设是25℃，同时该值的偏差是2℃［式（5-6）中$V(k)$的方差］。

由于用于估算k时刻的实际温度有两个值，分别是23℃和25℃。究竟实际温度是多少呢？相信自己还是相信温度计呢？究竟相信谁多一点，可以用它们的方差来判断。因为$H(k)^2 = \dfrac{1^2}{1^2 + 2^2}$［式（5-9）］，所以$H(k) = 0.45$，我们可以估算出$k$时刻的实际温度值是$23.5 + 0.45 \times (25 - 23.5) = 24.17$［式（5-10）］。可以看出，因为温度计的方差比较小，所以估算出的最优温度值偏向温度计的值。

现在已经得到k时刻的最优温度值了，下一步就要进入$k+1$时刻，进行新的最优估算。在进入$k+1$时刻之前，我们还要算出k时刻最优值（24.17）的偏差。算法如下：［$(1 - H(k) \times 1) \times 1 = 0.55$［式（5-11）］。这里的0.55就是进入$k+1$时刻以后$k$时刻估算出的最优温度值的偏差（对应于上面的0.86）。

就这样，卡尔曼滤波器不断把方差递归，从而估算出最优的温度值。滤波算法运行很快，而且它只保留了上一时刻的方差。

以下根据上述卡尔曼滤波例子编写 MATLAB 程序。假设当前室温在一定时间内恒为24℃，即真实值为24℃，初始的温度最优估计为23.5℃，初始方差为1℃，采样数据为100，过程激励噪声协方差为4×10^{-4}，测量方差为0.25。仿真结果如图5-6和图5-7所示。

代码见附录B。

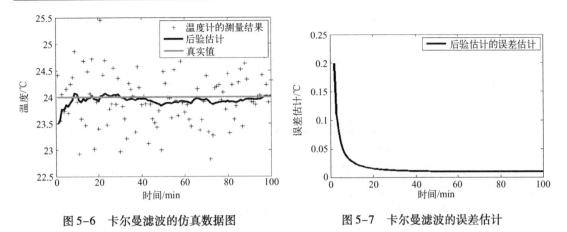

图 5-6　卡尔曼滤波的仿真数据图　　　　图 5-7　卡尔曼滤波的误差估计

5.2.4　卡尔曼滤波案例2

假设一条船在海上航行，重力和地磁是地图上的灯塔，陀螺仪是舵手，加速度计和磁罗盘是瞭望手。

舵手负责估计和把稳航向，当然如果舵手很牛，也许"短期"能估计准确，但若"长期"只信任舵手，肯定会迷路，所以一般都有瞭望手来观察误差，进行"长期"把关。

瞭望手根据地图灯塔方位和船的当前航向，算出灯塔理论上应该在船的 x_1 方位。然而看到实际灯塔在船的 x_2 方位，那肯定船的当前航向有偏差了，偏差就是 err $= x_1 - x_2$。

舵手收到瞭望手给的 err 报告，若觉得可靠，那就听取 90% err；若觉得天气不好，瞭望手的信息误差大，那就听取 10% err，根据这个来纠正估算航向。

利用 MEMS 陀螺仪和加速度传感器等惯性传感器组成的姿态检测系统，能够通过对重力矢量夹角和系统转动角速度进行测量，从而实时、准确地检测系统的偏转角度。

上述实例说明了卡尔曼滤波应用到惯性导航系统中的原因，即某些单一的惯性传感器不足以达到所需的导航精度，为了补偿导航系统的不足，常常使用其他导航设备来提高导航精度，以减小导航误差。利用该卡尔曼滤波算法，可以将来自惯性导航系统与其他导航装置的数据（如惯性导航系统计算的位置对照 GPS 接收机给出的位置信息）加以混合利用，估计和校正未知的惯性导航系统误差。

5.2.5　参数分析

卡尔曼滤波器主要参数功能如下。

（1）A 矩阵：状态转移矩阵，是对物体状态转换的猜想模型。如果模型和物体状态不相符合，则会迅速发散。

（2）C 矩阵：测量矩阵，将测量值从 m 维转换到 n 维，使其满足状态变量的数学形态。

（3）$P(k-1)$ 矩阵：协方差矩阵，存放先验协方差和后验估计协方差数据，为滤波结果之一。

（4）Q 矩阵：过程激励噪声协方差，该矩阵用来表示实际过程和状态转换矩阵之间的误差。由于无法观测过程信号，所以该矩阵很难获取，因此需根据经验结合被控对象给出。

（5）R 矩阵：测量噪声协方差，该矩阵为可观测的，一般为滤波器的已知条件。

卡尔曼滤波器的使用涉及公式中各个系数初值的确定，参数的大小对系统性能影响很大，根据参考文献 [10] 可以得到以下结论。

(1) $P(k-1)$ 矩阵：协方差矩阵的初值大小对滤波器影响不大，滤波器都能较快的收敛，通常取为单位阵。

(2) A 和 H 矩阵：这两个矩阵的初值与模型有关。

(3) Q 矩阵：当状态转换过程确定时，Q 的初值越小越好，Q 值增大，滤波收敛变慢，状态扰动变大。

(4) R 矩阵：R 值过大或过小都会使滤波效果变差。R 值越小，收敛越快，但滤波效果不一定好；R 值越大，收敛越慢。

(5) 初始的状态变量 $x(k)(k=0)$ 影响最小，可以直接取值为第一个测量值或全部元素都取 0，在滤波可以收敛的情况下会很快收敛。

(6) 应用卡尔曼滤波的系统控制过程可以分为暂态过程和稳态过程。暂态过程中，滤波器处于初始工作状态，这时要求滤波器有快速收敛的能力，因此初始 $P(k-1)$ 阵设置尽可能大些。这样通过比较大的 $P(k-1)$ 阵迭代出的滤波增益也比较大，滤波器能够更快的响应输入信号的变化。当 $P(k-1)$ 阵进入稳态之后，会收敛到一个最小 $P(k-1)$ 阵，也就是最小的估计方差阵，这就是卡尔曼最优的估计性能，此时的滤波增益也是最优的，与初始设置的 $P(k-1)$ 阵无关，只与模型 Q、R 有关。如果想让卡尔曼工作在最优的状态，则 Q、R 一定要建准。如果稳态期间，输入信号有变化，则最好能在 Q、R 中体现出来，这样的滤波效果是最好的。

案例程序的初值如下。

(1) 协方差矩阵：

$$P = \begin{pmatrix} 1 & & & \\ & 1 & & \\ & & 1 & \\ & & & 1 \end{pmatrix}$$

(2) 过程激励噪声协方差矩阵：

$$Q = \begin{pmatrix} 0.0001 & & & \\ & 0.0001 & & \\ & & 0.0001 & \\ & & & 0.0001 \end{pmatrix}$$

(3) 测量噪声协方差矩阵：

$$R = \begin{pmatrix} 1 & & & & & \\ & 1 & & & & \\ & & 1 & & & \\ & & & 15 & & \\ & & & & 15 & \\ & & & & & 15 \end{pmatrix}$$

5.2.6 扩展卡尔曼滤波

在标准的卡尔曼滤波中，系统模型也被假设为线性的［式 (5-5) 中的 $X(k)$ 是 $X(k-1)$ 的线性函数］，观测模型假设为线性［式 (5-6) 中的 $Z(k)$ 是 $X(k)$ 的线性函数］，但实际情况往往并非如此（如 GNSS 导航滤波器中，观测模型是强非线性的）。设非线性系统可由以下方程来表示。

状态方程
$$X(k) = f[X(k-1)] + W(k) \tag{5-17}$$

测量方程为
$$Z(k) = g[X(k)] + V(k) \tag{5-18}$$

式中，$W(k)$ 和 $V(k)$ 的定义分别同式 (5-5) 和式 (5-6)；$f[X(k-1)]$、$g[X(k)]$ 分别是 $X(k-1)$、$X(k)$ 的非线性函数，并且均可微。

当 $W(k)$ 和 $V(k)$ 恒为 0 时，系统模型的解称为非线性方程的理论解，又称标称状态，通常记为 $X^n(k)$ 和 $Z^n(k)$，即

$$\begin{cases} X^n(k) = f[X(k-1)] \\ Z^n(k) = g[X(k)] \end{cases}$$

围绕标称状态可对非线性系统进行线性化，非线性系统的真实状态与标称状态的偏差为

$$\begin{cases} \Delta X(k) = X(k) - X^n(k) \\ \Delta Z(k) = Z(k) - Z^n(k) \end{cases}$$

如果这些偏差足够小，那么可以围绕标称状态把 $X(k)$ 和 $Z(k)$ 展开成泰勒 (Taylor) 级数，并且可取一次近似值。但是，围绕标称状态进行线性化然后用于卡尔曼滤波将不能确保真实状态与标称状态之间的状态差 $\Delta X(k)$ 或 $\Delta Z(k)$ 足够小。若线性化误差较大，则模型的线性近似度变差。因此，定义非线性系统的真实状态与估计状态的偏差为

$$\begin{cases} \delta X(k) = X(k) - \hat{X}(k) \\ \delta Z(k) = Z(k) - \hat{Z}(k) \end{cases}$$

若真实状态与估计状态的偏差足够小，则可以围绕最优化状态估计把 $X(k)$ 和 $Z(k)$ 展开成泰勒级数，并且可取一次近似值。围绕估计状态对非线性系统进行线性化，然后可用于卡尔曼滤波，但需假设状态向量估计的误差远比状态向量本身小，因此可用线性系统模型计算状态向量残差。

因此，将式 (5-17) 中的 $f[X(k-1)]$ 与式 (5-18) 中的 $g[X(k)]$ 分别在 $\hat{X}(k-1)$ 和 $\hat{X}(k)$ 处展开泰勒级数，并忽略二阶以上的高次项，可得线性化近似模型

$$X(k) = f[\hat{X}(k-1)] + \frac{\delta f[\hat{X}(k-1)]}{\delta \hat{X}(k-1)}\bigg|_{X(k-1)=\hat{X}(k-1)} [X(k-1) - \hat{X}(k-1)] + W(k) \tag{5-19}$$

$$Z(k) = g[\hat{X}(k)] + \frac{\delta g[\hat{X}(k-1)]}{\delta \hat{X}(k-1)}\bigg|_{X(k-1)=\hat{X}(k-1)} [X(k-1) - \hat{X}(k-1)] + V(k) \tag{5-20}$$

式中，$A' = \dfrac{\delta f[\hat{X}(k-1)]}{\delta \hat{X}(k-1)}\bigg|_{X(k-1)=\hat{X}(k-1)}$ 和 $C' = \dfrac{\delta g[\hat{X}(k-1)]}{\delta \hat{X}(k-1)}\bigg|_{X(k-1)=\hat{X}(k-1)}$ 称为函数对向量求导的雅可比矩阵。

由式 (5-19) 可得线性化状态方程

$$\begin{aligned} X(k) &= A'X(k-1) + \{f[\hat{X}(k-1)] - A'\hat{X}(k-1)\} + W(k) \\ &\approx A'X(k-1) + W(k) \end{aligned} \tag{5-21}$$

由式 (5-20) 可得线性化观测方程：

$$\begin{aligned} Z(k) &= C'X(k-1) + \{g[\hat{X}(k)] - C'\hat{X}(k-1)\} + V(k) \\ &= C'X(k-1) + V(k) \end{aligned} \tag{5-22}$$

将式（5-21）和式（5-22）分别代替式（5-5）和式（5-6），其他与线性卡尔曼滤波相同，称为扩展卡尔曼滤波（EKF），即所谓的扩展卡尔曼滤波器，就是适用于非线性系统的卡尔曼滤波器。它与经典的线性卡尔曼滤波器很相似，算法步骤和结构都相同，不同之处在于系统模型中的矩阵 A 和 C。在扩展卡尔曼滤波器中用非线性系统模型方程代替线性系统模型的系统方程；将系统模型求偏导得到新的扩展卡尔曼滤波器中的矩阵 A 和 C，在偏导的求解过程中，也是就是线性化的过程中，用前一个时刻的估计值作为参考点。

5.3 卡尔曼滤波在姿态解算中的应用

5.3.1 四元数微分方程

虽然第 3 章通过欧拉角旋转矩阵［式（3-39）］可以十分直观地表征飞行器的姿态，不过从传感器（陀螺仪、加速度计）读取到的信息是瞬时的角速度和线加速度。若将采集到的数据转化到欧拉角形式，并进行之后的解算过程，则需要进行大量的三角函数运算，计算速度较慢，且在求解过程中，欧拉角微分方程求解矩阵会产生奇点（万向节死锁），所以在惯性导航中一般使用四元数法来表示飞行器的姿态。

以图 5-8 为例，设在时刻 t，r 相对于 u 的姿态表示为四元数 $q(t)$，此时 r 绕轴 u 转动，角速度大小为 ω，则在很小的一个时间片 Δt 内，四元数 $q(t)$ 的增量 Δq 近似为

$$\Delta q = \begin{pmatrix} \cos(\omega \Delta t/2) \\ \cos\alpha \sin(\omega \Delta t/2) \\ \cos\beta \sin(\omega \Delta t/2) \\ \cos\gamma \sin(\omega \Delta t/2) \end{pmatrix} \approx \begin{pmatrix} 1 \\ \cos\alpha \cdot \omega \Delta t/2 \\ \cos\beta \cdot \omega \Delta t/2 \\ \cos\gamma \cdot \omega \Delta t/2 \end{pmatrix}$$

则最终的四元数为

$$q(t+\Delta t) = \Delta q \times q(t)$$

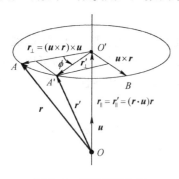

图 5-8 等效旋转矢量

上式中的 × 为向量叉积。则有

$$\dot{q}(t) = \frac{dq(t)}{dt} = \lim_{\Delta t \to 0} \frac{q(t+\Delta t) - q(t)}{\Delta t} = \lim_{\Delta t \to 0} \frac{\begin{pmatrix} 1 \\ \cos\alpha \cdot \omega \Delta t/2 \\ \cos\beta \cdot \omega \Delta t/2 \\ \cos\gamma \cdot \omega \Delta t/2 \end{pmatrix} \times q(t) - \begin{pmatrix} 1 \\ 0 \\ 0 \\ 0 \end{pmatrix} \times q(t)}{\Delta t}$$

$$= \lim_{\Delta t \to 0} \frac{\begin{pmatrix} 0 \\ \cos\alpha \cdot \omega \Delta t/2 \\ \cos\beta \cdot \omega \Delta t/2 \\ \cos\gamma \cdot \omega \Delta t/2 \end{pmatrix} \times q(t)}{\Delta t} = \begin{pmatrix} 0 \\ \cos\alpha \cdot \omega/2 \\ \cos\beta \cdot \omega/2 \\ \cos\gamma \cdot \omega/2 \end{pmatrix} \times q(t) = \frac{1}{2}\begin{pmatrix} 0 \\ \cos\alpha \cdot \omega \\ \cos\beta \cdot \omega \\ \cos\gamma \cdot \omega \end{pmatrix} \times q(t)$$

按照四元数定义对 ω 进行分解，即

$$\cos\alpha \cdot \omega = \omega_x, \quad \cos\beta \cdot \omega = \omega_y, \quad \cos\gamma \cdot \omega = \omega_z$$

则
$$\dot{q}(t) = \frac{1}{2}\begin{pmatrix} 0 \\ \omega_x \\ \omega_y \\ \omega_z \end{pmatrix} \times \begin{pmatrix} q_0 \\ q_1 \\ q_2 \\ q_3 \end{pmatrix} \tag{5-23}$$

由叉乘运算法则,即式(2-61)可得

$$\begin{aligned} \boldsymbol{P} \times \boldsymbol{Q} &= (p_0 + p_1\boldsymbol{i} + p_2\boldsymbol{j} + p_3\boldsymbol{k}) \times (q_0 + q_1\boldsymbol{i} + q_2\boldsymbol{j} + q_3\boldsymbol{k}) \\ &= (p_0q_0 - p_1q_1 - p_2q_2 - p_3q_3) + (p_0q_1 + p_1q_0 + p_2q_3 - p_3q_2)\boldsymbol{i} \\ &\quad + (p_0q_2 + p_2q_0 + p_3q_1 - p_1q_3)\boldsymbol{j} + (p_0q_3 + p_3q_0 + p_1q_2 - p_2q_1)\boldsymbol{k} \\ &= r_0 + r_1\boldsymbol{i} + r_2\boldsymbol{j} + r_3\boldsymbol{k} \end{aligned} \tag{5-24}$$

将式(5-24)写成矩阵形式

$$\begin{pmatrix} r_0 \\ r_1 \\ r_2 \\ r_3 \end{pmatrix} = \begin{pmatrix} p_0 & -p_1 & -p_2 & -p_3 \\ p_1 & p_0 & -p_3 & p_2 \\ p_2 & p_3 & p_0 & -p_1 \\ p_3 & -p_2 & p_1 & p_0 \end{pmatrix} \begin{pmatrix} q_0 \\ q_1 \\ q_2 \\ q_3 \end{pmatrix} = \boldsymbol{M}(\boldsymbol{P})\boldsymbol{Q} \tag{5-25}$$

则式(5-23)为

$$\dot{q}(t) = \begin{pmatrix} \dot{q}_0 \\ \dot{q}_1 \\ \dot{q}_2 \\ \dot{q}_3 \end{pmatrix} = \frac{1}{2}\begin{pmatrix} 0 & -\omega_x & -\omega_y & -\omega_z \\ \omega_x & 0 & \omega_z & -\omega_y \\ \omega_y & -\omega_z & 0 & \omega_x \\ \omega_z & \omega_y & -\omega_x & 0 \end{pmatrix}\begin{pmatrix} q_0 \\ q_1 \\ q_2 \\ q_3 \end{pmatrix} \tag{5-26}$$

令

$$\boldsymbol{W}(t) = \begin{pmatrix} 0 & -\omega_x & -\omega_y & -\omega_z \\ \omega_x & 0 & \omega_z & -\omega_y \\ \omega_y & -\omega_z & 0 & \omega_x \\ \omega_z & \omega_y & -\omega_x & 0 \end{pmatrix}$$

则式(5-26)为

$$\dot{q}(t) = \frac{1}{2}\boldsymbol{W}(t)q(t) \tag{5-27}$$

利用微分方程求解公式得式(5-27)的解为

$$q(t) = \exp\left[\frac{1}{2}\int_{t_0}^{t} \boldsymbol{W}(\tau)\,\mathrm{d}\tau\right]q(t_0) \tag{5-28}$$

将式(5-28)中的积分利用求和公式处理,则式(5-28)的离散化形式为

$$q(k+1) = \exp\left[\frac{1}{2}\boldsymbol{W}(k)\Delta t\right]q(k) \tag{5-29}$$

对式(5-29)进行泰勒展开,得

$$q(k+1) = \left[I + \frac{\boldsymbol{W}(k)\Delta t}{2 \cdot 1!} + \cdots\right]q(k) \tag{5-30}$$

式(5-30)为四元数微分方程的毕卡解法,取毕卡一阶结算:

$$q(k+1) = \left[I + \frac{\boldsymbol{W}(k)\Delta t}{2}\right]q(k) \tag{5-31}$$

由于采样时间 Δt 很短，可将角速度看成恒定值，因此 Δt 内各方向转过的角度为

$$\omega_x \Delta t = \Delta \varepsilon_x, \quad \omega_y \Delta t = \Delta \varepsilon_y, \quad \omega_z \Delta t = \Delta \varepsilon_z \tag{5-32}$$

将式（5-32）代入式（5-31）得

$$q(k+1) = \left[I + \frac{\Delta \varepsilon(k)}{2} \right] q(k) \tag{5-33}$$

式中，

$$\Delta \varepsilon(k) = \begin{pmatrix} 0 & -\omega_x \Delta t & -\omega_y \Delta t & -\omega_z \Delta t \\ \omega_x \Delta t & 0 & \omega_z \Delta t & -\omega_y \Delta t \\ \omega_y \Delta t & -\omega_z \Delta t & 0 & \omega_x \Delta t \\ \omega_z \Delta t & \omega_y \Delta t & -\omega_x \Delta t & 0 \end{pmatrix} = \begin{pmatrix} 0 & -\omega_x dt & -\omega_y dt & -\omega_z dt \\ \omega_x dt & 0 & \omega_z dt & -\omega_y dt \\ \omega_y dt & -\omega_z dt & 0 & \omega_x dt \\ \omega_z dt & \omega_y dt & -\omega_x dt & 0 \end{pmatrix}$$

其中，$W^b = (\omega_x \quad \omega_y \quad \omega_z)$ [见式（3-15）] 表示机体坐标系相对于地面坐标系的相对角速度，可直接用陀螺仪的输出表示。

5.3.2 状态模型

本节采用四元数表示载体姿态，并以姿态四元数作为状态变量来设计卡尔曼滤波器。由于状态量中存在三角函数，因此姿态四元数为状态量的卡尔曼状态方程是非线性的，不能用线性卡尔曼滤波算法，而要用扩展卡尔曼滤波算法，扩展卡尔曼滤波算法的线性化过程见5.2.6节相关内容，则四元数关于时间的离散状态方程如式（5-33）所示，令

$$X(k) = q(k)$$

$$A' = I_{4 \times 4} + \frac{1}{2} \begin{pmatrix} 0 & -\omega_x dt & -\omega_y dt & -\omega_z dt \\ \omega_x dt & 0 & \omega_z dt & -\omega_y dt \\ \omega_y dt & -\omega_z dt & 0 & \omega_x dt \\ \omega_z dt & \omega_y dt & -\omega_x dt & 0 \end{pmatrix}$$

则时间更新方程为

$$\overline{X}(k) = A' \hat{X}(k-1) + W(k) \tag{5-34}$$

可用陀螺仪的输出计算 A'，A' 阵代码如下：

```
void AHRS_GetA(float * A,void * para1,void * para2,void * para3)  //求转移矩阵 A
{
    float * w = (float * )para1;
    float DT = * (float * )para3 * 0.5;

    A[0] = 1.0;    A[1] = -w[0] * DT;   A[2] = -w[1] * DT;   A[3] = -w[2] * DT;
    A[4] = w[0] * DT;   A[5] = 1.0;    A[6] = w[2] * DT;   A[7] = -w[1] * DT;
    A[8] = w[1] * DT;   A[9] = -w[2] * DT;  A[10] = 1.0;   A[11] = w[0] * DT;
    A[12] = w[2] * DT;  A[13] = w[1] * DT;  A[14] = -w[0] * DT;  A[15] = 1.0;
}
```

5.3.3 测量模型

由于四旋翼飞行器的运动为低速小姿态角运动，可以认为在整个飞行过程中重力矢量和

地磁矢量为常值。设地理坐标系 x、y、z 轴正方向分别为北、东和地,则加速度计以地理坐标系为参考的重力矢量表示为 $\boldsymbol{G} = (0 \quad 0 \quad -g)^T$,$-g$ 的负号的详细说明见 4.4.1 节相关内容。

若以磁北代替真北,则地磁矢量表示为

$$\boldsymbol{B} = (B_{0x} \quad 0 \quad B_{0z}) \tag{5-35}$$

地磁矢量示意图如图 5-9 所示,图中带箭头的曲线是地磁场的磁感线,磁感线由地磁南极起始,到地磁北极进入地球。图 5-9 中两个人所在位置是北半球,他们的头顶上方为上,左手边为北,右手边为南。$\boldsymbol{B}$ 是人所在位置的磁感应强度,与磁感线相切,可以将 $\boldsymbol{B}$ 分解成式(5-35)中的 B_{0x} 和 B_{0z},从图 5-9 可看出,B_{0x} 向北,B_{0z} 向下,式(5-35)中间一项与磁力线垂直,因此为 0。

在机体坐标系中,加速度计的测量值为 $\boldsymbol{a}^b = (a_x \quad a_y \quad a_z)^T$,磁罗盘的测量值为 $\boldsymbol{B}^b = (B_x \quad B_y \quad B_z)^T$。空间向量由机体坐标系到地面

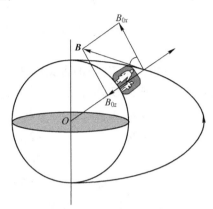

图 5-9 地磁矢量示意图

坐标系的转换矩阵为 $\boldsymbol{C}_b^g$,根据四元数定义推算,可以用四元数来表示方向余弦矩阵[式(2-58)],则

$$\boldsymbol{C}_b^g = \begin{pmatrix} q_0^2 + q_1^2 - q_2^2 - q_3^2 & 2(q_1q_2 - q_0q_3) & 2(q_1q_3 + q_0q_2) \\ 2(q_1q_2 + q_0q_3) & q_0^2 - q_1^2 + q_2^2 - q_3^2 & 2(q_2q_3 - q_0q_1) \\ 2(q_1q_3 - q_0q_2) & 2(q_2q_3 + q_0q_1) & q_0^2 - q_1^2 - q_2^2 + q_3^2 \end{pmatrix} \tag{5-36}$$

由方向余弦矩阵性质[式(2-13)]可得

$$\boldsymbol{C}_g^b = (\boldsymbol{C}_b^g)^T = \begin{pmatrix} q_0^2 + q_1^2 - q_2^2 - q_3^2 & 2(q_1q_2 + q_0q_3) & 2(q_1q_3 - q_0q_2) \\ 2(q_1q_2 - q_0q_3) & q_0^2 - q_1^2 + q_2^2 - q_3^2 & 2(q_2q_3 + q_0q_1) \\ 2(q_1q_3 + q_0q_2) & 2(q_2q_3 - q_0q_1) & q_0^2 - q_1^2 - q_2^2 + q_3^2 \end{pmatrix} \tag{5-37}$$

当机体处于静止或匀速直线运动时,以上空间向量满足如下关系:

$$\boldsymbol{a}^b = \boldsymbol{C}_g^b \boldsymbol{G} \tag{5-38}$$

$$\boldsymbol{B}^b = \boldsymbol{C}_g^b \boldsymbol{B} \tag{5-39}$$

以式(5-38)和式(5-39)作为测量模型,测量值为加速度计和磁罗盘的原始数据,一共 6 维,展开如下:

$$\boldsymbol{Z}(k) = \begin{pmatrix} a_x \\ a_y \\ a_z \\ B_x \\ B_y \\ B_z \end{pmatrix} = \begin{pmatrix} -2(q_1q_3 - q_0q_2)g \\ -2(q_2q_3 + q_0q_1)g \\ -(q_0^2 - q_1^2 - q_2^2 + q_3^2)g \\ (q_0^2 + q_1^2 - q_2^2 - q_3^2)B_{0x} + 2(q_1q_3 - q_0q_2)B_{0z} \\ 2(q_1q_2 - q_0q_3)B_{0x} + 2(q_2q_3 + q_0q_1)B_{0z} \\ 2(q_1q_3 + q_0q_2)B_{0x} + (q_0^2 - q_1^2 - q_2^2 + q_3^2)B_{0z} \end{pmatrix} \tag{5-40}$$

式(5-40)为非线性状态空间方程,需进行线性化处理,再应用于卡尔曼滤波方程。根据参考文献 [12],求解上式的雅克比矩阵即可得到 $\boldsymbol{C}'$ 矩阵

$$C' = \frac{\partial Z(k)}{\partial X(k)} = \begin{pmatrix} 2q_2 g & -2q_3 g & 2q_0 g & -2q_1 g \\ -2q_1 g & -2q_0 g & -2q_3 g & -2q_2 g \\ -2q_0 g & 2q_1 g & 2q_2 g & -2q_3 g \\ 2q_0 B_{0x} - 2q_2 B_{0z} & 2q_1 B_{0x} + 2q_3 B_{0z} & -2q_2 B_{0x} - 2q_0 B_{0z} & -2q_3 B_{0x} + 2q_1 B_{0z} \\ -2q_3 B_{0x} + 2q_1 B_{0z} & 2q_2 B_{0x} + 2q_0 B_{0z} & 2q_1 B_{0x} + 2q_3 B_{0z} & -2q_0 B_{0x} + 2q_2 B_{0z} \\ 2q_2 B_{0x} + 2q_0 B_{0z} & 2q_3 B_{0x} - 2q_1 B_{0z} & 2q_0 B_{0x} - 2q_2 B_{0z} & 2q_1 B_{0x} + 2q_3 B_{0z} \end{pmatrix}$$

(5-41)

式（5-40）中 $X(k)$ 的含义详见式（5-34）。若将加速度和磁场强度做归一化，即 $G = [0, 0, -1]^T$，那么 C' 阵可以进一步简化为

$$C' = \begin{pmatrix} 2q_2 & -2q_3 & 2q_0 & -2q_1 \\ -2q_1 & -2q_0 & -2q_3 & -2q_2 \\ -2q_0 & 2q_1 & 2q_2 & -2q_3 \\ 2q_0 B_{0x} - 2q_2 B_{0z} & 2q_1 B_{0x} + 2q_3 B_{0z} & -2q_2 B_{0x} - 2q_0 B_{0z} & -2q_3 B_{0x} + 2q_1 B_{0z} \\ -2q_3 B_{0x} + 2q_1 B_{0z} & 2q_2 B_{0x} + 2q_0 B_{0z} & 2q_1 B_{0x} + 2q_3 B_{0z} & -2q_0 B_{0x} + 2q_2 B_{0z} \\ 2q_2 B_{0x} + 2q_0 B_{0z} & 2q_3 B_{0x} - 2q_1 B_{0z} & 2q_0 B_{0x} - 2q_2 B_{0z} & 2q_1 B_{0x} + 2q_3 B_{0z} \end{pmatrix}$$

(5-42)

因此，

$$Z(k) = C'X(k) + V(k) \tag{5-43}$$

为测量方程。

利用加速度计和磁传感器的输出计算观测量 $Z(k)$、C' 的代码如下：

```
void AHRS_GetH(float * H, void * para1, void * para2)   //
{
    float * q = (float * )para1;
    float * m0_ = (float * )para2;

    float q2[4];

    q2[0] = 2 * q[0];
    q2[1] = 2 * q[1];
    q2[2] = 2 * q[2];
    q2[3] = 2 * q[3];

    H[0] = q2[2];     H[1] = -q2[3];    H[2] = q2[0];    H[3] = -q2[1];
    H[4] = -q2[1];    H[5] = -q2[0];    H[6] = -q2[3];   H[7] = -q2[2];
    H[8] = -q2[0];    H[9] = q2[1];     H[10] = q2[2];   H[11] = -q2[3];

    H[12] = m0_[0] * q2[0] - m0_[2] * q2[2];
    H[13] = m0_[0] * q2[1] + m0_[2] * q2[3];
    H[14] = -m0_[0] * q2[2] - m0_[2] * q2[0];
    H[15] = -m0_[0] * q2[3] + m0_[2] * q2[1];
    H[16] = -m0_[0] * q2[3] + m0_[2] * q2[1];
```

H[17] = m0_[0] * q2[2] + m0_[2] * q2[0];
H[18] = m0_[0] * q2[1] + m0_[2] * q2[3];
H[19] = -m0_[0] * q2[0] + m0_[2] * q2[2];
H[20] = m0_[0] * q2[2] + m0_[2] * q2[0];
H[21] = m0_[0] * q2[3] - m0_[2] * q2[1];
H[22] = m0_[0] * q2[0] - m0_[2] * q2[2];
H[23] = m0_[0] * q2[1] + m0_[2] * q2[3];
}

5.3.4 卡尔曼滤波算法步骤

（1）初始化 $\hat{X}(k)$、A'、$P(k-1)$、Q、R。

（2）利用陀螺仪数据更新式（5-34）中的 A'，根据式（5-34）计算 $\overline{X}(k)$。

（3）进行下一时刻的数据测量，读入加速度计和磁罗盘观测值，即式（5-43）中的 $Z(k)$。

（4）读入四元数数据，根据式（5-41）计算 C'。

（5）根据式（5-8）得到下一时刻的先验估计协方差 $\hat{P}(k)$，根据式（5-9）得到此时的滤波增益矩阵 $H(k)$。

（6）根据式（5-10），利用观测值 $Z(k)$ 对先验估计值进行修正得到下一时刻的最优估计值 $\hat{X}(k)$。

（7）根据式（5-11）计算下一时刻的协方差 $P(k)$。

卡尔曼滤波器在四旋翼飞行器中主要用来修正和更新四元数，上述步骤循环更新，即可得到准确的姿态信息。

5.3.5 四旋翼姿态解算代码实现

本节论述案例代码中的姿态解算。姿态解算过程如下。

（1）读取加速度计、磁罗盘数据，利用式（4-17）和式（4-18）计算出俯仰角、横滚角。

（2）通过式（2-27）和式（2-58）相等求得欧拉角转四元数公式，结果如下：

$$q = \begin{pmatrix} q_0 \\ q_1 \\ q_2 \\ q_3 \end{pmatrix} = \begin{pmatrix} \cos\frac{\phi}{2}\cos\frac{\theta}{2}\cos\frac{\psi}{2} + \sin\frac{\phi}{2}\sin\frac{\theta}{2}\sin\frac{\psi}{2} \\ \sin\frac{\phi}{2}\cos\frac{\theta}{2}\cos\frac{\psi}{2} - \cos\frac{\phi}{2}\sin\frac{\theta}{2}\sin\frac{\psi}{2} \\ \sin\frac{\phi}{2}\cos\frac{\theta}{2}\cos\frac{\psi}{2} + \cos\frac{\phi}{2}\sin\frac{\theta}{2}\sin\frac{\psi}{2} \\ \cos\frac{\phi}{2}\cos\frac{\theta}{2}\sin\frac{\psi}{2} - \sin\frac{\phi}{2}\sin\frac{\theta}{2}\cos\frac{\psi}{2} \end{pmatrix}$$

代码如下：

```
void Angle2Quat(float * quat,float * angle) //由欧拉角求四元数
{
    float cosFai = arm_cos_f32(angle[0]/2);
```

```
        float sinFai = arm_sin_f32(angle[0]/2);
        float cosTheta = arm_cos_f32(angle[1]/2);
        float sinTheta = arm_sin_f32(angle[1]/2);
        float cosPsi = arm_cos_f32(angle[2]/2);
        float sinPsi = arm_sin_f32(angle[2]/2);

        quat[0] = cosFai * cosTheta * cosPsi + sinFai * sinTheta * sinPsi;
        quat[1] = sinFai * cosTheta * cosPsi - cosFai * sinTheta * sinPsi;
        quat[2] = cosFai * sinTheta * cosPsi + sinFai * cosTheta * sinPsi;
        quat[3] = cosFai * cosTheta * sinPsi - sinFai * sinTheta * cosPsi;
        QuatNormalize(quat);
    }
```

将转换后的四元数作为卡尔曼滤波状态 $\hat{X}(k)$ 的初始值 $\hat{X}(0)$。

(3) 以四元数为状态量，利用卡尔曼滤波算法求取四元数估计值。

(4) 四元数转欧拉角。将四元数转化为方向余弦矩阵的特定元素，然后根据上文的欧拉角的三角函数计算公式，可以用如下代码实现：

```
    void Quat2Angle(float * angle, float * quat)
    {
        float c32;
        float c33;
        float c31;
        float c11;
        float c21;

        //方向余弦矩阵和四元数转换,通过式(2-20)和式(2-58)相等获得
        c32 = 2 * (quat[2] * quat[3] + quat[0] * quat[1]);
        c33 = quat[0] * quat[0] - quat[1] * quat[1] - quat[2] * quat[2] + quat[3] * quat[3];
        c31 = 2 * (quat[1] * quat[3] - quat[0] * quat[2]);
        c11 = quat[0] * quat[0] + quat[1] * quat[1] - quat[2] * quat[2] - quat[3] * quat[3];
        c21 = 2 * (quat[1] * quat[2] + quat[0] * quat[3]);
        //方向余弦矩阵和欧拉角转换,通过式(2-20)和式(2-27)相等获得
        angle[2] = atan2(c21, c11);        // -PI~PI
        angle[1] = asin(-c31);              // -PI/2~PI/2
        angle[0] = atan2(c32, c33);        // -PI~PI

        if(angle[2] < 0) angle[2] += 2 * PI;
    }
```

(5) 通过欧拉角获得俯仰、横滚、偏航 3 个姿态角，参与四旋翼飞行器姿态闭环控制。

第6章 动力系统

四旋翼飞行器的基本组成包括机架、传感器、电池、电动机、电调(电子调速器)、飞控、螺旋桨、遥控器等,由三轴陀螺仪、三轴加速度计和三轴磁罗盘组成姿态测量系统,主控制器将姿态测量系统的数据进行解算得到当前姿态,再通过无线模块接收遥控器的姿态控制指令,二者相减作为姿态 PID 控制器的输入,传输给飞控(飞行控制器),飞控将控制器输出转化传输给电调,电调调节电动机电压以控制螺旋桨的旋转速度从而完成姿态控制。电池负责供电,机架将所有的零件集结在一起,这样飞行器就能完成在空中的飞行任务。如图 6-1 为四旋翼飞行器系统典型组成。

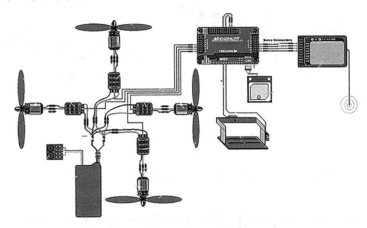

图 6-1 四旋翼飞行器系统典型组成

6.1 电动机

6.1.1 有刷电动机

有刷电动机是内部含有换相电刷的电动机。如图 6-2 所示,电刷通过绝缘座固定在电动机后盖上,将电源的正、负极引入到转子的换相器上,而换相器连通了转子上的线圈,线圈极性不断的交替变换与外壳上固定的磁铁形成作用力,使得电动机转动。

普通的直流电动机是利用碳刷进行换向的。碳刷换向存在很大的缺点,主要包括以下内容。

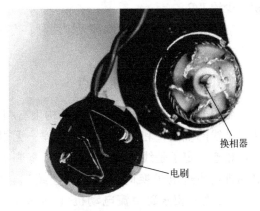

图 6-2 有刷电动机结构

(1) 机械换向产生的火花引起换向器和电刷摩擦、电磁干扰、噪声大、寿命短。

(2) 结构复杂，可靠性差，故障多，需要经常维护。

(3) 由于换向器的存在，使转子转动惯量减小，影响了动态性能。

6.1.2 空心杯电动机

空心杯电动机属于直流、永磁、伺服微特电动机。空心杯电动机在结构上突破了传统电动机的转子结构形式，采用的是无铁芯转子。空心杯电动机内部结构如图 6-3 所示，可以明显看到线圈中间没有铁芯。空心杯电动机主要特点如下。

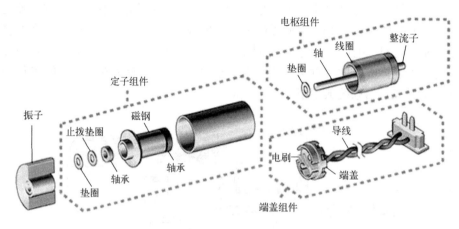

图 6-3 空心杯电动机内部结构

(1) 节能特性：能量转换效率很高，其最高效率一般在 70% 以上，部分产品可达到 90% 以上。

(2) 控制特性：启动、制动迅速，响应快，机械时间常数小于 28ms，部分产品可以达到 10ms 以内；在推荐运行区域内的高速运转状态下，可以方便地对转速进行灵敏的调节。

(3) 拖动特性：运行稳定可靠，转速波动很小，作为微型电动机其转速波动能够容易地控制在 2% 以内。

(4) 空心杯电动机的能量密度大幅度提高，与同等功率的铁芯电动机相比，其质量、体积减少约 1/2。

空心杯电动机分为有刷和无刷两种，有刷空心杯电动机转子无铁芯，无刷空心杯电动机定子无铁芯。

6.1.3 无刷电动机特点

无刷电动机和有刷电动机的结构上有相似之处，都含有转子和定子，但有刷电动机的转子是线圈绕组，和动力输出轴相连；无刷电动机的转子是永磁铁，连同外壳一起和输出轴相连，定子是线圈绕组，去掉了有刷电动机用来交替变换电磁场的换向电刷。无刷电动机是通过电子换向使电动机连续运转的。目前大多数航模用的无刷电动机全称为"无感无刷三相永磁直流电动机（sensorless controlled 3 - phase brushless permanent magnet dc motor)"，通常称为无刷直流电动机（BLDCM，Brushless Direct Current Motor），本节简称无刷电动机。

无刷电动机之所以在航模上得到普遍应用，主要是因为以下特点。

(1) 无电刷、低干扰：无刷电动机去除了电刷，因此消除了有刷电动机运转时产生的电火花，这样就极大减少了电火花对遥控等无线电设备的干扰。

(2) 噪声低，运转顺畅：无刷电动机没有了电刷，运转时摩擦力大大减小，运行顺畅，这个优点有利于模型运行稳定性。

(3) 具有较高的可靠性，寿命长，低维护成本，必要的时候，只做一些除尘维护即可。

(4) 具有良好的可控性、调速范围宽，任何速度下都可以全功率运行。

(5) 工作效率高，过载能力强。

(6) 体积小，功率密度大。

(7) 制动效果好，由于转子使用永磁材料，制动时电动机可以进入发电状态。

无刷电动机也存在一定的局限性，具体如下。

(1) 电子换向器的电气结构很复杂，相对于直流有刷电动机控制难度更大。

(2) 转子永磁材料使电动机不适用于高温环境。

(3) 有明显的转矩波动，限制了电动机在高性能伺服系统、低速度纹波系统中的应用。

无刷和有刷直流电动机性能对比见表 6-1。

表 6-1 无刷和有刷直流电动机性能对比

性 能	无刷电动机	有刷电动机
换 相	电子换相	电刷换相
寿 命	长，以万小时计	短，以千小时计
调速范围	宽	窄
开环控制	效果好（同步电动机特性）	效果差（异步电动机特性）
使用范围	航模、精密仪表等转速要求高的场合	工厂中的动力设备

四旋翼飞行器对电动机的耐用性、噪声和寿命有较高的要求，所以选择无刷电动机。航模用无刷电动机一般采用永磁外转子，三相，无换向用电刷（所以需要电子换向，一般就是 MOSFET 三相桥），无位置传感器（如霍尔传感器等，所以一般需要检测空相感应电动势或电流来检测位置，往往需要短暂锁死到固定相位后启动，所以常常看到电调上电电动机起转前会小幅度抖动一下）。

航模常用无刷电动机的品牌有朗宇、新西达、亚拓、蝎子、浩马特、花牌、银燕。

6.1.4 无刷电动机结构

无刷电动机在电磁结构上与有刷直流电动机一样，但其定子上装电枢绕组，转子上安装永久磁钢，其整体结构如图 6-4 所示。电动机的性能和磁钢数量、磁钢磁通强度、电动机输入电压等因素有关，还与电动机的控制性能有关，控制性能由无刷电动机配合的电调决定。

无刷电动机转动时，精确地检测当前电动机转子的位置，判断驱动电路换相，通常在大型电动机上，这个工作是由霍尔元件或是编码器来完成的。但用于航模的无刷电动机为了减少质量和零件复杂度，一般没有内置霍尔元件与编码器，这也是"无感无刷电动机"名称的来源。航模无刷电动机一般为三相交流电动机，运行中因为有感应电动势存在，所以电调在运转时，检测几个线圈的电压差，即可检测转子的角位置，从而执行换相工作。

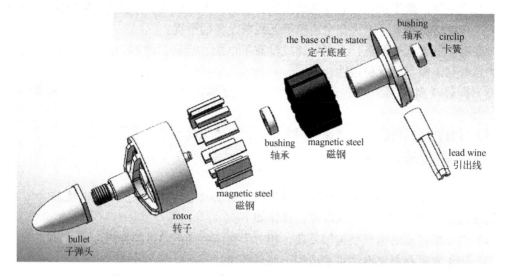

图6-4 无刷电动机整体结构

图6-5 内定子

无刷电动机的定子是产生旋转磁场的部分，能够支撑转子进行旋转，主要由硅钢片、轴承、支撑件构成，如图6-5所示。

硅钢片是有槽无刷电动机的重要组成部分，它在整个系统中的作用主要是降低磁阻、参与磁路运转。空气是弱导磁的，但铁是强导磁的，硅钢片的作用就是把磁铁的磁路引导过来并形成回路，这就使电动机的磁阻比较小。

铁材料放在快速变化的电磁场中会产生涡流损耗而发热（电磁炉原理），并且频率越高发热量越大。硅钢片处在电动机的旋转磁场当中也会发热，解决的办法就是往钢里添加硅并做成薄片，理论上越薄的硅钢片产生的涡流损耗就越小。所以直升机和涵道机的电动机大都使用0.2mm硅钢片，而普通的固定翼飞行器电动机大都使用比较厚的0.35mm硅钢片。电动机转速越快，磁场变化越快，涡流损耗就越大。现在大多数多轴电动机都使用了0.2mm单片的硅钢片，这样做成的电动机铁耗就会更低。这也是高KV电动机在全油门空转情况下会发热严重的原因，因为产生热量的正是涡流损耗和磁滞损耗，此时电动机完全空载，转速比较高，涡流损耗大，而所有的损耗最后都变成了热量。不要误认为产生热量的是导线，实际此时导线上通过的电流很小。

无刷电动机的转子是磁铁，在定子旋转磁场的作用下进行旋转的部件，主要由转轴、磁铁、支撑件构成，如图6-6所示。

转轴是电动机转子的直接受力部分，转轴的硬度必须能满足转子高速旋转的要求。磁铁是无刷电动机的重要组成部分，无刷电动机的绝大部分性能参数都与磁铁相关，包括功率、转速、扭矩等。无刷电动机的结构特点之一就是转子磁极由永磁材料组成。该材料磁性能的优劣，将直接影响无刷电机的磁路尺寸、电动机体积及功能指标和运行特性。

航模上的无刷电动机几乎都用"磁王"钕铁硼磁铁。用磁王来形容钕铁硼磁铁是当之无愧的，它的磁性是生活中常见的铁氧体磁铁的 3 倍，价格是铁氧体磁铁的 10 倍以上。无刷电动机属于永磁电动机，而永磁电动机的功率、特点等特性完全取决于磁铁。磁铁的体积与牌号决定了电动机的最大功率。另外，还有磁铁形状上的差异，拆开一些廉价的电动机会有一个发现，那就是绝大部分的磁铁形状都是方片形。方片形的磁铁加工简单，价格相对便宜，自然成了降低电动机成本的最佳选择。很多品牌电动机选择弧形磁铁，弧形可以保证磁铁和硅钢片的气隙一直保持一致，功率和效率都胜过方形磁铁一等。但有些电动机也存在被称为"面包形"的磁铁，它们能够和铁壳完全贴合在一起。不过多槽数、多极数的无刷电动机，比如 36 槽 42 极电动机，基本都是采用了方形磁铁，这是因为铁壳直径很大，方形磁铁也能很好地和铁壳粘合，并且和硅钢片的气隙也很均匀。

这里的无刷电动机采用永磁体励磁，因此除了永磁体本身的性能外，永磁体的磁体结构和布置方式对于气隙磁场的产生和电动机运行时的性能都有影响。

对外转子永磁无刷电动机采用表面式磁体结构，有以下优点：（1）没有内转子电动机的安装和机械保护固定问题；（2）表面式磁体结构与其他磁体结构相比，可以在电动机转子外径不变的条件下产生最大气隙永磁磁密；（3）表面磁体结构更能产生永磁无刷电动机所需要的均匀永磁气隙磁密。

图 6-6　外转子

通常，航模电动机的磁体结构为表面凸出的瓦片式结构，平行充磁，如图 6-6 所示，永磁体呈瓦片式分布，贴装于转子机壳的内壁。

6.1.5　无刷电动机工作原理

无刷电动机在电磁结构上与有刷直流电动机一样，但其电枢绕组放在定子上，转子上安装永磁铁。电动机的电枢绕组一般采用多相形式，经由驱动器接到直流电源上，定子采用电子换向代替有刷电动机的电刷和机械换向器，依靠改变输入到无刷电动机定子线圈上的电流频率和波形，在绕组线圈周围形成一个绕电动机几何轴心旋转的磁场，这个磁场驱动转子上的永磁铁转动，和转子磁极主磁场相互作用产生转矩使电动机旋转。

1. 转动原理

无刷电动机为了实现无电刷换向，首先要把一般直流电动机的电枢绕组放在定子上，把永磁磁钢放在转子上。为了能产生单一方向的电磁转矩来驱动电动机转子转动，无刷电动机还要有电子换向器来使定子绕组产生的磁场和转动中的转子磁钢产生的永久磁场在空间上保持 90°的平均电角度。这样就使得这两个磁场产生最大平均转矩，以驱动电动机不停地旋转。注意，这里说的是"力矩"最大，而不是"力"最大。虽然在转子磁场与外部磁场方向一致时，转子所受磁力最大，但此时转子呈水平状态，力臂为零，当然也就不会转动了。

图 6-7 中，控制器是用来控制电动机定子上各相绕组通电的顺序和时间的，主要由功率逻辑开关单元组成。功率逻辑开关单元是控制电路的核心，其功能是将电源的功率以一定的逻辑关系分配给无刷电动机定子上的各相绕组，使得运行过程中定子绕组所产生的磁场和

转动中的转子磁钢产生的永磁磁场在空间始终保持一定电角度。

无刷电动机通常采用三相电压型逆变器供电,其定子绕组为星形接法。无刷电动机的调速系统原理框图如图6-7所示,它采用两两导通的控制方式,反电动势和电流波形如图6-8所示。因为反电动势为120°的梯形波,所以电枢磁势轴线与励磁磁势轴线互差60°～120°电角度时,产生的平均电磁转矩最大。因此,为保持电动机输出最大平均电磁转矩,无刷电动机必须保持每60°就换向一次。在该换向方式下,无刷电动机同一桥臂的上下两管互差180°电角度导通,因此,在换向瞬间,不存在同一桥臂上下两管同时导通的情况,不必设置死区。

请读者思考一下,图6-7中二极管VD的作用是什么?

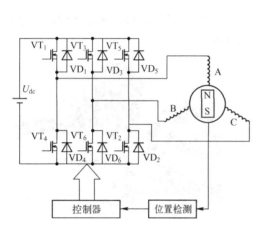

图6-7 无刷电动机调速系统原理框图

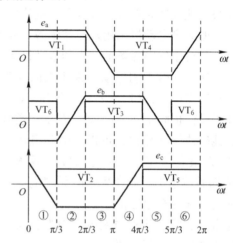

图6-8 无刷电动机的反电动势和电流波形

因此,无刷电动机借助一定方法获得位置信号,协调控制与电枢绕组相连的相应功率开关器件,使其依次导通或截止,从而产生步进式旋转的电枢磁场,驱动永磁转子旋转。随着转子的旋转,检测到的位置信号不断变化,实时反映转子位置,控制电枢绕组的磁状态,使电枢磁场总是超前于永磁转子磁场60°～120°电角度,产生最大的平均电磁转矩。

无刷电动机等效电路如图6-9所示。

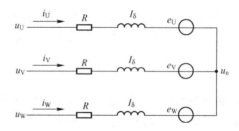

图6-9 无刷电机等效电路图

为什么四旋翼飞行器都使用外转子无刷电动机呢?外转子电动机将原来处于中心位置的磁钢做成片,贴到了外壳上,电动机运行时,是整个外壳在转,而中间的线圈定子不动。外转子无刷电动机较内转子来说,转子的转动惯量要大很多(因为转子的主要质量都集中在外壳上),所以转速较内转子电动机要慢,通常KV值在几百到几千之间,用在航模上可以直接驱动螺旋桨,从而省去了机械减速机构。

2. 过零检测

目前，无刷电动机的换相方法可主要分为有位置传感器控制方式和无位置传感器控制方式两种。

传统的无刷电动机往往采用位置传感器检测转子位置。有位置传感器控制方式是指在无刷电动机定子上安装位置传感器来检测转子在运转过程中的位置，将转子磁钢磁极的位置信号转换成电信号，为逻辑开关电路提供正确的换相信息，以控制它们的导通与截止，使电动机电枢绕组中的电流随着转子位置的变化按次序换相，在空间形成步进式的旋转磁场，驱动永磁转子连续不断地旋转。

无位置传感器控制是指不依赖位置传感器，通过硬件电路或软件的方法检测转子的位置信号、角速度等状态量，确定逆变器功率管的切换，进而对定子绕组进行换相，保持定子电流和反电动势在相位上严格同步的一种控制方式。在无位置传感器控制方式中，研究的核心问题主要是如何通过软件和硬件的方法，构建一种转子状态量的检测电路。由于无刷电动机一般工作于120°导通方式下，转子旋转360°电角度，只需要知道6个转子位置点（即换相点）即可。因此，利用硬件电路或者软件方法估计转子位置时，一般也就以准确估计这6个转子位置点为目标进行。

无刷电动机定子上放有电枢绕组，受电枢绕组产生的合成磁场的作用，转子沿着一定的方向连续转动。而转子一旦旋转，就会在空间形成导体切割磁力线的情况，根据电磁感应定律可知，导体切割磁力线会在导体中产生感应电动势。所以，在转子旋转的时候就会在定子绕组中产生感应电动势，即运动电动势，由于该电动势方向与绕组中电流的方向相反，因此称之为反电动势（back electromotive force），简称反电势（BEMF）。通过检测电动机反电动势来获得转子位置信号的方法，一般统称为反电势法。根据反电动势的不同处理方法，反电势法又可以细分为反电势过零检测法、锁相环技术法、反电势逻辑电平积分比较法等。

反电势过零检测法的原理是转子旋转时，会在定子绕组上感应反电动势，该反电动势的相位反映转子位置信息，通过检测反电动势信号间接得到转子位置信号。而无刷电动机的反电动势无法直接检测，通常检测端电压信号来近似检测反电动势是否过零点。

在无刷电动机中，绕组的反电动势通常是正负交变的，当某相绕组的反电动势过零时，转子直轴恰好与该相绕组轴线重合，因此只要检测到各相反电动势的过零点，就可获知转子的若干个关键位置，从而省去转子位置传感器，实现无位置传感器无刷电动机控制。这是目前应用最广泛的无位置传感器无刷电动机控制方法。

3. 开始启动的位置检测

由于电动机是依靠位置进行换相操作的，因此电动机开始启动时，转子的位置稳定是非常重要的，要对电动机转子进行预定位，使电动机转子锁定在预定的位置。启动时不管转子在什么位置，首先给电动机固定两相上一个确定的通电状态，使电动机定子合成磁动势在空间有一个确定的方向。转子到达定位平衡点以后，并不立刻静止，而是在平衡点附近摆动，在黏滞摩擦和磁滞涡流的阻尼作用下，经过几次摆动后静止在预定位点。所以，为了使转子有足够的时间定位，两相通电需要保持一定的时间，以产生足够的电磁转矩，保证把转子磁极拖到与定子合成磁动势轴线重合的位置，实现预定位。

6.1.6 无刷电动机参数

郎宇无刷电动机 X2212 参数见表 6-2。

表 6-2 郎宇无刷电动机 X2212 参数

参数名称	KV980	KV1250	KV1400	KV2450
转子直径/mm	22	22	22	22
转子高度/mm	12	12	12	12
定子槽数	12	12	12	12
定（转）子级数	14	14	14	10
电动机型号	980	1250	1400	2450
空载电流/A	0.3	0.6	0.9	1.6
电动机电阻/mΩ	133	79	65	32
最大连续电流/(A/s)	15/30	25/10	28/15	40/30
最大连续功率/W	300	390	365	450
质量（含长线）/g	58.5	58	59	57
出轴直径/mm	3.175	3.175	3.175	3.175
电动机长度/mm	30	30	30	30
电动机含轴总长度/mm	32	32	32	32
最大电池节数	2~4	2~4	2~4	2~3
建议使用电调规格/A	20	30	30	40
推荐螺旋桨规格	APC8038 APC9047 APC1047 GWS8043 APC8038	APC8060 APC9047 APC9045 APC9060	APC 9047 APC9045 APC8060 APC8038 APC7060	APC6040
适用多旋翼飞行器的质量/g	300(3S 1038/1047, 4S 8038/8043 /8045/9047)	—	—	尾推特技机 550 (3S 6040)

图 6-10 无刷电机尺寸

1) 电动机尺寸 无刷电动机尺寸对应 4 位数字，其中前 2 位是电动机转子的直径（单位：mm），后 2 位是电动机转子的高度，如图 6-10 中的"2204"所示。简单来说，前 2 位越大，电动机越粗；后 2 位越大，电动机越高。

2) 额定电压 也就是无刷电动机适合的工作电压。其实无刷电动机适合的工作电压范围非常广，额定电压是指定了负载条件而得出的电压。例如，2212-850KV 电动机指定了 1045 螺旋桨的负载，其额定工作电压就是 11V。如果减小负载，如带 7040 螺旋桨，则这个电动机完全可以工作在 22V 电压下。但是这个工作电压也不是无限上升的，主要受制于电调支持的最高频率。所以说，额定工作电压是由工作环境决定的。

3）KV 值　有刷直流电动机是根据额定电压来标注额定转速，无刷电动机引入了 KV 值的概念，让用户可以直观地知道无刷电动机在具体工作电压下的具体转速。电动机 KV 值与转速有以下关系：电动机的转速（空载）= KV 值 × 电压。例如，1000KV 的电动机在 10V 电压下的转速（空载）就是 10000r/min。这就是 KV 的实际意义，即在 1V 工作电压下每分钟的转速，或者理解为空载状态下其转速和电压的比值。无刷电动机的转速与电压成正比关系，电动机的转速会随着电压上升而线性上升。例如，2212 - 850KV 电动机在 10V 电压下的转速就是 850 × 10r/min = 8500r/min。

KV 值是电动机的一个重要参数，可以简单理解为电动机扭矩与速度的一种平衡关系。

KV 值高，电动机内阻小，电流大，功率高，转速快，或者说相同电压下爆发出来的功率高，拥有很好的极限转速，但是受到电动机自身的设计与材料限制，会有一个功率上限。电动机的 KV 值越高，提供的扭力就越小；KV 值越低，效率越高，在可承受的功率范围内，要达到同样的拉力，KV 值低的电动机，消耗的电流要远小于 KV 值高的电动机。选择时遵循的准则是：高 KV 值电动机适合在低电压、高转速环境下工作，搭配小直径螺旋桨；低 KV 值电动机适合在高电压、低转速环境下工作，搭配大直径螺旋桨。

例如，AX 1806N，它的 KV 值是 2100，它在 11.1V 电压下，转速（不带桨）是 2100 × 11.1r/min = 23310r/min，适合用 5030 桨。带 8060 虽然转得动，但电动机和电调可能马上就要烧毁！因为在这种情况下带动 8060 桨，需要更大的扭力，而转速越快，提供的扭力就小。这可以用能量守恒定律来解释。但不是在任何情况下都适合带 5030 桨，如果电压高了，转速就更高，扭力会减小，需要更小的桨；反之，电压低，例如 7.4V，就可以用大点的桨。

对于模型电动机而言，没有 KV 值高、扭力也高的电动机，因为 KV 值和扭力都高需要更大直径、更长的铜线和更强的磁铁，转动需要更大的电流和电压，功率随之增大，电动机将会更重，即使能飞，续航里程也很短。相同的 KV 值，不同的电动机配同样的桨，理论上拉力相同，但由于做工和技术的原因，实际上不一定相同。可能某厂商 KV 值为 2100 的电动机比其他厂商的电动机轻，扭力也稍大点，但不可能比 KV 值为 1000 的电动机扭力大，所以，选电动机就是选 KV 值。因为电动机的 KV 值决定了配什么样的飞行器、选择什么型号的桨。

4）转矩与转速　转矩（力矩、扭矩）是电动机中转子产生的可以用来带动机械负载的驱动力矩，可以理解为电动机的力量。转速是电动机每分钟的转动量。

电动机输出功率、转速和转矩的关系为

$$\text{电动机输出功率} = \text{转速} \times \text{转矩} \qquad (6-1)$$

在同等的功率下，转矩和转速在同一个电动机内永远是此消彼长的关系，即同一个电动机的转速越高，其转矩越低。不可能要求电动机的转速高且转矩也高。例如，2212 - 850KV 电动机，在 11V 的情况下可以带动 1045 桨，如果将电压增大 1 倍，则其转速也提高 1 倍，如果此时负载仍然是 1045 桨，那么该电动机将很快因为电流和温度的急剧上升而烧毁。

5）最大电流和最大功率　根据散热量的大小，每个电动机工作时的最大电流（电动机能够承受并安全工作的电流）是有限的。这个指标称为最大允许电流，以安培（A）为单位。因为无刷电动机都是三线电动机，所以一般以电调输入电流，即电池输出线上的电流作为其总电流，超额运转时很容易烧毁。

电动机能够承受并安全工作的最大功率极值称为最大功率。功率的选择首先要确定负载的总质量，计算所需电动机功率。例如，按照1W功率带起4g质量计算，飞行器质量（含电池）为800g时，实际所需的功率是800W/4 = 200W。

6）电动机效率　效率的标注方式是g/W（克/每瓦）。电动机的功率和拉力并不是成正比的。也就是说，50W的时候有450g拉力，100W的时候就不是900g拉力，可能只有700g拉力。具体效率要看电动机的效率表。大多数的电动机在3～5A的电流下效率是最高的。

一般正常飞行时，效率保持在合理的范围内，能够很好地保证续航能力。以朗宇X3508S-700KV电动机为例，配APC1147桨，如图6-11所示，4节电池，5A电流时，效率8.1为g/W，产生推力为600g。此时，电动机刚好工作在最大推力（1500g）的2/5处，飞行性能较优。

螺旋桨	电压 V	电流 A	推荐螺旋桨/in			全油门负载温度
			APC11×4.7	APC12×3.8		
			推力 g	功率 W	效率 g/W	
APC1147	14.8	1	180	14.8	12.16216216	
		2	310	29.6	10.47297297	
		3	400	44.4	9.009009009	
		4	510	59.2	8.614864865	
		5	600	74	8.108108108	
		6	670	88.8	7.545045045	
		7	750	103.6	7.239382239	
		8	810	118.4	6.841216216	
		9	860	133.2	6.456456456	
		10	940	148	6.351351351	
		12	1060	177.6	5.968468468	
		14	1170	207.2	5.646718147	
		16	1280	236.8	5.405405405	
		19.6	1500	290.08	5.170987314	60°

图6-11　电动机效率

电动机功率和发热量与电压、电流关系如下：

$$功率 = 电压 \times 电流 \quad (6-2)$$

$$发热量 = 电流^2 \times 电阻 \quad (6-3)$$

由式（6-2）和式（6-3）得出两个结论：（1）在同功率下，电压越高电流越小；（2）在同功率下，电压越高发热量越小（高压线输电的原理）。因此，同一个飞行器，使用的电压越高，电流越小并且发热越少，效率越高。

每个电动机都有自己的力量上限，最大功率就是这个上限，如果工作时超过了这个最大功率，就会导致电动机高温烧毁。当然，这个最大功率也是指定了工作电压情况下得出的，如果是在更高的工作电压下，合理的最大功率也将提高。这是因为由式（6-3）可见，导体的发热与电流的平方是正比关系，在更高的电压下，如果是同样的功率，电流将下降，导致发热减少，使得最大功率增加。这也解释了为什么在专业的航拍飞行器上，大量使用22.2V甚至30V电池来驱动多轴飞行器，高压下的无刷电动机电流小、发热少，效率更高。

所以选择多旋翼电动机时，必须选择合适功率的电动机以及与它搭配的螺旋桨，让电动机工作在相对轻松的状态。一般来说，悬停时工作功率是最大功率的30%～45%比较好。不可小马拉大车，也不能大马拉小车。

电动机的选购有以下几个要点。

☺ 在电流、功率等参数相同的情况下，大直径、小长度的电动机往往比小直径、大长度的电动机具备更好的散热能力。同时，电动机直径的增大会使其产生的扭矩变大，有助于提高驱动效率，但启动和加速性能会稍降。

☺ 转速最能反映螺旋桨与电动机的匹配度。有经验的飞手可通过螺旋桨和电动机工作时的声音来判断二者是否匹配；新手则可通过转速表测出的电动机转速来判断。电动机转速太低将导致螺旋桨工作效率降低，太高则可能因桨尖空气压缩而无法提高螺旋桨工作效率。

☺ 高温是电动机过载的重要指标。飞手可通过测量电流来判断电机负载大小，若无专门的测量仪表则可通过断电后电动机的温度来判断。无论质量优劣，电动机在停转后其表面温度都不会高到手指无法触碰的程度，否则表明电动机已严重过载。过载会导致电动机寿命缩短甚至烧毁，危及飞行安全。

6.2 电调

6.2.1 电调功能

无刷电机系统由电动机主体和电调驱动器组成，是一种典型的机电一体化产品。电调的全称电子调速器（ESC，Electronic Speed Controller），针对不同电动机，可分为有刷电子调速器和无刷电子调速器。电调的作用就是将飞控板的控制信号进行功率放大，并向各开关管送去能使其饱和导通和可靠关断的驱动信号，以控制电动机的转速。因为电动机的电流是很大的，正常工作时通常为3～20A，如果没有电调，飞控板根本无法承受这样大的电流（另外也没驱动无刷电动机的功能）。具体来说，电调功能如下。

☺ 给驱动电路提供各开关管的关断和导通信号，实现电动机的转动。

☺ 产生PWM调制信号，使电动机的电压随给定速度信号而变化，实现电动机开环调速。

☺ 对电动机进行速度闭环调节和电流闭环调节，使系统具有较好的动态和静态性能。

☺ 实现短路、过电流和欠电压等故障保护功能。

☺ 电调在四旋翼中还充当了电压转换器的作用，将11.1V的电压变换为5V，为飞控板和遥控器接收机供电。

电调输入是直流电，可以接稳压电源或锂电池。如图6-12为好盈天行者电调，商标上标注的2-3S LIPO表示需要2～3节锂电池。输出是三相交流电，直接与电动机的三相输入端相连。如果上电后电动机反转，只需要把这3根线中的任意2根对换位置即可。电调还有3根信号线，用来与接收机连接，控制电动机的运转。

图 6-12　好盈天行者电调外观

应用中应考虑多旋翼飞行器电动机与电调的兼容适配，因为若电调输出交流相位与电动机不匹配，就会导致严重后果，而且在常规飞行和负载情况下，很多电动机与电调的不兼容表现不明显。甚至一些飞行器在多次全负载下也能顺利飞行，但在做大动作时就显露出问题，表现为瞬间一个或多个电动机驱动缺相，直接跌落（排除电源接触不良、香蕉头接触等问题）。

测试电动机与电调兼容性的方法为：在地面拆除螺旋桨，姿态或增稳模式启动，启动后油门推至 50%，大角度晃动机身，大范围变化油门量，使飞控输出动力。仔细聆听电动机转动的声音，并测量电动机温度。测试需要逐渐增加时间，若电动机温度正常，则从开始测试 30s～1min 递增。以上测试并不能完全杜绝因电动机与电调兼容性的摔机，只能在一定程度上排除可能性。

电调的常见品牌有好盈、中特威、新西达等。

6.2.2　电调原理

无刷电动机驱动电路最重要的部分为桥式驱动电路，其原理如图 6-7 所示，实际电路如图 6-13 和图 6-14 所示。图 6-13 中，左侧两个 78D05 器件为 5V 稳压芯片，6 个型号为 LR8726 器件是 MOSFET 管，为了散热，6 个 MOSFET 上都覆盖一个金属散热片。图 6-14 中，F330 为美国 Cygnal 公司新推出的 C8051F330，使用 Cygnal 的专利 CIP-51 微控制器，与 MCS-51 指令集完全兼容。定子三相绕组，相差 120°对称分布，三相绕组是星形连接的，

图 6-13　好盈天行者电调内部 PCB 正面

其中 6 个开关管由控制电路根据转子位置决定。因此，可通过控制电路控制 6 个开关管的开关顺序，来调整电动机线圈的通电顺序，以实现电动机的换相操作，使电动机运转。要让无刷电动机转动起来，电动机驱动的控制芯片（F330）必须先获取电动机转子目前所在的位置，然后确定开启开关管的顺序，使得电流依序经过电动机线圈产生旋转磁场，并与转子的磁铁相互作用，使电动机开始转动。当电动机转子转动到下一个位置时，控制芯片再开启下一组开关管，使得电动机朝同一个方向持续运转。在四旋翼飞行器的设计中，四个无刷电动机的旋转方向始终保持不变，但是电动机的转速却根据当前姿态变化状况时刻在发生改变；通过调节主控制器所提供的 PWM 波形的频率和脉宽可以实现电动机转速的变化。

图 6-14　好盈天行者电调内部 PCB 反面

好盈天行者电调是一款可编程电调，参数配置可用遥控器油门操纵杆完成，将电调连接至遥控接收机的油门输出通道（通常是 3 通道），一定要接上电动机，因为说明书上的"滴滴"类声音，是通过电动机发出的，还要接上电池，如图 6-15 所示。好盈天行者电调配置参数如下。

图 6-15　电调连接说明

☺ 刹车设定：无刹车/有刹车；
☺ 电池类型：锂电池/镍氢；
☺ 低压保护模式：软关断/硬关断；
☺ 低压保护阈值：低/中/高；

- ☺ 启动模式：普通/柔和/超柔和启动；
- ☺ 进角：低/中/高；
- ☺ 恢复出厂默认值。

需要说明的是，在校准电调之前，应确保飞行器上没有安装螺旋桨。此外，多数电调需要校准，这样才能知道飞控发出的最小与最大的 PWM 值，且油门行程校调功能还能适应不同遥控器油门行程的差别，以提高油门响应的线性度。

好盈天行者电调还有如下保护功能：

- ☺ 欠电压保护：由用户通过程序设定，当电池电压低于保护阈值时，电调自动降低输出功率。
- ☺ 过电压保护：输入电压超过输入允许范围不予启动，自动保护，同时发出急促的"哔哔"警告音。
- ☺ 过热保护：内置温度检测电路，MOS 管温度过高时电调自动关断。
- ☺ 遥控信号丢失保护：遥控信号丢失 1s 后降低功率，再有 2s 无遥控信号则关闭输出。

6.2.3 电调参数

好盈天行者 20A 电调参数如下。

- ☺ 输出能力：持续电流 20A，短时电流 25A（少于 10s）。
- ☺ 电源输入：2～3 节锂电池组或 5～9 节镍氢/镍镉电池组；
- ☺ BEC（Battery Elimination Circuit，免电池电路）输出：5V，2A（线性稳压模式，linear mode）；
- ☺ 最高转速：2 极电动机 210000r/min，6 极电动机 70000r/min，12 极电动机 35000r/min；
- ☺ 尺寸：42mm(长)×25mm(宽)×8mm(高)；
- ☺ 质量：19g（含散热片）。

上述参数中的 20A 指的是电调可稳定输出的电流，即最大可稳定输出 20A 电流，切勿超标准使用，否则会导致电调烧毁。电调的输出电流必须大于电动机的最大电流，电池输出电流一样要大于电动机的最大电流，越大越好。例如，若现有电动机带桨的最大负载是 20A 电流，则必须选取电调能输出 20A 以上电流的（25A、30A 或 40A）都可以，越大越保险；电池的选取也是和电调一样，输出电流越大越好。大电流的电调可以兼容用在小电流的地方，但小电流电调不能超标使用。

选择电调一定要看功率，电调并不能兼容所有电动机，必须根据电动机的功率等参数来进行选择。电动机的功率如式（6-1）所示，与转速和转矩乘积有关，而转矩跟负载（即螺旋桨尺寸）有关。如果使用了功率不足的电调，将导致电调上的开关管烧坏，以致电调不能工作。现在许多品牌的电调也不是足功率、足电流的，例如，需要 60A 的电调，但所选电调其实只能运行到 55A 就无法再往上调了，所以选择电调时一定要问清楚是否足功率。此外，电调最大电压不能超过电动机能承受的最大电压，电调电流应大于电动机的最大电流。

6.3 电池

6.3.1 锂电池简介

锂电池、锂离子电池、锂离子聚合物电池,这几个概念容易混淆。

锂电池(lithium battery):虽然常常被作为锂离子电池的简称,但严格意义的锂电池是锂原电池,内含纯态的金属锂,只能一次性使用,不可充电。

锂离子电池(lithium-ion battery),是一种充电电池,它主要依靠锂离子在正极和负极之间移动来工作。

锂离子电池目前有液态锂离子电池(LIB)和聚合物锂离子电池(LIPB)两类。其中,液态锂离子电池是指 Li^+ 嵌入化合物为正、负极的二次电池。聚合物锂离子电池(liPo battery,lithium-ion polymer battery)的原理与液态锂离子电池相同,主要区别是电解液不同。电池主要的构造包括有正极、负极与电解质三项要素。所谓的聚合物锂离子电池是在这三项要素中至少有一项使用高分子材料作为主要的电池系统。聚合物锂离子电池也常称为锂聚合物电池。而在目前所开发的聚合物锂离子电池系统中,高分子材料主要被应用于正极及电解质。正极材料包括导电高分子聚合物或一般锂离子电池所采用的无机化合物,电解质则可以使用固态或胶态高分子电解质,或是有机电解液。一般锂离子技术使用液体或胶体电解液,因此需要坚固的二次包装来容纳可燃的活性成分,这就增加了电池的质量和体积,减小了灵活性。而聚合物锂离子工艺中没有多余的电解液,因此它更稳定,也不易因电池的过量充电、碰撞或其他损害以及过量使用而造成危险。

新一代聚合物锂离子电池在形状上可做到薄形化(ATL 电池最薄可达 0.5mm,相当于一张卡片的厚度)、形状任意改变,这种特点提高了电池造型设计的灵活性,从而可以配合产品需求,做成任意形状与容量,为应用设备开发商在电源解决方案上提供了设计灵活性和适应性,以最大化地优化其产品性能。同时,聚合物锂离子电池的单位能量比目前的一般锂离子电池提高了 50%,其容量、充放电特性、安全性、工作温度范围、循环寿命与环保性能等方面都比锂离子电池有大幅度的提高。

航模上使用的锂电池,是一种聚合物锂离子电池,如图 6-16 所示,需要有较高的放电能力,这是与普通锂电池最重要的区别。航模使用的是特殊工艺的聚合物锂电芯,与普通手机和移动电源使用的聚合物锂电芯不同,不能混用。同样容量下航模用锂电池最轻,起飞效率最高。以下将航模用聚合物锂离子电池简称为航模锂电池。

由于过度放电会影响电池寿命,因此航模锂电池一般配有低压报警器,俗称"BB 响",如图 6-17 所示。它是一个简单测量电压的设备,精度够用,作用明显,有电压显示,低于设定电压就会发出警报,提醒操作者,防止失控。

在实际使用中,单节电池的电压和电流不一定满足需求,所以必须串联或并联使用。串联是指把几个单节电池头尾相接的连接起来,即正极接负极、负极接正极地连接起来,其总电压等于各节电池的总和,放电电流等于单节的放电电流。并联是指把几节或几组电池正极接正极、负极接负极,并联后的电压等于单节电池或电池组的电压,电流等于各电池组的总和。总之,电池串联后只是电压增加,并联后只是电流增加,而其他参数不变。需要注意

图 6-16 航模用聚合物锂离子电池

图 6-17 低压报警器

的是,电池的串联和并联要求单节电池或电池组的性能一致,因为在电路中如果有个别电池的电压过低,其他电池就会为它充电,则总电压或总电流就会低于要求,同时也会造成好电池的损坏,这也是锂电池要使用平衡充电器的原因。多个电池串联时,通常每块电池的容量会有误差,这些误差就会造成电池在使用过之后,电压出现不平衡,少则 0.01V,多则可能有 1V,质量越好的电池,这种差别越小,反之差别越大。而对于多节组合的航模锂电池,如 3S 电池,内部由 3 个 3.7V 电芯串联而成,因为制造工艺原因,没办法保证每个电芯完全一致,充电、放电特性都有差异,电池串联的情况下,就容易造成某些电芯放电过度或充电过度以及充电不饱满等,解决办法是分别对内部单个电芯充电。锂电池平衡充电器,是在充电时平衡电压,让电压高的不要超电压,电压低的迅速补充电压。航模锂电池都有两组线,一组是输出线(较粗,2 根,输出串联后的电压,如 3S 电池就输出 11.1V),另一组是单节锂电池引出线(与串联电芯数目有关),也叫平衡头,如图 6-18 所示。充电时,按说明书,都插入充电器内,就可以进行平衡充电。平衡充电器外形如图 6-19 所示。

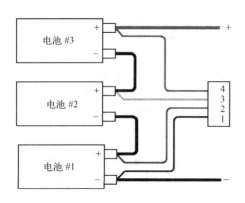
图 6-18 航模锂电池引出线

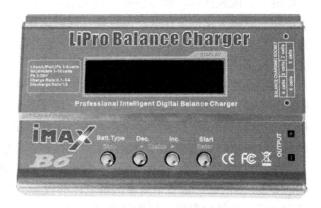
图 6-19 平衡充电器外形

镍氢电池和锂电池都是可充电的,充电过程对电池的寿命有相当大的影响。一般来说,电池的充电时间和充电器的电流相关。比如,一个 1000mA·h 的电池,充电电压是它的额定电压,充电器的电流是 500mA,那么充电时间就等于 $(1000 \div 500)h = 2h$。但这是从零电压充起的情况下,也就是说,这只是理想状态,实际的充电时间还要看电池原有的电量。此外，不能为追求节约时间而使用大电流充电。实验证明，大电流充电会对电池性能造成一定程度的破坏，也可能充上的只是浮电，使用时间很短。所以锂电池通常用五分之一的电流充电。

6.3.2 电池参数

1. 标称电压

电池的电压是用伏特（V）来表示的。标称电压是厂家按照国家标准标示的电压，实际使用时电池的电压是不断变化的。一般说一组或一个电池的电压都是标称电压，比如锂聚合物电池，标称电压一般为 3.7V，但使用中的实际电压往往是高于或低于这个标称电压的，锂聚合物电池的最低电压是 2.7V，最高是 4.2V，见表6-3。

表6-3 电池的截止电压　　　　　　　　　　　　　　　（单位：V）

电池种类	放电最低截止电压	充电最高截止电压
锂离子	2.7	4.2
锂聚合物	2.7	4.2
锂锰	2.7	4.2
锂铁	2.7	3.6
镍氢	0.8	1.5

常见的航模锂电池电压有 3.7V、7.4V、11.1V、14.8V、18.5V、22.2V。不难发现，这些常用电池电压都是 3.7 的整数倍，因为锂电池的制作工艺一般采用叠片软包装，一般来说，一片就是 3.7V，称为1S 电池，2S 电池是 7.4V，3S 电池是 11.1V，以此类推。

锂电池电压划分的几个区域见表6-4。

表6-4 锂电池电压划分　　　　　　　　　　　　　　　（单位：V）

分区	说明	范围
高压危险区	保护线路过充的保护电压	4.275～4.35
高压警戒区	锂离子电池充电限制电压	4.20
正常使用区	锂离子电池放电终止电压	2.75～4.20
低压警戒区	保护线路过放的保护电压	2.3～2.5
低压危险区		<2.3

正确了解电池的最低、最高截止电压有助于在使用时候保护电池。航模锂电池必须保持在 3.7～4.2V 范围内使用，若电压低于 3.7V，则属于过度放电，锂电池会膨胀，内部的化学液体会结晶，这些结晶有可能会刺穿内部结构层造成短路，甚至会让锂电池电压变为零；若电压高于 4.2V，则属于过度充电，内部化学反应过于激烈，锂电池会鼓气膨胀，若继续充电会膨胀、燃烧。因此，无论是过放还是过充，均会对航模锂电池产生很大的伤害。

在实际使用过程中，电池的电压会产生压降，这和电池所带动的负载有关，即电池所带的负载越大，电流越大，电池的电压就越低。去掉负载后，电池的电压还可恢复到一定值。

2. 电池容量

电池的容量是用毫安·时（mA·h）来表示的。它的意思是电池在 1h 内可以放出或充入的电流量。例如，1000mA·h 就是这个电池能保持 1000mA（1A）放电 1h。但是电池的放电并非是线性的，所以不能说这个电池在 500mA 时能维持 2h。不过电池的小电流放电时间总是大于大电流放电时间的，所以可以近似算出电池在其他电流情况下的放电时间。一般来说，电池的体积越大，它储存的电量就越多，这样飞行器的质量也会增加，所以选择合适的电池对飞行器的续航时间影响很大。此外，某些厂家生产的电池标称电量往往高于它的实际电量，那么只要看看电池的体积就可知道它的电量值究竟是否属实。

3. 充/放电倍率

（1）放电倍率：电池的放电能力是以倍数，即放电倍率（C）来表示的，即按照电池的标称容量可达到的最大放电电流。例如，一个 1000mA·h、10C 的电池，最大放电电流可达 1000mA×10＝10000mA＝10A。在实际使用中，电池的放电电流与负载电阻有关，根据欧姆定理，电压等于电流乘电阻，所以电压和电阻是常数时，电池的放电电流也是一定的。例如，使用 11.1V、1000mA·h、10C 的电池，电动机的电阻是 1.5Ω，那么在电池电压为 12V 的情况下，忽略电调和线路的电阻，电流为 12V/1.5Ω＝8A。此外，放电电流不但和 C 有关，还和容量相关，因此 C 小的电池有可能比 C 大的放电电流还要大。不论何种电池，放电倍率越大，寿命越短。

（2）充电倍率：一般用于充电时限制最大充电电流，以免充电电流过大损害电池使用寿命，计算方法与放电电流相同，也用倍数（C）来表示。C 的倒数是电池放完电所用的时间，单位为 h。例如，1C 是 1/1h 放完电，2C 是 1/2h 放完电。如果一个电池标着 2000mA·h，以 2000mA 放电，则 1h 完全放电；2000mA·h 电池以 6000mA 完全放电，为 3C（2000mA×3）。因此，电池的 C 额定值是根据它的容量确定的。

不能用低 C 的电池大电流充放电，这样会使电池迅速损坏，甚至自燃。

可以将多个锂电池组并联来增加电池的电流容量。2 个电池正极与正极连、负极与负极连，就成了一个容量提高一倍的电池。如果有 2 个 2000mA·h 电池并联，就相当于一个 4000mA·h 电池。这个 4000mA·h 电池和原 2000mA·h 电池具有相同的 C 值。因此，如果 2000mA·h 电池的最大放电量是 5C，输出电流是 10A，则新的 4000mA·h 电池也可以是 5C，输出电流是 4000mA×5＝20A。用这种方法组装的电池组，比单个电池提供的电流大。

对于电动机来说，选用电池的 C 值越大越好。以最大功率运行时电流为 30A 的电动机为例，如果是 15C、2200mA·h 的电池供电，则最大的持续电流就是 2.2A×15＝33A，刚好能满足电动机要求。若选用 20C 的电池，那么以 2.2A×20＝44A 的电流放电，当电动机达到最大功率时，电流只有 30A，44A 远大于 30A，因此电池会更加轻松。

电池容量经常和放电倍率一起考虑。例如，一组 3000mA·h、20C 的电池，最大放电电流为 3000mA·h×20C＝60A；一组 6000mA·h、10C 的电池，最大放电电流为 6000mA·h×10C＝60A。在电流已知的情况下，可以提高容量或 C 来达到需要的电流。例如，需要 50A 的电流，可以选购 2500mA·h、20C 或 5000mA·h、10C 的电池，而增加容量和提高 C 的差别在于，增加容量会增加电池质量，而增大 C 会缩短电池寿命。所以，在选择电池时需要取一个平衡点，在考虑质量的同时还要考虑 C 值。需要说明的是，容量越大，C 值越不容易做大。例如，市场上有一组6000mA·h、40C电池，从数据来看，虚标的可能性很大，由于电池放电C值很难被一般用户测量，所以电池虚标的现象比较严重。用户要知道是否虚标，最直接的方法就是让电池放电并同时用电流表测量实时的电流大小。例如，一组2000mA·h、20C的电池，实测下来放电的持续电流有40A，说明这组电池基本上没有虚标，但同时还需要注意电池的温度和压降曲线。

4. 电池内阻

电池可以等效为一个带有一定内阻的电压源。对电池来说，内阻越小越好，内阻越小也越贵。电池内阻的单位为欧姆（Ω）或毫欧（mΩ）。电池内阻主要受电池的材料和制造工艺的影响。

5. 串联并联数

经常用"$XSXP$"表示多少电芯并联或串联的情况。XS（series，串联）代表电池组中串联电池的个数，所以3S代表内有3个电芯串联。XP（parallel，并联）代表并联电池的个数。因此，2100mA·h电芯名为3S4P的电池组共有12个电芯。12个电芯中，3个串联电芯决定了电池组电压，因为串联电芯的数量决定电压大小。因为是4个电芯并联，所以最大放电电流是单个电芯最大放电电流的4倍。

通常，11.1V的航模锂电池都由3个锂电芯串联而成（3S1P）。

6. 循环寿命

电池的循环寿命一般指充满并放光一次电，即充电周期的循环数，但充电周期和充电次数没有直接关系。例如，一块锂电池在第一天只用了一半的电量，然后又为它充满电。如果第二天还如此，即用一半就充，总共两次充电，这只能算作一个充电周期，而不是两个。因此，通常可能要经过好几次充电才完成一个周期。每完成一个充电周期，电量就会减少一点。不过，减少幅度非常小，高品质的电池经过多个充电周期后，仍会保留原始电量的80%，很多锂电供电产品在经过两三年后仍然照常使用，就是这个原因。

锂电池的寿命一般为300～500个充电周期。假设一次完全放电提供的电量为Q，如不考虑每个充电周期以后电量的减少，则锂电池在其寿命内总共可以提供或为其补充（300～500)Q的电量。由此我们知道，如果每次用一半电就充，则可以充600～1000次；如果每次用完1/3电量就充，则可以充900～1500次。以此类推，如果随机充电，则次数不定。总之，不论怎么充，总共补充进（300～500)Q的电量这点是恒定的。所以，我们也可以这样理解：锂电池寿命和电池的总充电电量有关，和充电次数无关。事实上，浅放浅充对于锂电池更有益处，只有在产品的电源模块为锂电池做校准时，才有深放深充的必要。所以，使用锂电供电的产品不必拘泥于过程，一切以方便为先，随时充电，不必担心影响寿命。电池到了循环寿命后，老化很厉害，容量将下降很多。循环寿命也是衡量电池的重要指标。IEC标准规定电池的循环寿命达到500次后，应仍能保持容量为初始的60%，国标规定循环300次后，容量应保持为初始容量的70%。

【例6-1】某个航模锂电池的参数为：3S，2200mA·h，25C放电，5C充电。3S代表这是3个电芯串联起来的电池，单个电芯正常起点电压是3.7V，充满截止电压为4.2V，这个电池的初始电压就是11.1V,充满就是12.6V。容量为2200mA·h,25C放电表示该电池可以以$25×2200mA=55A$的最大电流放电。5C充电就是最大充电电流为$5×2200mA=11A$。

【例6-2】 下述搭配是否合理:电池参数:3S(11.1V),4200mA·h,30C;电调参数:80A;电动机参数:最大电流80A,最大电压17V,3400KV。

(1)搭配电池和电调、电动机的原则:电池电压不能超过电调最高承载电压;电池电压也不能超过电动机最高承载电压;电池电流持续输出大于电调最大持续电流输出,若电池的放电电流达不到电调的电流,电调就发挥不了最佳性能。

该例中,电池的电流输出是$4200mA·h×30h/1000=126A$,电调是80A,所以配合没有问题的,电池甚至可以配合到120A电调。

(2)搭配电调和电动机的原则:电调最大电压不能超过电动机能承受的最大电压;电调电流应大于电动机的最大电流。

11.1V<17V,电压可以搭配;电动机和电调电流都是80A,也可以配合。

6.3.3 电池使用注意事项

1. 充电

(1)充电电流:充电电流不得超过说明书规定的最大充电电流,使用高于推荐电流充电可能引起电池充放电性能、机械性能和安全性能等方面问题,并可能导致发热或泄漏。

(2)充电电压:充电电压不得超过规定的限制电压,通常4.2V为每个电芯充电电压的上限。锂电池电压高于4.2V属于过度充电,内部化学反应过于激烈,锂电池会鼓气膨胀,若继续充电会燃烧。严禁采用直充(非平衡充)充电,否则可能造成电芯过充电。

(3)充电温度:电池必须在产品说明书规定的环境温度范围内进行充电,否则电池易受损坏。当发现电池表面温度异常(超过50℃)时,应立即停止充电。

(4)反向充电:正确连接电池的正、负极,严禁反向充电。若正、负极接反,将无法对电池进行充电,而且会使电池受到破坏,甚至导致发热、泄漏、起火。

(5)新的锂电池组充电之前,应逐个检查电芯的电压。充放电10次后,再检查电压。如果每次放电后电池都不平衡,必须更换其中的不良电池。

图6-20 防爆袋

(6)尽量减少快速充电的次数。

(7)必须等锂电池完全冷却后才能充电,否则会严重损坏电池!刚用过的锂电池会有余温,即使表面已完全冷却,内部依然有一定余温。因此,应至少静置锂电池40min以上再充电。

(8)考虑安全,充电时尽量使用防爆袋,如图6-20所示。

(9)切勿充电时无人看守。

(10)放在阻燃材料上充电,着火时可以避免其他物体燃烧,减少损失。

2. 使用

（1）放电电流：放电电流不得超过说明书规定的最大放电电流，否则会导致容量剧减并使电池过热膨胀。

（2）放电温度：电池必须在说明书规定的工作温度范围内放电。当电池表面温度超过70℃时，要暂时停止使用，直到电池冷却到室温为止。

（3）过放电：锂电池电压低于2.75V就属于过度放电，此时锂电池会膨胀，内部的化学液体会结晶，这些结晶有可能会刺穿内部结构层造成短路，甚至会使锂电池电压变为零。

（4）如果不需供电，一定要断开电调上的插头，不然电调会偷偷地把电池电量榨干。

（5）如图6-21所示为锂电池固定电流充放电曲线，可清楚地了解锂电池的放电特性。在合理的放电电流下，电压从静止时的4.2V开始下降，接着曲线趋向平缓，这段平缓的曲线是"放电平台"；然后几乎是垂直下降到2.75V。因此，锂电池实际的使用范围是有效放电电压的部分，电压急速下降区不应使用，因为这个区域电压下降得太快，即便没有飞行器马上坠落，锂电池也难逃过度放电的厄运。飞行器使用中稍微感觉到没有动力就要尽快降落。

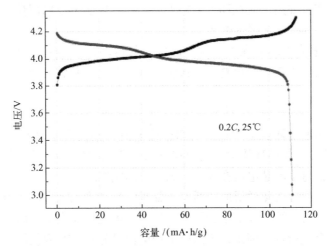

图6-21　DXM-108锂电池固定电流充放电曲线

（6）由图6-21可知，锂电池的充电特性如下。

① 在充电前半段，电压是逐渐上升的。

② 在电压达到4.2V后，内阻变化，电压维持不变。

③ 整个过程中，电量不断增加。

④ 在接近充满时，充电电流会达到很小的值。

（7）不损坏外皮。电池的外皮是防止电池爆炸和漏液起火的重要结构，锂电池的铝塑外皮破损将会直接导致电池起火或爆炸。因此，如果是处于练习阶段的模友，应该对自己的电池做一些适当的保护措施，不能因为电池外壳坚固，而忽视了对它的减震，应当用海绵等减震性能好的材料包裹，以免电池内部或引线部分受到剧烈震动而损坏。另外，电池的扎带也很重要，在摔机时，电池不要因扎带不紧而摔到飞行器外面，这样也很容易造成电池外皮破损。如果电池膨胀，特别是充电的时候膨胀，应尽快将其放置在远离火源的地方。把电池放安全的地方至少2h，让电池缓慢放电。可以用手电筒灯泡进行放电，灯泡电压要高于电池电压（电压应较高），然后固定好即可，等到灯完全熄灭，电池就可以丢弃了。

（8）不要把电池放在有硬币或钥匙等金属的口袋中，也不要放在雨后或结露的潮湿草地上，因为这有可能引发短路。

（9）要想发挥锂电池的最大效能，就要经常使用它，让电池内的电子始终处于流动状态。锂电池深度放电的程度越小，使用的时间越长，如果有可能，应尽量避免完全充放电。

（10）电池组的放电倍率限制了最大输出电流，即决定了动力系统的最大输出功率，而其总容量则限制了航模的最长续航时间，因此可根据最大输出功率和最长续航时间来选择合适的电池。

（11）锂电池外皮较软和薄，其内部的化学物质不稳定且有毒。在发生意外时，如果电池因撞击等原因造成挤压变形或破损，无疑十分危险。因此在固定电池时，要格外注意以下几点。

① 注意保护，防止摩擦和挤压。

② 不得使其局部受力。电池在局部受力挤压后可能会有内部损伤，导致其短路、鼓包。很多飞手习惯使用尼龙扎带（俗称"勒死狗"）固定电池，其实效果并不好。因为这类扎带外表光滑，需要用力勒紧才能固定好电池，而且纤细的扎带在勒紧时易在电池上留下勒痕致使局部受力。如果实在要用，应在勒紧处垫上适当物体以防电池局部受力过大。推荐使用尼龙搭扣（俗称"魔术贴"）来固定电池。

③ 注意散热。电池应固定在独立的空间内，与运动、发热部件（如电动机、电调等）保持距离，而且其周围不应有凸出物、尖锐物，以防挤伤、刺破电池。

3. 贮存

电池应放置在阴凉的环境下贮存，长期存放电池（超过3个月）时，建议置于温度为10～25℃且无腐蚀性气体的环境中。电池在长期贮存过程中，应每3个月充放电一次以保持电池活性，并保证每个电芯电压在3.7～3.9V范围内。

锂电池充满电时内部的化学反应很活跃。如果维持在满电状态电压虽不会降低，但实际放电时化学反应会变得迟缓，放电平台下降，导致锂电池性能大不如前。这就像一条橡皮圈长期紧绷，弹性便会受影响。因此，充满电的锂电池最好在24h内使用。长时间不使用锂电池时，必须让电压维持在3.7～3.9V之间。

充满电的电池，不能满电保存超过3天，如果超过一周不放电，有些电池就直接鼓包了；有些电池可能暂时不会鼓，但几次满电保存后，就会毁坏。因此，正确的方式是，准备试飞之前才给电池充电，如果因各种原因没有使用，也要在充满后3天内把电池放电到3.8V。

锂电池的使用可概括为五个"不"：不过充，不过放，不满电保存，不损坏外皮，不短路。

 6.4 螺旋桨

6.4.1 螺旋桨的作用

根据物体运动作用与反作用原理，两个物体相互作用后，会相互排斥而得到方向相反的运动。譬如，在真空里运动的物体，可以把本身具有的一部分质量向后抛而实现自己向前的运动，这类运动属于反作用运动。在大气中运动的物体，也是利用反作用来实现的，但这种反作用可能是直接的，也可能是间接的，例如，火箭利用朝运动方向相反的方向排气来实现自己的运动，这类运动属于直接反作用的结果。而螺旋桨发动机，靠着螺旋桨旋转把围绕桨叶周围的气流排向后方而产生的拉力来实现它的运动，这类运动属于间接反作用结果，也称空气反作用运动。此时，由于空气质量同桨叶发生相互推斥的作用，结果使被抛向后方的空气朝一个方向运动，而螺旋桨桨叶则同飞行器一起朝着相反的方向运动。又如，在水面上靠荡桨行驶的船，与螺旋桨飞机的运动原理相似，均属于间接反作用运动结果。所不同的是，螺旋桨飞机是以一定的速度向后排斥空气而获得向前运动的拉力，船桨划水则是靠向后排水而获得向前运动的推力。

在旋翼机上，螺旋桨主要产生的是升力。四旋翼飞行器上，螺旋桨的自旋会产生大小相等、方向相反的扭矩，如果不能抵消这个扭力，机身就会旋转。根据角动量守恒，为了抵消螺旋桨的自旋，相隔的桨旋转方向是不一样的，如图6-22所示，所以需要正反桨，以相互抵消旋转扭矩，如图6-23所示。正反桨的风都向下吹，适合顺时针旋转的叫正桨，适合逆时针旋转的是反桨。安装的时候，无论正反桨，有字的一面是向上的（桨叶圆润的一面要和电动机旋转方向一致），如图6-24所示。也可以根据桨叶的表面特征来判断，上方的螺旋桨在旋转方向的前缘为平滑的曲线，更突出的扇形（通常是较薄的那边）作为后缘。

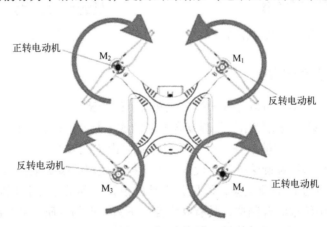

图6-22 四旋翼桨的旋转方向

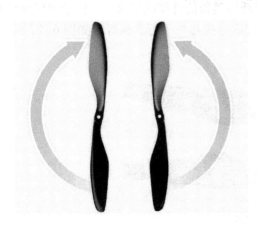

图6-23 正反桨

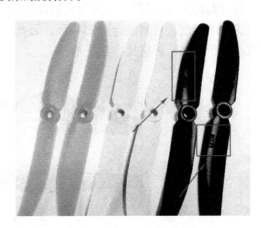

图6-24 桨的标注

螺旋桨作为高速旋转的部件，保证其桨叶的几何参数在不同速度下的轴对称性及质量分布的轴对称性非常重要。如果对称性不好，将导致螺旋桨在转动时发生剧烈的振动。这种振动不仅容易使螺旋桨疲劳断裂，也会使得飞行剧烈震动。为此，螺旋桨在出厂前通常要做静平衡和动平衡的测试。螺旋桨静平衡是指螺旋桨重心与轴心线重合时的平衡状态，如图 6-25 所示是一种常见的静平衡测试工具。螺旋桨动平衡是指螺旋桨重心与其惯性中心重合时的平衡状态，动平衡仪如图 6-26 所示。使用高质量的和做过平衡测试的螺旋桨将提高飞行性能和时间，并减少振动。出现不平衡的情况时，可以通过给偏轻的桨叶贴透明胶带，或用砂纸打磨偏重的桨叶平面（非边缘）来实现平衡。

图 6-25　静平衡测试工具

图 6-26　动平衡仪

6.4.2　螺旋桨的分类

根据材质的不同，桨叶可以分成 3 类：注塑桨、碳纤桨、木桨。

1）注塑桨　注塑桨是指使用塑料等复合材料制成的桨叶。航模爱好者公认美国 APC 公司生产的桨叶最为有名，质量最好。APC 系列螺旋桨由美国知名大厂 Landing Products 设计生产，该厂除设计模型用螺旋桨外，也设计载人飞机所使用的螺旋桨，如美国海军所使用的 UAV 垂直起降飞机所使用的螺旋桨，可见其产品的设计及品质已获得国际的肯定。其所生产的模型螺旋桨采用纤维混合制造，具有高强度、不易变形的特质，并且高效率的流体力学设计使其能承受高达数万转运动特性，是航模爱好者的首选。

2）碳纤桨　碳纤维是一种与人造丝、合成纤维类似的纤维状碳材料。由于碳纤维的材料有优异的硬度，可制成合适的桨形，因此非常适合技巧性飞行。碳纤桨如图 6-27 所示，其效率优于木桨，价格比木桨更贵。

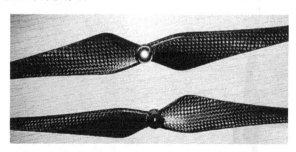

图 6-27　碳纤桨

3) 木桨 木桨如图 6-28 所示,硬度高、质量轻,材料多为榉木,经过风干、打蜡、上漆以后不怕受潮。在航空史中,木桨在早期扮演了非常重要的角色。第一次世界大战时期的很多飞机都使用的木桨,后来才逐渐被铁桨取代。在航模中,木桨主要用在固定翼飞行器上。

螺旋桨按照功能的不同分为电动桨和油动桨,按照桨叶的数量可分为二叶桨、三叶桨和多叶桨。二叶桨和三叶桨各有侧重,应用不同。由于桨面积越大,拉力越大,三叶桨比二叶桨拉力大,在穿越机上多用三叶桨,如图 6-29 所示,可以提高飞行器的机动性,提高 FPV 体验;二叶桨比三叶桨效率高。例如,划船时单桨效率最高,用单桨时,每次划水都是划静止的水,但使用多桨时,第一桨划完后,水流向后方,第二桨跟着再划时,就不是划静止的水,效率就低了。同理,螺旋桨转动时,前桨转过去后,空气被推向后方,后面的桨转过来再划空气时,遇到的不是静止的空气,而是向后流动的空气,因此效率低。但船的螺旋桨却不用双叶桨,因为船和飞行器的环境介质不同,水下阻力大,使用单叶桨需要更大的动力。此外,多叶桨可使桨的直径缩短,以适应环境。

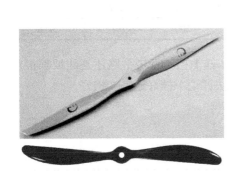

图 6-28 木桨

图 6-29 穿越机的三叶桨

6.4.3 螺旋桨的参数

螺旋桨的型号由 4 位数字表示,如 8045、1038 等,分别代表桨叶的两个重要参数:桨直径和桨螺距。桨直径是指桨转动所形成的圆的直径,对于双叶桨(两片桨叶,这是最常用的)恰好是两片桨叶长度之和,由前两位数字表示,如上面的 80 和 10,单位为 1/10in(1in=254mm)。桨螺距则代表桨旋转动一周前进的距离,类似于一个螺钉,拧一圈后能够拧入的长度。桨螺距由后两位数字表示,如上面的 45 和 38。桨直径和螺距越大,桨能提供的拉(推)力越大。

以 Phantom 的桨叶为例,Phantom 1 使用的是 8045 的桨叶,表示桨直径为 8in(8 × 2.54cm=20.32cm),桨螺距为 4.5in;而 Phantom 2 使用的是 9443 的桨叶,表示桨直径为 9.4in,桨螺距为 4.3in。从桨叶的规格可以看出,Phantom 2 能够提供更大的动力。

螺旋桨的选型是与电动机配套进行的。不同的桨叶和电动机(KV 值不一样)能够形成不同的动力组合,适合于不同的飞行器和应用场景。螺旋桨产生的拉力与其直径的三次方、转速的平方及桨距成正比 [参考式 (3-3)]。因此,各项参数对螺旋桨拉力的影响顺序为:直径最大,转速次之,桨距最小,其余参数则更小。

大螺旋桨就需要用低 KV 值电动机,小螺旋桨就需要高 KV 值电动机(因为需要用转速来弥补升力不足)。如果高 KV 值电动机带大桨,力量不够,那么就很困难,实际还是低速运转,电动机和电调很容易烧坏;如果低 KV 值电动机带小桨,则升力不够,可能造成无法起飞。简单来说,就是"高速电动机配小桨,低速电动机配大桨",不同组合下的性能参数见表 6-5。

表 6-5 电动机与螺旋桨的配套参数

电动机	桨型号	电压/V	电流/A	推力/N	转速/(r/min)	功率/W	效率/(g/W)
X2212KV980	1047	11.1	13.2	870	7100	146.5	5.93
	1145	11.1	17.2	960	5830	190.9	5.02
	9047	12	11	740	8400	132	5.6
X2212KV1250	9047	12	19	980	10050	228	4.29
	9047	11	16.8	800	9370	184.8	4.33
	9047	10	14.8	660	8860	148	4.46
X2212KV1400	8040	7	6.5	410	5600	45.5	9.01
	8040	8.5	7.2	500	6200	61.2	8.17
	8040	10	10.8	600	6500	108	5.56

电动机的 KV 值和螺旋桨大小类似于汽车挡位,汽车挂 1 挡不管走平路还是陡坡都很自如,若挂 4 挡在平路起步就很辛苦,因此各有作用,无法评论 1 挡好还是 4 挡好。

6.5 导线

淘宝网的航模店所卖的线材几乎都标注了"AWG",这是一种导线的标准。AWG (American Wire Gauge)是指"美国线规",一般用"AWG + 数字"来进行标识,后面的数字就是参数,如 AWG12。AWG 常用参数对应表见表 6-6,参数越小,导线越粗。

表 6-6 AWG 常用参数对应表

AWG 号数	直径/mm
8	3.264
9	2.906
10	2.588
11	2.305
12	2.053
14	1.628
15	1.450
16	1.291
17	1.150
18	1.024
19	0.9116
21	0.7229
22	0.6438

续表

AWG 号数	直径/mm
23	0.5733
24	0.5106
33	0.1798

在航模领域，导线的主要指标是能通过多大的电流（其他领域可能还考虑强度、外部环境等因素），最大电流即中间铜芯和绝缘皮熔化之前的电流。绝缘皮也很重要，因为环境温度高、电流大，铜芯的熔点是固定的，如果不用高温线，即使铜芯没问题，绝缘皮熔化了也会短路，造成电路损坏。导线可通过的最大电流受以下条件制约。

(1) 导线截面积：截面积越大，电阻越小，消耗的功率越小，发热就越少，因此导线越粗，所承受的电流就越大。

(2) 材质：材质越好，相同面积下，电阻越小，所能承受的电流越大。

(3) 环境温度：环境温度高，相当于起点高，离熔化温度就更近。所以不同环境温度下的最大电流不一样。

(4) 线芯数目：在相同截面积情况下（也就是粗细相同），导线芯数目越多，越不易散热，所以（排除高频趋肤效应情况下）在航模领域，使用芯数少的导线，最大电流更大。

(5) 安装环境：环境散热越好，能承受的电流越大。

基于以上原理，我们引入一个经验公式，它可以根据导线型号速算最大电流：

$$I_n = K_1 K_2 K_3 K_4 a S$$

式中，I_n 为电线电缆的速算载流量（A）；a 为速算电流系数（A/mm^2）；S 为线缆标称截面积（mm^2）；K_1 为温升折算因数，环境温度为25℃时，$K_1=1$，当超过30℃时，$K_1=0.9$；K_2 为导线折算因数，铜线为1，塑料铝线为0.95；K_3 为管质折算因数，穿钢管为1，穿塑料管为0.85，因为穿塑料管后，散热差；K_4 为穿线共管折算因数，明敷设为1，穿2或3根线为0.75，穿4根管为0.6。速算电流系数 a 的取法见表6-7。

表6-7 速算电流系数 a 的取法

截面积 S/(mm^2)	120	95	70	50	35	25	16	10	6	4	2.5	1.5
电流系数 a/(A/mm^2)	3	3.5	4	4.5	5	6	7	8	9	10	14	18

根据以上公式，我们用最理想的环境来分析AWG12导线。假设环境温度为25℃，采用铜线，不穿管，由于该环境为理想环境，所以公式简化为

$$最大电流(I_n) = 导线面积(S) \times 电流系数(a)$$

查表6-6可知，AWG12导线面积为 $2.053 \times 2.053 \text{mm}^2 = 4.21 \text{mm}^2$，查表6-7对应电流因数为10，得出AWG12导线最大电流为42.1A。基于以上计算可知，好盈40A电调所用的AWG12最大电流刚好比设计最高输出电流高一点。

航模参数很多时候可以凭经验，但要尽量依据数据做出结论。例如，0.2Ω 的导线电阻，很多人认为已经很小了，想当然地忽略了，而事实上在大电流情况下是不可忽视的。例如，假设将一个11.1V动力电池延长，需要加一根导线，导线电阻为 0.2Ω，整系统运行时，有20A的电流（这基本是四旋翼飞行时的动力电池输出电流）通过。根据欧姆定律，导线上将产生 $0.2 \times 20\text{V} = 4\text{V}$ 的压降。也就是说，输出到电调的电压其实只有7.1V，这对于很多

电调将会直接进入低压保护状态，四旋翼飞行器根本无法起飞。

电调延长电源线只需采购与电调相同号数的硅胶线即可，并联到插头时需要采用更高电流规格的硅胶线，多旋翼常用硅胶线在14～12号之间。

6.6　机架

四旋翼飞行器有4个螺旋桨，前后左右各1个，其中位于中心的主控板接收到来自遥控发射机的控制信号后，通过微控制器去控制4个电调，电调再把控制命令转化为电动机的转速，以达到操作者的控制要求，四旋翼飞行器的机械结构设计只需保持质量分布的均匀，4个电动机保持在一个水平线上，可以说结构非常简单，做四旋翼飞行器的目的也是为了用电子控制把机械结构变得尽可能简单。

四旋翼飞行器机身包括机架、无刷电动机、电池、电调等部分。综合考虑飞行环境和实际需求，选择具有较强抗压强度的机体材料；设计合理的机身尺寸和旋翼尺寸，做到体积小、质量轻，便于灵活飞行；选择高性能的电池，保证安全与高效；选择合适的电动机与驱动并符合飞控板的要求；最后，还需要兼顾一定的易组装性及可维护性。

机架（frame）是多旋翼飞行器的基础平台，电动机、飞控板、电调等设备都需要直接安装到上面。作为整个四旋翼飞行器的骨架，在满足机架设计准则的前提下，机架必须根据不同用途和所处环境，考虑下列各项要求，并有所偏重。

（1）提供安装接口，其中包括安装电动机、飞控板的螺孔，并提供固定位置，进一步可以提供角度调整的功能，因此应使机架上的零部件安装、调整、修理和更换都方便。

（2）有一定的刚度和强度：在飞行的过程中，4个螺旋桨的升力直接作用于机架臂，而且在某些特殊情况下，对加速度和角速度有较高的需要，因此要求机架有较好的强度。而且在使用的过程中，如存在较大的振动，则会影响飞控板上的传感器等仪器，对整体的稳定性有影响，所以对刚度也有较高的要求。

（3）起落架的作用是提供飞行器的竖直支撑并保持飞行器的平衡状态。即使在降落的时候，也能够保证飞行器整体的平衡并有缓冲的作用，使飞行器不会因为惯性的影响而使零件以及装置散落。弧形结构能够更好地使起落架具有更好的减震缓冲的作用。在起飞与降落过程中，要求不能存在较大的振动，尤其是降落，很多初学者对降落把握不好，尤其容易损坏主体结构，因此需要类似起落架的缓冲装置。

（4）在保证强度刚度的基础上，满足质量要求（足够轻），为电动机、电调等设备提供余量。

（5）保护装置：在飞行的过程中不能保证没有坠机或失控等突发事件，尤其在竞赛过程中，有队员、观众等参赛人员，出于安全角度考虑，机架必须设置必要的保护装置，如螺旋桨外围防护装置、飞控板保护装置等。

（6）机架臂：如图6-30所示，长短没有规定，理论上只要4个螺旋桨不干涉就可以，但螺旋桨之间会因为旋转产生的乱流而互相影响，因此尽可能不要太近，否则影响效率。

X450高强度机架如图6-31所示。机架的中央用于安放设备，预留了安装孔，孔径为3mm，可连接普通铜柱，孔间距为50mm。

图 6-30　机架臂

图 6-31　X450 机架

机架可按折叠方式分成两种，可折叠式如图 6-32 所示的大疆御，非折叠式如图 6-30 所示的大疆 X 450。

通常，专业厂家有针对航模等飞行器动力系统，如无刷电动机、电调、螺旋桨进行整体性能测试的专业设备，如图 6-33 所示。设备测试项包括电压、电流、转速、推力、扭矩、力效、电功率、机械功率、机械效率、温度等。

图 6-32　大疆御

图 6-33　航模动力系统测试设备

旋翼机动力系统参数设计网上参考资源如下：

☺ http://www.flyeval.com/（北航多旋翼性能估算）；

☺ https://ecalc.ch/index.htm（the Most Reliable RC Calculator on the Web）。

第 7 章　嵌入式主控系统

无人机飞行控制系统是指能够稳定无人机飞行姿态,并能控制无人机自主或半自主飞行的控制系统。它是无人机的大脑,也是区别于航模最主要的标志,简称飞控(FC,Flight Controller)。IMU 感知飞行器在空中的姿态,将数据送给主控处理器 MCU,MCU 将根据用户的操作指令及 IMU 数据,通过飞行算法控制无人机的稳定运行。由于有大量的数据需要计算,而且要求实时性极高,所以 MCU 的性能也决定了无人机是否能够飞得足够稳定、灵活。

几年的时间让无人机从远离人们视野的军事应用飞入了寻常百姓家,让门外汉通过短期的学习就能进行稳定可靠的飞行娱乐,不可否认,飞控技术的发展是近 10 年无人机发展的最大推手。

7.1　微型计算机的组成

冯·诺依曼体系结构计算机的组成如图 7-1 所示。

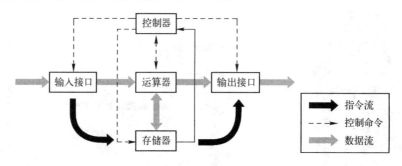

图 7-1　冯·诺依曼体系结构计算机的组成

根据冯·诺依曼体系结构构成的计算机,必须具有如下功能。
(1) 把需要的程序和数据发送至计算机中。
(2) 具有长期记忆程序、数据、中间结果及最终运算结果的能力。
(3) 能够完成各种算术、逻辑运算和数据传送等数据处理任务。
(4) 能够按照要求将处理结果输出给用户。

为了完成上述的功能,计算机必须具备五大基本组成部件,包括:
(1) 输入数据和程序的输入设备;
(2) 记忆程序和数据的存储器;
(3) 完成数据处理的运算器;
(4) 控制程序执行的控制器;
(5) 输出处理结果的输出设备。

冯·诺依曼体系结构的要点如下。

(1) 计算机处理的数据和指令一律用二进制数表示。

(2) 顺序执行程序：计算机运行过程中，把要执行的程序和处理的数据首先存入主存储器（内存），计算机执行程序时，将自动地按顺序从主存储器中取出指令顺次执行，称作顺序执行程序。

(3) 计算机硬件由运算器、控制器、存储器、输入设备和输出设备五大部分组成。

冯·诺依曼体系结构中，运算器和控制器是微处理器的主要组成部分。微处理器有四大基本功能：指令控制、操作控制、时间控制、数据加工。

控制器的知识要点如下。

(1) 从内存中取出一条指令，并指出下一条指令在内存中的位置。

(2) 对指令进行译码或测试，并产生相应的操作控制信号，以便启动规定的动作。

(3) 指挥并控制微处理器、内存和输入/输出设备之间数据流动的方向。

运算器的知识要点如下。

(1) 执行所有算术运算。

(2) 执行所有逻辑运算，并进行逻辑测试，如零值测试或两个数的比较。

微处理器中的主要寄存器有以下几种。

(1) 数据缓冲寄存器 DR：作为微处理器和内存、外部设备之间信息传送的中转站，可以是数据、指令；补偿微处理器和内存、外围设备之间操作速度上的差别；在单累加器结构的运算器中，还可兼作为操作数寄存器。

(2) 指令寄存器 IR：保存当前正在执行的一条指令。

(3) 程序计数器 PC（指令计数器）：确定下条指令的地址。

(4) 地址寄存器 AR：保存当前微处理器所访问的内存单元地址（由于内存和微处理器之间存在着操作速度的差别，所以必须使用地址寄存器来保存地址信息，直到内存操作结束）。

(5) 累加寄存器 AC（累加器）：当运算器的算术逻辑单元 ALU 执行操作时，提供一个工作区；暂时存放 ALU 运算的结果信息。

(6) 状态条件寄存器（PSW）：保存由算术指令和逻辑指令运行或测试影响的条件码内容，如结果进位标志 C、溢出标志 V；保存中断和系统工作状态等信息。

所谓体系结构，也称系统结构，是指程序员在为特定处理器编制程序时"看到"，从而可以在程序中使用的资源及其相互间的关系。体系结构定义了指令集（ISA）和基于这一体系结构的处理器的编程模型。体系结构最为重要的就是处理器所提供的指令系统和寄存器组。基于同样体系结构可以有多种处理器，每种处理器性能不同，所面向的应用也就不同。但每种处理器的实现都要遵循这一体系结构。

程序执行的过程就是数据搬移和计算的过程，最终将结果输出到输出设备上，然后就可以看到程序执行的结果了。从程序员应用的角度来看，计算机可以分为如图 7-2 所示的几个部分。运算单元是执行机器码的机构，这是处理器的最核心部件。寄存器用来暂存计算的数据，很多机器指令必须配合寄存器才能使用。程序空间是存放代码的空间，所写的代码就存放在这里，不过是编译后生成的机

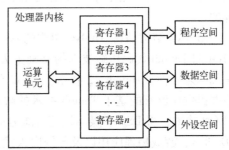

图 7-2 计算机模型

器码。数据空间是存放数据的空间,寄存器数量有限,装不下的其他数据就存放在这里。外设空间是信息输入/输出设备的空间,例如,键盘、鼠标、显示器这3个最基本的外设就属于外设空间。除此之外,USB、打印机等也都属于外设空间。

程序空间与数据空间都在内存中,虽然程序最开始时存储在硬盘中,但当执行一个程序时,这个程序的代码就会被操作系统复制到内存的程序空间,程序还是在内存中执行的,平时说一个程序占用内存多,主要就是指这方面。内存比外存的传输速度快很多,而且对于处理器来说,内存寻址要比外存寻址方便很多,因此,大型计算机系统的程序空间都是在内存中的。但对于某些小型嵌入式设备来说,程序是存储在 FLASH 中的,也直接在 FLASH 中执行,这种系统的程序空间就位于 FLASH 中。

结合体系结构的概念可以看出,图 7-2 中的寄存器组和程序空间中保存的程序代码所使用的指令集,是体系结构重点描述的,即"程序员在为特定处理器编制程序时'看到',从而可以在程序中使用的资源及其相互间的关系"。以下重点分析 CM3 体系结构、寄存器、存储器和指令集。

7.2 CM3 体系结构

ARM 微处理器其主要特征如下。
(1) 采用 RISC 体系结构。
(2) 有大量寄存器,它们都可以用于多种用途。
(3) 具有 Load/Store 体系结构。
(4) 每条指令都条件执行。
(5) 多寄存器的 Load/Store 指令使大多数据操作都在寄存器中完成。
(6) 指令长度固定。
(7) 能够在单时钟周期执行的单条指令内完成一项普通的移位操作和一项普通的 ALU 操作。
(8) 通过协处理器指令集来扩展 ARM 指令集,包括在编程模式中增加新的寄存器和数据类型,在 Thumb 体系结构中以高密度 16 位压缩形式表示指令集。

ARM 体系结构为满足 ARM 合作者以及设计领域的一般需求,正在稳步发展。目前,ARM 体系结构共定义了 8 个版本,从版本 1 到版本 8,ARM 体系的指令集功能不断增加,ARMv5~ARMv8 指令集内容如图 7-3 所示。不同系列 ARM 处理器的性能差别很大,应用范围和对象也不尽相同,但如果是相同的 ARM 体系结构,那么基于它们的应用软件是兼容的。

ARMv7 结构是在 ARMv6 架构的基础上诞生的。该架构采用了 Thumb-2 技术,它是在 ARM 的 Thumb 代码压缩技术的基础上发展起来的,并且保持了对现存 ARM 解决方案的完整代码兼容性。Thumb-2 技术比纯 32 位代码少使用 31% 的内存,减少了系统开销,同时能够提供比已有的基于 Thumb 技术的解决方案高出 38% 的性能。ARMv7 体系结构还采用了 NEON 技术,将 DSP 和媒体处理器能力提高了近 4 倍,并支持改良的浮点运算,满足下一代 3D 图形、游戏物理应用以及传统嵌入式控制应用的需求。在 ARMv7 架构版本中,内核架构首次从单一款式变成 A、R 和 M 共 3 种款式。

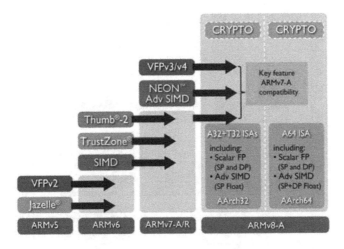

图 7-3　ARMv5 ～ ARMv8 指令集内容

CM3 处理器内核是嵌入式微控制器的中央处理单元。完整的基于 CM3 的微控制器还需要很多其他组件，如图 7-4 所示。芯片制造商得到 CM3 处理器内核 IP 的使用授权后，它们就可以把 CM3 内核用在自己的芯片设计中，添加存储器、外设、I/O 以及其他功能模块。不同厂家设计的微控制器会有不同的配置，存储器容量、类型、外设等都各具特色。

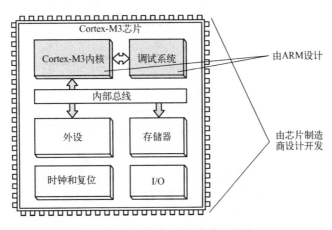

图 7-4　Cortex–M3 内核基本结构

CM3 具有下列特点。

（1）内核：是 ARMv7-M 体系结构，如图 7-5 所示。

（2）哈佛结构：哈佛结构的处理器采用独立的指令总线和数据总线，可以同时进行取指和数据读/写操作，从而提高了处理器的运行性能。

（3）内核支持低功耗模式：CM3 加入了类似于 8 位单片机的内核低功耗模式，支持 3 种功耗管理模式：睡眠模式、停止模式和待机模式。这使整个芯片的功耗控制更为有效。

（4）引入分组堆栈指针机制：把系统程序使用的堆栈和用户程序使用的堆栈分开。如果再配上可选的存储器保护单元（MPU），处理器就能满足对软件可靠性有严格要求的应用。

（5）支持非对齐数据访问：它可以访问存储在一个 32 位单元中的字节/半字类型数据，这样 4 字节类型或 2 个半字类型数据可以被分配在一个 32 位单元中，提高了存储器的利用

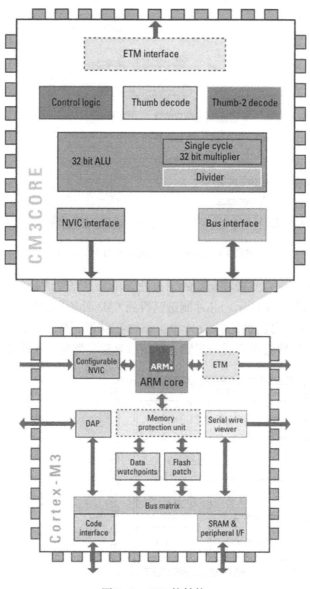

图 7-5　CM3 核结构

率。对于一般的应用程序而言，这种技术可以节省约 25% 的 SRAM 使用量，从而应用时可以选择 SRAM 较小、更廉价的微控制器。

（6）定义了统一的存储器映射：各厂家生产的基于 CM3 内核的微控制器具有一致的存储器映射，为用户对 CM3 的微控制器选型以及代码在不同微控制器上的移植带来很大便利。

（7）可进行位绑定操作。

（8）高效的 Thumb-2 指令集：CM3 使用的 Thumb-2 指令集是一种 16/32 位混合编码指令，兼容 Thumb 指令。对于一个应用程序编译生成的 Thumb-2 代码，已接近 Thumb 编码程序存储器占用量，达到了接近 ARM 编码的运行性能。

（9）32 位硬件除法和单周期乘法：CM3 加入了 32 位除法指令，弥补了以往的 ARM 处理器没有除法指令的缺陷，还改进了乘法运算部件，32 位的乘法操作只需要 1 个时钟周期。

这一性能使得 CM3 进行乘加运算时接近 DSP 的性能。

(10) 三级流水线和转移预测：现代处理器大多采用指令预取和流水线技术，以提高处理器的指令执行速度。高性能流水处理器中加入了转移预测部件，即在处理器从存储器预取指令时如遇到转移指令，能自动预测转移是否会发生，再从预测的方向进行取指，从而给流水线提供连续的指令流，流水线就可以不断地执行有效指令，保证了其性能的发挥。

(11) 内置嵌套向量中断控制器：CM3 首次在内核上集成了嵌套向量中断控制器（NVIC）。CM3 中断延迟只有 12 个时钟周期，还使用尾链技术，使得背靠背（back-to-back）中断的响应只要 6 个时钟周期，而 ARM7 需要 24～42 个时钟周期。ARM7 TDMI 内核不带中断控制器，具体微控制器的中断控制器由各芯片厂家自己加入，这给用户使用及程序移植带来了很大麻烦。基于 CM3 的微控制器具有统一的中断控制器，给中断编程带来了便利。

(12) 拥有先进的故障处理机制：支持多种类型的异常和故障，使故障诊断很容易。

(13) 支持串行调试：CM3 在保持 ARM7 的 JTAG（Join Test Action Group）调试接口的基础上，还支持串行单总线调试 SWD（Serial Wire Debug）。

(14) 具有极高性价比：基于 CM3 的微控制器相比于 ARM7 TDMI 的微控制器，在相同的工作频率下平均性能高约 30%；代码尺寸比 ARM 编码小约 30%；价格更低。

为了防止由于嵌入式处理器芯片层次及生产方式上的复杂性而造成名词上的混乱，将图 7-6 中的处理器部分称作处理器核；把处理器核与其通用功能模块的组合称作处理器；而把在处理器基础上经芯片厂商二次开发，以芯片形式提供的用于嵌入式系统的产品称作嵌入式控制器。也就是说，IP 商提供处理器核和处理器的知识产权，而半导体芯片厂商生产的是嵌入式控制器芯片。

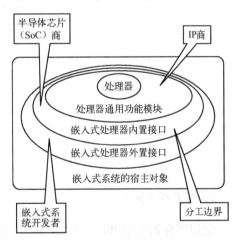

图 7-6 嵌入式产品的层次结构

在半导体芯片产业链中，大体可以分为 IP 设计、IC 设计、晶圆制造和封装测试 4 个环节。ARM 是一家 IP 设计公司，它的工作就是每隔几年研发一代 CPU 的指令集架构（如 ARMv8 和 Cortex-A73），并将这个指令集架构授权给 IC 公司（如高通、联发科、三星、海思等）。接下来，IC 公司通过指令集架构设计出实际的芯片（如骁龙 820、Helio X20、麒麟 960 等），再联系晶圆制造企业（如台积电、三星）进行生产和封装测试，最终销售给硬件厂商（如华为、小米）进行手机的研发和生产。所以，ARM 处理器一般作为内核存在于一些微控制器内部，因而又常常叫作 ARM 核。

综上所述，ARM 是一种 RISC 微处理器的体系结构，如同 x86 架构是一种 CISC 体系结构。Cortex-M 系列是 ARMv7 体系结构中的一个面向微控制器的系列；Cortex-M3 是 Cortex-M 系列中的具体 ARM 处理器核；STM32 是以 Cortex-M3 为微处理器，加入存储器和 I/O 接口的微控制器。

7.3 CM3 寄存器

CM3 寄存器如图 7-7 所示。

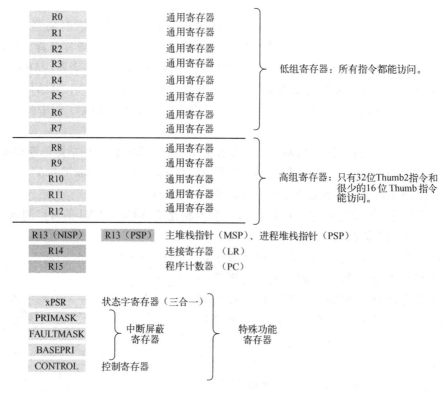

图 7-7 CM3 寄存器

1. 通用寄存器

通用寄存器包括 R0 ~ R12。其中，R0 ~ R7 也被称为低组寄存器。它们的字长全是 32 位，所有指令（包括 16 位和 32 位）都能访问，复位后的初始值是随机的。R0 ~ R3 暂存子函数形参对应的实参值，详见例 7-13。R8 - R12 也被称为高组寄存器。它们的字长也是 32 位，16 位 Thumb 指令不能访问，32 位的 thumb-2 指令则不受限制，复位后的初始值是随机的。

2. 堆栈指针 R13

在 CM3 处理器内核中共有两种堆栈指针，支持两个堆栈，分别为进程堆栈或主堆栈，这两种堆栈都指向 R13，因此在任何时候进程堆栈或主堆栈中只有一个是可见的。当引用 R13（或写作 SP）时，引用的是当前正在使用的那一个，另一个必须用特殊的指令来访问（MRS 或 MSR 指令）。

（1）主堆栈指针（MSP）（或写作 SP_main）：这是默认的堆栈指针，它由操作系统内核、异常服务例程及所有需要特权访问的应用程序代码使用。

(2) 进程堆栈指针 (PSP)（或写作 SP_process）：用于非异常服务例程中常规的应用程序代码。

处理模式和线程模式下，都可以使用 MSP，只有线程模式可以使用 PSP。

堆栈与微处理器模式的对应关系如图 7-8 所示。使用两个堆栈的目的是防止用户堆栈的溢出影响系统核心代码（如操作系统内核）的运行。

虽然程序运行中可以只使用 MSP 堆栈指针，但同时使用 PSP 也是有好处的。例如，可以在用户级的程序中使用 PSP 指针，而在异常中断中使用 MSP 指针，这样当用户程序的 PSP 指针被不小心破坏时，程序会出现错误，必然

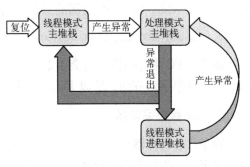

图 7-8 堆栈与微处理器工作模式

会引发异常中断，芯片就自动切换到 handler 模式，权限就随之切换到特权级，堆栈指针也随之切换到 MSP，这样芯片就可以在异常中断中处理这个错误了。如果只使用一个 MSP 指针的，尽管程序进入了异常中断，但 MSP 指针已经在用户模式下被破坏了，那么这个异常中断也会因为这个无效的指针而无法运行，整个芯片就死机了。

3. 链接寄存器 R14

在汇编程序中，可以把链接寄存器 R14 写作 LR 或 R14。LR 用于在调用子程序时存储返回地址，也用于异常返回。

LR 的最低有效位是可读/写的，这是历史遗留的产物。在以前，由位 0 来指示 ARM/Thumb 状态，因为有些 ARM 处理器支持 ARM 和 Thumb 状态并存，为了方便汇编程序移植，CM3 需要允许最低有效位可读/写。

LR 寄存器的功能在一般的函数调用时没有发生变化，还是用来存储调用函数后的返回地址，但 Cortex 内核在中断发生时，硬件会自动将 xPSR、PC、LR、R12、R3、R2、R1 和 R0 压入栈。如果当前在使用 MSP，则将这 8 个寄存器压入 MSP 栈；如果当前在使用 PSP，则将这 8 个寄存器压入 PSP 栈，但进入中断后就一定是使用 MSP 了。进到中断服务程序里，硬件会自动将一个特殊的值 "EXC_RETURN" 存入 LR 寄存器。这个值只能是 0xFFFFFFF1、0xFFFFFFF9 或 0xFFFFFFFD 中的一个，0xFFFFFFF1 代表中断服务程序将返回到 handler 模式，返回之后使用 MSP；0xFFFFFFF9 代表中断服务程序将返回到线程模式，返回之后使用 MSP；0xFFFFFFFD 代表中断服务程序将返回到线程模式，返回之后使用 PSP。在中断服务程序返回时，必须跳转到 EXC_RETURN 值，而不能直接跳转到中断服务程序返回时的地址。中断服务程序返回后，硬件将根据 EXC_RETURN 值的定义使用对应的模式和堆栈寄存器。这种方式是设置 CONTROL 寄存器的位 1 之外的另一种选择 MSP 或 PSP 的方式。

既然 LR 中没有保存返回地址，那么处理器怎么知道中断结束后应该从哪个地址继续运行？在进入中断前，硬件自动将 8 个寄存器压入堆栈，这其中包含 PC 寄存器，压入 PC 的值就是中断发生时下条指令所在的地址，也就是中断返回的地址。在中断返回时，硬件还会自动从堆栈中恢复这 8 个寄存器的内容，这样程序就可以在中断返回后继续运行了。

4. 程序计数器 R15

在汇编代码中，一般把程序计数器 R15 称为 PC（Program Counter）。因为 CM3 内部使用了指令流水线，读 PC 时返回的值是当前指令的地址 +4。例如：

    0x1000：MOV R0,PC；R0 = 0x1004

如果向 PC 中写数据，就会引起一次程序的分支（但是不更新 LR 寄存器）。CM3 中的指令至少是半字对齐的，所以 PC 的最低有效位总是读回 0。

5. 程序状态寄存器

程序状态寄存器在其内部又被分为 3 个子状态寄存器：应用程序 PSR（APSR）、中断号 PSR（IPSR）、执行 PSR（EPSR），如图 7-9 所示。通过 MRS/MSR 指令，这 3 个 PSRs 既可以单独访问，也可以组合访问（2 个组合、3 个组合都可以）。当使用三合一的方式访问时，应使用名字"xPSR"或"PSR"，如图 7-10 所示。程序状态寄存器各位域定义见表 7-1。

	31	30	29	28	27	26:25	24	23:20	19:16	15:10	9	8	7	6	5	4:0
APSR	N	Z	C	V	Q											
IPSR												中断号				
EPSR						ICI/IT	T			ICI/IT						

图 7-9 CM3 中的程序状态寄存器

	31	30	29	28	27	26:25	24	23:20	19:16	15:10	9	8	7	6	5	4:0
xPSR	N	Z	C	V	Q	ICI/IT	T			ICI/IT		中断号				

图 7-10 合体后的程序状态寄存器（xPSR）

表 7-1 程序状态寄存器各位域定义

位	名 称	定 义
[31]	N	负数或小于标志。1：结果为负数或小于关系；0：结果为正数或大于关系
[30]	Z	零标志。1：结果为 0；0：结果非 0
[29]	C	进位/借位标志。1：进位或借位；0：无进位或借位
[28]	V	溢出标志。1：溢出；0：无溢出
[27]	Q	Sticky saturation 标志
[26:25] [15:10]	IT	If – Then 位。它是 If – Then 指令的执行状态位，包含 If – Then 模块的指令数目和执行条件
[24]	T	T 位使用一条可相互作用的指令来清零，也可以使用异常出栈操作来清零。当 T 位为 0 时，执行指令会引起 INVSTATE 异常
[23:16]	—	
[15:10]	ICI	可中断 – 可继续指令位
[9]	—	
[8:0]	ISR NUMBER	中断号

6. 异常中断寄存器

3 个异常中断寄存器用于控制异常的使能和失能，功能描述见表 7-2。

表 7-2 异常中断寄存器

名 称	功 能 描 述
PRIMASK	1 位寄存器。当置位时,它允许 NMI 和硬件默认异常,所有其他中断和异常将被屏蔽
FAULTMASK	1 位寄存器。当置位时,它只允许 NMI,所有中断和默认异常处理被忽略
BASEPRI	9 位寄存器。它定义了屏蔽优先级。当它置位时,所有同级或低级的中断被忽略

7. 控制寄存器

控制寄存器有两个用途,其一用于定义特权级别,其二用于选择当前使用哪个堆栈指针。由两个位来行使这两个职能,见表 7-3。

表 7-3 CM3 的 CONTROL 寄存器

	CONTROL[0]	CONTROL[1]
0	特权级的线程模式	选择主堆栈指针 MSP(复位后的默认值)
1	用户级的线程模式	选择进程堆栈指针 PSP

因为处理者模式永远都是特权级的,所以 CONTROL[0]仅对线程模式操作。仅当在特权级下操作时才允许写 CONTROL[0]位。一旦进入了用户级,唯一返回特权级的途径就是触发一个(软)中断,再由服务例程改写该位。

在 CM3 的处理者模式中,CONTROL[1]总是 0,在线程模式中则可以为 0 或 1。因此,仅当处于特权级的线程模式下,此位才可写,其他场合禁止写此位。

微处理器工作模式、堆栈、控制寄存器关系总结见表 7-4。

表 7-4 微处理器工作模式、堆栈、控制寄存器关系

执行模式	进入方式	堆栈 SP	用 途
特权线程模式	① 复位 ② 在特权处理模式下使用 MSR 指令清零 CONTROL[0]	使用 SP_main: ① 复位后默认; ② 在退出特权处理模式前; ③ 清零 CONTROL[1]	线程模式(特权或非特权)+ SP_process 多用于操作系统的任务状态
非特权线程模式	在特权线程模式或特权处理模式下使用 MSR 指令置位 CONTROL[0]	使用 SP_process: ① 在退出特权处理模式前; ② 置位 CONTROL[1]	
特权处理模式	出现异常	只能使用 SP_main	特权处理模式 + SP_main 在前后台和操作系统中用于中断状态

上述寄存器总结见表 7-5。

表 7-5 CM3 寄存器总结

寄存器名称	功 能
MSP	主堆栈指针
PSP	进程堆栈指针
LR	链接寄存器
APSR	应用程序状态寄存器
IPSR	中断状态寄存器

续表

寄存器名称	功　能
EPSR	执行状态寄存器
xPSR	APSR、EPSR 和 IPSR 的组合
PRIMASK	中断屏蔽寄存器
BASEPRI	可屏蔽等于和低于某个优先级的中断
FAULTMASK	错误屏蔽寄存器
CONTROL	控制寄存器

7.4　STM32 的存储结构

7.4.1　总线接口

片上总线标准繁多，而由 ARM 公司推出的 AMBA 片上总线受到广大开发商和 SoC 片上系统集成商的喜爱，已成为一种主流的工业片上结构。AMBA 规范主要包括 AHB（Advanced High performance Bus）系统总线和 APB（Advanced Performance Bus）外设总线，二者分别适用于高速和相对低速设备的连接。

CM3 是 32 位微处理器，即它的数据总线是 32 位的。用一个简单的例子来类比 32 位的好处：有一个巨大的图书馆，里面有许多藏书，还有一个管理员帮你找书。管理员有 16 个助理，他们骑着自行车前去取书，然后交给管理员。某天来了一个借书人，他想要关于恐龙的所有图书，图书馆有 33 本相关的书籍，那么助理们要跑 3 趟。第 1 趟取来 16 本，第 2 趟也是 16 本，最后一本还要 1 个助理跑 1 趟。虽然最后只取 1 本书，但还是要花 1 趟的时间。如果图书馆有 32 位助理，就只需要跑两趟，可大大节省时间。假如图书馆有 128 本相关的图书，8 位助理要跑 16 趟，32 位就只跑 4 趟。CM3 的运行与此相似，它从内存获得数据，1 个时钟周期内 32 位就可以取得 32 位数据，速度、性能、效率就提高了。

从图 7-11 和图 7-12 可以看出，处理器包含 5 个总线接口：Icode 存储器接口、Dcode 存储器接口、系统接口、外部专用外设总线接口和内部专用外设总线接口。

（1）ICode 总线是 32 位的 AHB 总线，从程序存储器空间（0x00000000～0x1FFFFFFF）取指和取向量在此总线上完成。所有取指都是按字来操作的，每个字的取指数目取决于运行的代码和存储器中代码的对齐情况。

（2）DCode 总线是 32 位的 AHB 总线，从程序存储器空间（0x00000000～0x1FFFFFFF）取数据和调试访问在此总线上完成。数据访问的优先级比调试访问要高。因而当总线上同时出现内核和调试访问时，必须在内核访问结束后才开始调试访问。

（3）系统接口是 32 位的 AHB 总线，对系统存储空间（0x20000000～0xDFFFFFFF，0xE0100000～0xFFFFFFFF）的取指、取向量及数据和调试访问在此总线上完成。系统总线用于访问内存和外设，覆盖的区域包括 SRAM、片上外设、片外 RAM、片外扩展设备及系统级存储区的部分空间，详见 7.4.2 节相关内容。系统接口包含处理不对齐访问、FPB 重新映射访问、bit-band 访问以及流水线取指的控制逻辑。

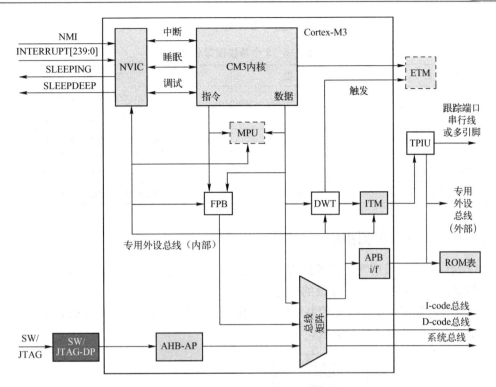

图 7-11 CM3 内部结构及总线连接

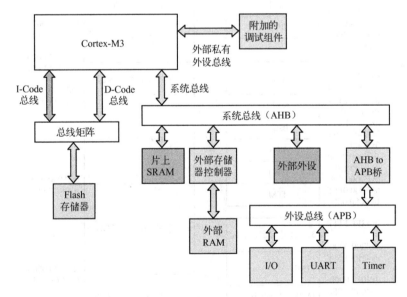

图 7-12 CM3 总线简图

（4）外部专用外设总线接口是 APB 总线，对 CM3 处理器外部外设存储空间（0xE0040000～0xE00FFFFF）的取数据和调试访问在此总线上完成。该总线用于 CM3 外部的 APB 设备、嵌入式跟踪宏单元（ETM）、跟踪端口接口单元（TPIU）、ROM 表，也用于片外外设。

（5）内部专用外设总线是 AHB 总线，对 CM3 处理器内部外设存储空间（0xE000 0000～0xE003 FFFF）的取数据和调试访问在此总线上完成。该总线用来访问嵌套向量中断控制器 NVIC、数据观察和触发（DWT）、Flash 修补和断点（FPB）以及存储器保护单元（MPU）。

处理器包含的 5 个总线接口总结如表 7-6 所示。

表 7-6 5 个总线接口总结

总线名称	类型	范围
Icode	AHB	0x0000 0000～0x1FFF FFFF
Dcode	AHB	0x0000 0000～0x1FFF FFFF
系统总线	AHB	0x2000 0000～0xDFFF FFFF 0xE010 0000～0xFFFF FFFF
外部专用外设总线	APB	0xE004 0000～0xE00F FFFF
内部专用外设总线	AHB	0xE000 0000～0xE003 FFFF

7.4.2 CM3 存储器组织

CM3 的存储系统采用统一的编址方式，如图 7-13 所示，CM3 预先定义好了"粗线条的"存储器映射，通过把片上外设的寄存器映射到外设区，就可以简单地以访问内存的方式来访问这些外设寄存器，从而控制外设的工作。这种预定义的映射关系提升了访问速度，而且对于片上系统的设计更易集成。

图 7-13 CM3 存储器组织

CM3 处理器为 4GB 的可寻址存储空间提供简单和固定的存储器映射。学习此部分要和 7.4.1 节中介绍的总线结构对应起来。

CM3 的代码区的大小为 0.5GB，在存储区起始端。

CM3 的 SRAM 区的大小是 0.5GB，这个区通过系统总线来访问。如图 7-13 所示，在这个区的下部有 1 个 1MB 的区间，被称为位绑定区（bit-band）。该位绑定区还有 1 个对应的 32MB 的位绑定别名（alias）区，容纳了 8M 个位变量。位绑定区对应的是最低的 1MB 地址范围，而位绑定别名区中的每个字都对应位绑定区的 1 位。通过位绑定功能，可以把 1 个布尔型数据打包在 1 个单一的字中，从位绑定别名区中，像访问普通内存一样使用它们。位绑定别名区中的访问操作是原子级的（不可分割），省去了传统的"读—修改—写"3 个步骤。

与 SRAM 相邻的 0.5GB 范围由片上外设的寄存器使用。这个区中也有 1 个 32MB 的位绑定别名区，以便于快捷地访问外设寄存器，用法与 SRAM 区中的位绑定相同。

还有 2 个 1GB 的范围，分别用于连接片外 RAM 和片外外设。

最后还剩下 0.5GB 的区域，包括了系统及组件、内部私有外设总线、外部私有外设总线以及由芯片供应商提供定义的系统外设，数据字节以小端格式存放在存储器中。

请读者思考以下问题：
（1）上述 5 个总线和"微机原理"课程中的地址、数据、控制总线有什么关系？
（2）微控制器字长和总线有什么关系？
（3）存储空间和总线有什么关系？
（4）传送指令中的源操作数、目的操作数和总线有什么关系？

7.4.3　STM32 存储器映射

1. STM32 总线结构

STM32 总线由以下部分构成。

☺ 4 个驱动单元：CM3 内核 DCode 总线（D-bus）、系统总线（S-bus）、通用 DMA1 和通用 DMA2。

☺ 4 个被动单元：内部 SRAM、内部闪存存储器、FSMC、AHB 到 APB 的桥（AHB2APBx），它连接所有 APB 设备。

这些都是通过一个多级的 AHB 总线相互连接的，如图 7-14 所示。

ICode 总线将 CM3 内核的指令总线与闪存指令接口相连接。指令预取在此总线上完成。

DCode 总线将 CM3 内核的 DCode 总线与闪存存储器的数据接口相连接（常量加载和调试访问），用于查表等操作。

系统总线连接 CM3 内核的系统总线（外设总线）到总线矩阵，用于访问内存和外设，覆盖的区域包括 SRAM、片上外设、片外 RAM、片外扩展设备以及系统级存储区的部分空间。

DMA 总线将 DMA 的 AHB 主控接口与总线矩阵相连，总线矩阵协调着 CPU 的 DCode 和 DMA 到 SRAM、闪存和外设的访问。

总线矩阵协调内核系统总线和 DMA 主控总线之间的访问仲裁，此仲裁利用轮换算法。此总线矩阵由 4 个驱动部件（CPU 的 DCode、系统总线、DMA1 总线和 DMA2 总线）和 4 个

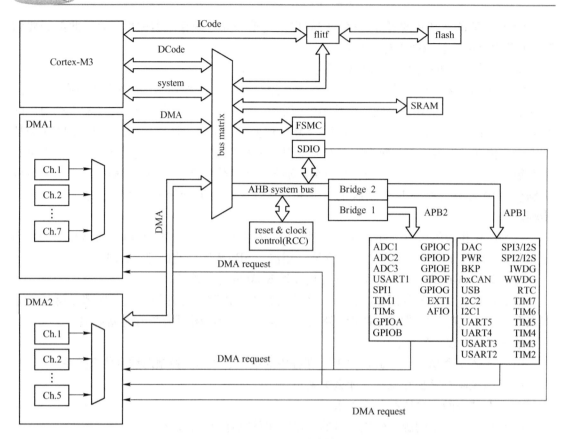

图 7-14 STM32 总线结构

被动部件（闪存存储器接口（FLITF）、SRAM、FSMC 和 AHB2APB 桥）构成。AHB 外设通过总线矩阵与系统总线相连，允许 DMA 访问。

AHB/APB 桥在 AHB 和 2 个 APB 总线间提供同步连接。APB1 操作速度限于 36MHz，APB2 操作于全速（最高 72MHz）。当对 APB 寄存器进行 8 位或 16 位访问时，该访问会被自动转换成 32 位访问；桥会自动将 8 位或者 32 位的数据扩展以配合 32 位的向量。

2. STM32 存储器映射

STM32 将可访问的存储器空间分成 8 个块，每块大小为 0.5GB。其他没有分配给片上存储器和外设的空间都是保留的地址空间，如图 7-15 所示。8 个块分别如下。

（1）代码区（0x0000 0000～0x1FFF FFFF）：该区可以存放程序，该区域又分为以下几部分。

① SRAM：运行时临时存放代码；

② Flash：存放代码；

③ System Memory：STM32 出厂时自带的只读区，不能写或擦除；

④ Option Bytes：可以按照用户的需要进行配置（如配置看门狗为硬件实现还是软件实现）。

（2）SRAM 区（0x2000 0000～0x3FFF FFFF）：该区用于片内 SRAM。此区也可以存放程序，用于硬件升级等维护工作。

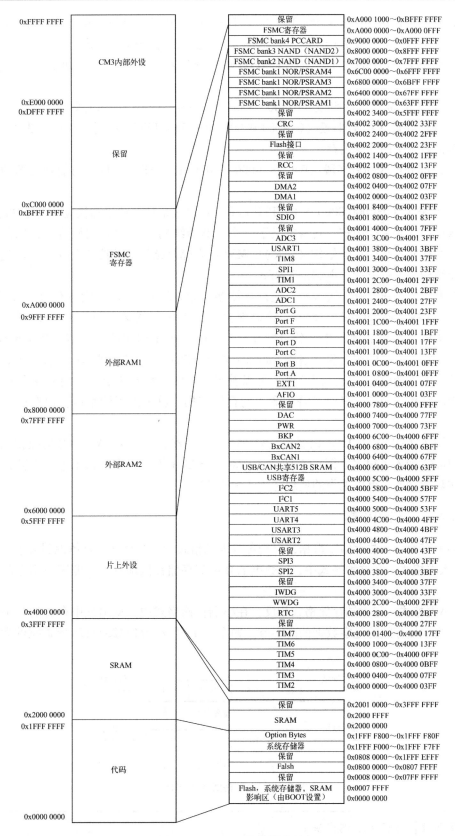

图 7-15　STM32 存储器映射

(3) 片上外设区（0x4000 0000～0x5FFF FFFF）：该区为外设的存储器映射，对该区域操作，就是对相应的外设进行操作。片上外设区存储结构如图7-15所示。

(4) 外部RAM区的前半段（0x6000 0000～0x7FFF FFFF）：该区地址指向片上RAM或片外RAM。

(5) 外部RAM区的后半段（0x8000 0000～0x9FFF FFFF）：同前半段。

(6) 外部外设区的前半段（0xA000 0000～0xBFFF FFFF）：用于片外外设的寄存器，也用于多核系统中的共享内存。

(7) 外部外设区的后半段（0xC000 0000～0xDFFF FFFF）：目前与前半段的功能完全一致。

(8) 系统区（0xE000 0000～0xFFFF FFFF）：该区是私有外设和供应商指定功能区。

Cortex-M3是一个内核，自身定义了一个存储器结构，ST公司按照这个存储器定义设计了自己的存储器结构；但是ST公司的STM32的存储器结构必须按照Cortex-M3这个定义的存储器结构来进行设计。举例说明如下。

一个做饭的调料盒有3块区域（假设存储器分为3块），上面分别标有盐（Flash）、糖（SROM）、味精（Peripheral），此时，该调料盒并没有任何意义（对应Cortex-M3内核）。当按照标签放入特定品牌、特定分量的盐（Flash）、糖（SROM）、味精（Peripheral）时，产生一个有实际意义的调料盒（各类Cortex-M3内核的芯片，如STM32）。注意调料的位置可以不放，但不能放错。由上面的例子可以看出，空的调料盒决定了"有意义"的调料盒存放调料的结构。因此，只要了解空盒子的存储结构，就可以很清楚地明白有调料时的用法了。

比较图7-13和图7-15可以看到，STM32的存储器和Cortex-M3的结构很相似，不同的是，STM32加入了很多实际的东西，如Flash、SRAM等。只有加入了这些东西，才能成为拥有实际意义的、可以工作的处理芯片——STM32。

7.4.4 大端和小端

内存中有两种方法存储字数据，分别称为大端格式和小端格式，具体说明如下。

1) 大端格式　在这种格式中，字数据的高字节存储在低地址中，低字节则存放在高地址中。

2) 小端格式　与大端存储格式相反，在小端存储格式中，低地址中存放的是字数据的低字节，高地址存放的是字数据的高字节。如图7-16所示为0x12345678字数据的大小端存储方式。

图7-16　大端格式和小端格式

【例7-1】测试大小端代码1。

```
int main(void)
{
    union un{
        int a;
        char b;
    }un1;
    uart_init();
    un1.a = 0xffff0000;
    if(un1.b)
        printf("big");
    else
        printf("little");

    return 0;
}
```

【例7-2】测试大小端代码2。

```
    int temp = 0xffff0000;
    char *pointer;
int main( void )
{
    uart_init();

    pointer = (char *)&temp;

    if(*pointer)
        printf("big");
    else
        printf("little");

    return 0;
}
```

7.4.5 字节对齐

程序在运行时会将数据临时存放在内存中,芯片内核需要对这些数据进行计算,不断读取内存以获得数据,并将计算结果写入内存。计算机存储系统以8位作为其基本的存储单元byte(字节),这是每个地址所对应的最小访问单元,在C语言中对应1个char型的变量。

如图7-17所示为芯片内核访问内存的示意图。芯片内核通过控制总线控制内存的动作,通过地址总线获得内存地址,数据总线上获得交互的数据。

假设图7-17中的处理器是8位机,那么数据总线的宽度是8位,由8根数据线组成,这样芯片内核与内存之间一次就可以同时交换8位数据,即1字节。图7-17中右侧的每个

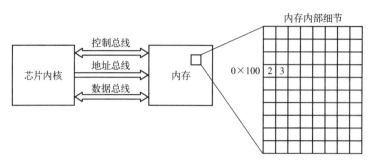

图 7-17　芯片内核访问内存示意图

小格子代表一个存储地址，对应 1 字节。

程序员在写代码时一般并不会指定变量存放在内存中的地址，这是由编译器链接器决定的，而编译器链接器则遵循"对齐"的原则，以 32 位机为例，其规则是 1 字节长度的变量可以被编译链接到任何地址，2 字节长度类型的变量被编译链接到 2 的整数倍地址，4 字节长度类型的变量被编译链接到 4 的整数倍地址。因此，取 signed/unsigned char 类型变量的地址时，可以是任意地址；取 signed/unsigned short int 类型变量的地址时，一定是 2 的整数倍；取 signed/unsigned int、signed/unsigned long 类型变量的地址时，一定是 4 的整数倍。

在结构体数据结构中，编译器为结构的每个成员按其自然对界（alignment）条件分配空间。各成员按照它们被声明的顺序在内存中顺序存储（成员之间可能有插入的空字节），第一个成员的地址和整个结构的地址相同。C 编译器默认的结构成员自然对界条件为"n 字节对齐"，n 即该成员数据类型的长度。例如，int 型成员的自然对界条件为 4 字节对齐，而 double 类型的结构成员的自然对界条件为 8 字节对齐。若该成员的起始偏移不位于该成员的"默认自然对界条件"上，则在前一个字节后面添加适当个空字节。C 编译器默认的结构整体的自然对界条件为该结构所有成员中要求的最大自然对界条件。若结构体各成员长度之和不为结构整体自然对界条件的整数倍，则在最后一个成员后填充空字节。

【例 7-3】

```
typedef struct example1
{
    char a;
}EXAMPLE1;
```

结构体 EXAMPLE1 比较简单，其实就是一个 char 型，它的长度 sizeof(EXAMPLE1) 为 1。

【例 7-4】

```
typedef struct example2
{
    char a;
    short b;
}EXAMPLE2;
```

结构体 EXAMPLE2 中包含了 2 个变量，其中 char 型变量 a 的长度为 1，short 型变量 b 的长度为 2，但结构体 EXAMPLE2 的整体长度 sizeof(EXAMPLE2) 却为 4，而不是 1+2=3，这种现象就是字节对齐造成的。

画出结构体 EXAMPLE2 在内存中分布，如图 7-18 所示。

图 7-18 中，每个格子代表 1 字节，灰色背景的格子是编译器为了字节对齐而保留的 1 字节空间。保留 1 字节的空间是因为结构体的对齐长度必须是其内部变量类型中最长的对齐长度，也就是说，存放结构体的起始地址必须是其内部变量类型中最长对齐长度的整数倍。结构体 EXAMPLE2 中，变量 a 的对齐长度是 1，变量 b 的对齐长度是 2，因此 EXAMPLE2 存放的地址必须是 2 的整数倍。变量 a 可以存放在任何地址，因此存放在 EXAMPLE2 开始的第一个字节，这个字节所在的地址是 2 的整数倍，接下来的字节（灰色）所在的地址不是 2 的整数倍，而变量 b 又只能存放在 2 的整数倍地址，因此 a 和 b 之间只好空出 1 字节，这就使结构体 EXAMPLE2 的长度变为 4 了。

图 7-18　例 7-4 中的内存分布

EXAMPLE2 可以在 keil 软件中进行实验，代码如图 7-19 所示，然后再用 memory 工具查看结果。

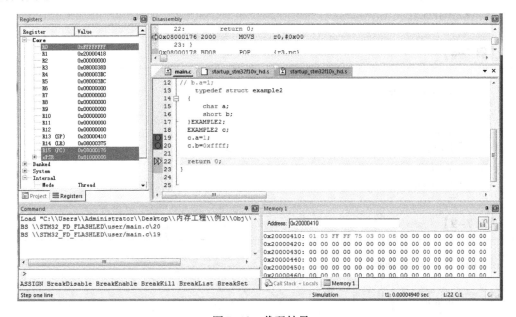

图 7-19　代码结果

请读者利用 keil 软件显示出例 7-5～例 7-9 中的数据结构在内存中的字节对齐结果。

【例 7-5】

```
typedef struct example3
{
    char a;
    short b;
    int c;
}EXAMPLE3;
```

【例 7-6】

```
typedef struct example4
{
    char a;
    char b;
    short c;
    int d;
}EXAMPLE4;
```

【例 7-7】

```
typedef struct example5
{
    short a;
    char b;
}EXAMPLE5;
```

【例 7-8】

```
typedef struct example6
{
    char a;
    int b;
    short c;
}EXAMPLE6;
```

【例 7-9】

```
typedef struct example7_1
{
    char a;
    int b;
    char c;
}EXAMPLE7_1;
typedef struct example7_2
{
    short a;
    EXAMPLE7_1 b;
    char c;
}EXAMPLE7_2;
```

我们知道，内存是计算机五大组成部分中的重要部分，但我们没法看见，因此好的学习方法是用程序代码到计算机的存储空间中去"看"。如果对数据存储有了深刻认识，那么对计算机程序设计会有很大帮助。

7.4.6 动态内存

malloc()函数用来动态地分配内存空间,其原型如下:

  void * malloc (size_t size);

(1) 参数说明:size 为需要分配的内存空间大小,以字节(byte)为单位。

(2) 函数说明:malloc()在堆区分配一块指定大小的内存空间,用来存放数据。这块内存空间在函数执行完成后不会被初始化,它们的值是未知的。如果希望在分配内存的同时进行初始化,应使用 calloc() 函数。

(3) 返回值:若分配成功,则返回指向该内存的地址,失败则返回 NULL。由于申请内存空间时不确定是否成功,所以需要自行判断是否申请成功,再进行后续操作。如果 size 的值为 0,那么返回值会因标准库实现的不同而不同,可能是 NULL,也可能不是,但返回的指针不应再次被引用。

【例7-10】

```
#include "main. h"
#include <stdio. h>
#include <stdlib. h>
#include <string. h>

int main ( )
    {
    int i = 100,n;
    char * buffer;
    uart_init( );

    buffer = (char * )malloc(i + 1);
        if(buffer! = NULL)   printf ("分配成功\r\n");

        for(n = 0;n < i;n ++ )
    buffer[n] = (rand( ))% 26 + 'a';
    buffer[i] = '\0';
    printf ("随机生成的字符串为:% s\n",buffer);
    free(buffer);
    return 0;
    }
```

7.5 ARM 指令集

在 CM3 上编程,既可以使用 C 语言也可以使用汇编语言。可能还有其他语言的编译器,但是大多数程序员还是会在 C 语言与汇编语言之间选择。C 语言与汇编语言各有千秋，不能互相取代。使用 C 语言能开发大型程序，而汇编语言则用于执行底层任务。程序开发中，应以 C 语言来实现程序的大框架，而本着"好钢用在刀刃上"的原则来使用汇编语言，因为只有在不多的特殊场合是必须使用汇编语言的，具体如下。

（1）无法用 C 语言写成的函数，如操作特殊功能寄存器以及实施互斥访问。
（2）在危急关头执行处理的子程序（如 NMI 服务例程）。
（3）存储器极度受限，只有使用汇编语言才可能把程序或数据挤进去。
（4）执行频率非常高的子程序，如操作系统的调度程序。
（5）与处理器体系结构相关的子程序，如上下文切换。
（6）对性能要求极高的应用，如防空炮的火控系统。

使用汇编语言编程必须熟悉指令集。指令集可以看作硬件与软件交流的语言，最基础的指令集可分成 RISC（Reduced Instruction Set Computer，精简指令集计算机）和 CISC（Complex Instruction Set Computer，复杂指令集计算机）。RISC 重视指令的简单和单纯性，如指令等长的特点，所以指令数较少，因此处理器结构简单，一些常用功能处理效率很高，但一些复杂功能需要多个指令组合完成，效率会明显下降；CISC 则直接使用丰富的指令系统，可以直接完成特定工作，但也造成语言本身和处理器较为复杂。目前，两种指令集及相应处理器有一些互相借鉴。

【例 7-11】CISC 指令集。

```
MUL ADDRA,ADDRB
```

【分析】实现将 ADDRA 和 ADDRB 中的数据相乘，并将结果存储在 ADDRB 中。操作依赖于 CPU 中设计的逻辑来实现，增加 CPU 复杂性，但是可使代码精简。目前仅 Intel 及其兼容 CPU 采用。

【例 7-12】RISC 指令集。

```
MOV A,ADDRA
MOV B,ADDRB
MUL A,B
STR ADDRA,A
```

【分析】操作全部由软件来实现，降低 CPU 的复杂度，但对编译器有更高的要求。嵌入式处理器大多采用 RISC 指令集。

对于指令集的学习，不建议按照指令集手册逐条学习，建议将 C 语言的基本语句反汇编后进行对比学习。例 7-13 采用 keil 软件将 C 语言的基本语句反汇编。

【例 7-13】

```
int add2(int a,int b)
{
    return a + b;
}
```

```
int add4(int a,int b,int c,int d){
    return a + b + c + d;
}

int add5(int a,int b,int c,int d,int e){
    return a + b + c + d + e;
}

int main(void)
{
    uart_init();

    printf("hello %d\r\n",add2(1,2));
//  printf("hello %d\r\n",add4(1,2,3,4));
//  printf("hello %d\r\n",add5(1,2,3,4,5));

}
```

例7-13 的反汇编结果如图 7-20 所示。图中寄存器区的寄存器为 7.3 节中所介绍的寄存器；反汇编区为源码区对应的汇编代码；机器语言的长度包括 16 位和 32 位，这是 Thumb – 2 指令集特点。

图 7-20　例 7-13 的反汇编结果

由图 7-20 可知，若子函数有 2 个形参，则传递的参数值"1"和"2"分别保存在 r0 和 r1 中。

例 7-13 中，若屏蔽"printf("hello %d\r\n",add2(1,2));"语句，启用"printf("hello %d\r\n",add4(1,2,3,4));"语句，则反汇编结果如图 7-21 所示。若子函数有 4 个形参，

则传递的参数值"1"、"2"、"3"和"4"分别保存在 r0、r1、r2 和 r3 中。

```
0x08000C1E 2304     MOVS     r3,#0x04
0x08000C20 2203     MOVS     r2,#0x03
0x08000C22 2102     MOVS     r1,#0x02
0x08000C24 2001     MOVS     r0,#0x01
0x08000C26 F7FFFFDF BL.W     add4 (0x08000BE8)
```

图 7-21 例 7-13 修改后的反汇编结果（一）

例 7-13 中，若启用最后 1 条"printf("hello % d\r\n",add5(1,2,3,4,5));"语句，则反汇编结果如图 7-22 所示。若子函数有 5 个形参，传递的参数值"1"、"2"、"3"和"4"分别保存在 r0、r1、r2 和 r3 中外，第 5 个参数保存在内存的堆栈中。这说明，由于寄存器的访问速度快于内存，所以子函数的参数不要超过 4 个。

```
0x08000C22 2005     MOVS     r0,#0x05
0x08000C24 2304     MOVS     r3,#0x04
0x08000C26 2203     MOVS     r2,#0x03
0x08000C28 2102     MOVS     r1,#0x02
0x08000C2A 9000     STR      r0,[sp,#0x00]
0x08000C2C 2001     MOVS     r0,#0x01
0x08000C2E F7FFFFDB BL.W     add5 (0x08000BE8)
```

图 7-22 例 7-13 修改后的反汇编结果（二）

【例 7-14】

```
long long  addlong()
{
    volatile unsigned long long a,b;
    return b + a;

}
int main(void)
{
    uart_init();

    addlong();

}
```

例 7-14 中，子函数 addlong() 的反汇编如图 7-23 所示。其中，LDRD 指令功能是从连续的地址空间加载双字（64 位整数）到 2 个寄存器。例如，形参 a 和 b 都是 unsigned long long 类型，即 64 位，"LDRD r3,r1,[sp,#0x08]"将内存中 0x08 ~ 0x0F 保存的双字赋给 r3 和 r1，r3 中存低位，r1 中存高位。同理，r2 中保存另一个数低位，r1 中保存另一个数高位。"ADDS r2,r2,r3"为 r3 和 r2 相加结果存 r2，"ADCS r1,r1,r0"为高位相加，注意 ADCS 和 ADDS 的差异在于 ADCS 要加进位（carry）。最终的 64 位结果保存在 r1 和 r0 中。

```
     18: {
     19:         volatile unsigned long long a,b;
0x08000A26 B51F       PUSH         {r0-r4,lr}
     20:         return b+a;
     21:
0x08000A28 E9DD3102   LDRD         r3,r1,[sp,#0x08]
0x08000A2C E9DD2000   LDRD         r2,r0,[sp,#0]
0x08000A30 18D2       ADDS         r2,r2,r3
0x08000A32 4141       ADCS         r1,r1,r0
0x08000A34 4610       MOV          r0,r2
     22: }
```

图 7-23　例 7-14 中子函数 addlong( ) 的反汇编

【例 7-15】

```
int wordinc(int a){
    return a + 1;
}

int shortinc(short a){
    return a + 1;
}

int charinc(char a){
    return a + 1;
}

int main(void)
{
    int b;
    short c;
    char d;
    b = wordinc(0x11111111);
    c = shortinc(0x2222);
    d = charinc(0x33);
}
```

由图 7-24 ~ 图 7-26 可知，虽然形参定义为 int（32 位）、short（16 位）、char（8 位），但编译器没有进行处理，都直接放到 32 位的寄存器 r0 中。图 7-27 中，变量 b、c、d 的类型也没有进行转换，都是直接用 32 位的处理器进行处理的。这也是编译器的智能之处，因为若要按照 C 语言字符类型进行转换，就必然会增加代码量，降低实时性。这个例子也告诉我们，传统观念中为降低内存开销而尽量定义字节数少的字符类型的方法在当前的嵌入式编程中不再适用，因为那会降低代码实时性。

```
   55:       int wordinc(int a){
0x080007D8 4601        MOV           r1,r0
   56:       return a+1;
0x080007DA 1C48        ADDS          r0,r1,#1
   57:     }
```

图 7-24 wordinc(int a) 的汇编代码

```
   58:       int shortinc(short a){
0x080005AE 4601        MOV           r1,r0
   59:       return a+1;
0x080005B0 1C48        ADDS          r0,r1,#1
   60:     }
```

图 7-25 shortinc(short a) 的汇编代码

```
   61:       int charinc(char a){
0x08000586 4601        MOV           r1,r0
   62:       return a+1;
0x08000588 1C48        ADDS          r0,r1,#1
   63:     }
```

图 7-26 charinc(char a) 的汇编代码

```
   72:           b=wordinc(0x11111111);
0x0800058E F04F3011    MOV           r0,#0x11111111
0x08000592 F000F921    BL.W          wordinc (0x080007D8)
0x08000596 4604        MOV           r4,r0
   73:           c=shortinc(0x2222);
0x08000598 F2422022    MOVW          r0,#0x2222
0x0800059C F000F807    BL.W          shortinc (0x080005AE)
0x080005A0 B202        SXTH          r2,r0
   74:           d=charinc(0x33);
0x080005A2 2033        MOVS          r0,#0x33
0x080005A4 F7FFFFEF    BL.W          charinc (0x08000586)
0x080005A8 B2C3        UXTB          r3,r0
   75:     }
```

图 7-27 charinc(char a) 的汇编代码

7.6 STM32F1 和 STM32F4 的区别

　　STM32F1 的 ARM 核是 Cortex-M3，STM32F4 的 ARM 核是 Cortex-M4，Cortex-M4 在 Cortex-M3 基础上强化了运算能力，新加了浮点、DSP、并行计算等。ARM 希望把 Cortex-M4 用于数字信号控制领域，也就是既有微控制器的"控制"能力，又有 DSP 的"处理"能力。Cortex-M4 的结构如图 7-28 所示。Cortex-M3 和 Cortex-M4 的对比见表 7-7。

第 7 章 嵌入式主控系统

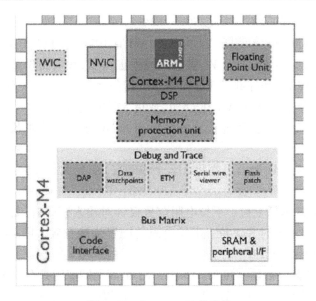

图 7-28 Cortex – M4 的结构

表 7-7 Cortex – M3 和 Cortex – M4 的对比

架 构 版 本	Cortex – M3	Cortex – M4
指令集	v7M	v7ME
DMISP/MHz	Thumb + Thumb – 2	Thumb + Thumb – 2，DSP，SIMD FP
总线接口	1.25	1.25
集成 NVIC	3	3
中断数	是	是
中断优先级	1～240 NMI	1～240 + NMI
存储器保护单元（MPU）	是（可选）	是（可选）
集成跟踪选项（ETM）	是（可选）	是（可选）
故障健壮接口	是（可选）	否
单周期乘法	是	是
硬件除法	是	是
WIC 支持	是	是
bit Banding	是	是
单周期 DSP/SIMD	否	是
硬件浮点	否	是
总线协议	AHB Lite，APB	AHB Lite，APB
CMSIS 支持	是	是

STM32F1（以下简称 F1）和 STM32F4（以下简称 F4）的区别如下所述。

(1) F1 采用 Cortex – M3 内核，F4 采用 Cortex – M4 内核。

(2) F1 最高主频为 72MHz，F4 主频达到 168MHz 以上（STM32F429 为 180MHz）。

(3) F4 具有单精度浮点运算单元，F1 没有浮点运算单元。

(4) F4 具备增强的 DSP 指令集，F4 执行 16 位 DSP 指令的时间只有 F1 的 30% ～ 70%，

执行 32 位 DSP 指令的时间只有 F1 的 25%～60%。

（5）F1 内部 SRAM 最大 64KB，F4 内部 SRAM 有 192KB（112KB+64KB+16KB）。

（6）F4 有备份域 SRAM（通过 V_{bat} 供电保持数据），F1 没有备份域 SRAM。

（7）F4 从内部 SRAM 和外部 FSMC 存储器执行程序的速度比 F1 快很多。F1 的指令总线 I-Bus 只接到 Flash 上，从 SRAM 和 FSMC 取指令只能通过 S-Bus，速度较慢。F4 的 I-Bus 不但连接到 Flash 上，而且还连接到 SRAM 和 FSMC 上，从而加快了从 SRAM 或 FSMC 取指令的速度。

（8）F1 最大封装为 144 脚，可提供 112 个 GPIO；F4 最大封装为 176 脚，可提供 140 个 GPIO。

（9）F1 的 GPIO 的内部上拉、下拉电阻配置仅针对输入模式有用，输出时无效。而 F4 的 GPIO 在设置为输出模式时，上拉、下拉电阻的配置依然有效，即 F4 可以配置为开漏输出，内部上拉电阻使能，而 F1 不行。

（10）F4 的 GPIO 最高翻转速度为 84MHz，F1 最高翻转速度只有 18MHz。

（11）F1 最多可提供 5 个 UART 串口，F4 最多可以提供 6 个 UART 串口。

（12）F1 可提供 2 个 I^2C 接口，F4 可以提供 3 个 I^2C 接口。

（13）F1 和 F4 都具有 3 个 12 位的独立 ADC，F1 可提供 21 个输入通道，F4 可以提供 24 个输入通道。F1 的 ADC 最大采样频率为 1Msps（sps，sample per second），2 路交替采样可到 2Msps（F1 不支持 3 路交替采样）。F4 的 ADC 最大采样频率为 2.4Msps，3 路交替采样可到 7.2Msps。

（14）F1 只有 12 个 DMA 通道，F4 有 16 个 DMA 通道。F4 的每个 DMA 通道有 4×32 位 FIFO，F1 没有 FIFO。

（15）F1 的 SPI 时钟最高速度为 18MHz，F4 可达到 37.5MHz。

（16）F1 没有独立的 32 位定时器（32 位需要级联实现），F4 的 TIM2 和 TIM5 具有 32 位上下计数功能。

（17）F1 和 F4 都有 2 个 I^2S 接口，但是 F1 的 I^2S 只支持半双工方式（例如，同一时刻要么放音，要么录音），而 F4 的 I^2S 支持全双工。

7.7　STM32 的选型

ST 提供了基于 ARM Cortex-M0/M0+/M3/M4/M7 全系列的内核产品。不同的内核产品性能不同，其应用范围也有所不同，见表 7-8。

表 7-8　STM32 系列产品

微控制器名称	参　　数	特　　点
STM32F7	1000CoreMark，200MHz，428DMIPS	M7 最新内核，处理更复杂的任务
STM32F4	608CoreMark，180MHz，225DMIPS	M4 内核，高性能产品
STM32F2	398CoreMark，120MHz，150DMIPS	最高性能的 M3 内核产品
STM32F3	245CoreMark，72MHz，90DMIPS	M4 内核简化，外设增强的产品。大有替代 F1 的趋势，性价比高于 F1
STM32F1	177CoreMark，72MHz，61DMIPS	M3 内核，主流产品

第 7 章 嵌入式主控系统

续表

微控制器名称	参　　数	特　　点
STM32F0	106CoreMark，48MHz，38DMIPS	M0 内核，8 位机的价格
STM32L4	273CoreMark，80MHz，100DMIPS	M4 内核，新低功耗架构
STM32L1	93CoreMark，32MHz，33DMIPS	M3 内核，超低泄漏制程
STM32L0	72CoreMark，32MHz，26DMIPS	M0+内核，专为低功耗产品而设计，比 L1 功耗稍低

嵌入式系统主控芯片选择主要考虑以下方面：
(1) 速度（主频、效率、多核）；
(2) 数据处理能力（浮点、除法、乘法、单指令多数据流等）；
(3) 存储系统（MMU、Cache、TCM、Flash、内存、总线架构）；
(4) 异常系统（中断、abort 等）；
(5) 功耗（电源管理、制造工艺）、能耗（W/MHz）；
(6) 处理器的扩展能力（接口：串口、CAN、PWM、USB、MAC 等）；
(7) 开发调试工具；
(8) 成本、技术资料、软件资源、评估板/开发板等其他因素；
(9) 处理器对网络的支持；
(10) 操作系统的支持。

四旋翼飞行器能够飞行主要是依靠传感器系统获取位姿信息并反馈到微处理器进行控制系统的运算，然后驱动电动机完成姿态控制。一个飞控系统的基本工作主要有以下几方面。
(1) 微控制器接收遥控器的操作指令和传感器信号。
(2) 微控制器进行传感器的数据处理和数据融合算法运算，得到位置、姿态信息。
(3) 根据控制指令完成相应的控制器（姿态、位置）计算，得出控制量并输出到电动机驱动器。

因此，飞行器的微处理器需具有嵌入性、实时性、可靠性等特点。嵌入性是指飞行器需体积小、质量轻。实时性是指由于飞行器飞行控制需要进行复杂控制算法的处理和数据融合算法的处理，所以对微处理器的主频与运算速度的要求较高，输入数据的速度应尽可能快并以最少的延时将控制信号输出。飞控程序本身的多任务特性则要求控制器有足够大的内存和最短的中断时间。可靠性是指工作稳定，能够抵抗各种干扰，有较宽的工作温度范围和较强的抗电磁干扰能力等。

某些开源飞控所用的处理器见表 7-9。

表 7-9　某些开源飞控所用的处理器

处　理　器	飞　　控
STM32F103	CC3D 飞控，Naze32（MWC32 位版）飞控，Crazepony 四旋翼，Paparazzi 飞控
STM32F303	Sp racing f3 飞控
STM32F403	CC3D Rev 版本，PX4/pixhawk 飞控（故障保护协处理器 stm32f107），Autoquad 飞控

为了减轻微处理器的工作负担，方便硬件电路的维修与升级，本书案例中的飞控硬件系统设计按照模块化的原则，采用双层控制板的思路，主、从两块控制板之间的数据传输采用 SPI 接口技术，两块芯片共同工作，协调分配处理任务。这样的设计既满足了高频信号处理

的要求，也提高了处理效率。双层控制板框图如图7-29所示。

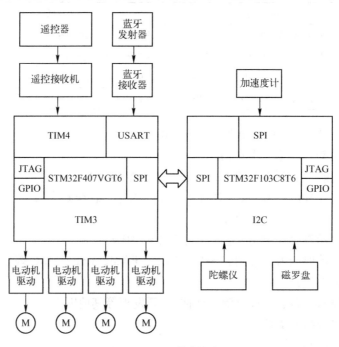

图7-29 双层控制板框图

飞控硬件系统主板（即主控制板）的主要功能是：传输遥控器发送的信号，并结合从板传输的传感器数据进行导航数据的姿态解算，然后将姿态偏差输入PID控制器计算出驱动电动机的PWM信号量，控制电动机实现姿态控制，具体功能如下。

（1）接收遥控器指令数据。

（2）接收从板的姿态角数据。

（3）计算遥控器指令数据和从板的姿态角数据的差，作为PID的输入。

（4）由控制算法计算高度、俯仰、横滚、偏航等通道的控制量$(U_1 \quad U_2 \quad U_3 \quad U_4)^T$，然后根据式（3-45）计算4个旋翼的转速控制量$(\omega_1^2 \quad \omega_2^2 \quad \omega_3^2 \quad \omega_4^2)^T$。

（5）将4个旋翼电动机的输出量传给电调，然后控制电子开关的导通时间（PWM信号）进而调节驱动电动机电压，控制电动机转速以达到控制机体姿态的目的。

基于上述要求，主控制板选用一款性价比较高的STM32F407VGT6作为微控制器，具体参数如下。

（1）最大时钟频率可达168MHz。

（2）1024KB的Flash，数据存储器RAM大小为192KB。

（3）32位的数据总线宽度。

（4）具有丰富的接口类型：I^2C、SPI、UART等。

（5）14个定时器。

（6）可编程输入/输出端有82个。

从板（即从控制板）相关组件的主要功能如下。

（1）对加速度计、陀螺仪、磁罗盘等传感器输出的模拟量进行采集。

（2）按照公式求出俯仰角［式（4-17）］、横滚角［式（4-18）］和偏航角［式（4-22）］。

（3）按照公式将姿态角转换成四元数形式，得到卡尔曼滤波所需要的状态方程和量测方程。

（4）卡尔曼滤波。

（5）将卡尔曼滤波后的四元数转换成姿态角，传给主控板。

从板选用 STM32F103C8T6 微控制器。由于从板分担了主板的一些负担，从而为主板省出更多的资源去执行一些复杂的控制算法。

7.8 嵌入式系统分层结构

层次结构的设计思想是把内核需要提供的功能划分出层次，最底层仅提供抽象出来的最基本的功能，每层都利用下一层的功能，从而基于底层功能实现复杂应用。

从软件和硬件可相互替代实现的角度，可以说软件和硬件是统一的。因此，数字系统硬件抽象模型见表7-10。其中，行为域侧重于描述系统的功能，结构域侧重于描述系统的逻辑结构（即模块/组件之间的连接关系），物理域侧重于描述系统的物理实现。

表 7-10 数字系统硬件抽象模型

设计层次	行 为 域	结 构 域	物 理 域
系统级	自然语言描述的系统功能、部件功能描述	部件及它们之间连接的框图	芯片、模块、电路板以及子系统的物理划分
芯片级	算法	硬件模块、数据结构的互连体	部件之间的物理连接
寄存器级（RTL）	数据流图、状态机、状态转移表	ALU、MUX、寄存器、BUS、微定时器、存储器等	宏单元
逻辑级（门级）	布尔方程、卡诺图、Z 变换	门电路、触发器、锁存器等元件构成的电路	标准单元布线图
电路级	电流、电压的微分方程	晶体管、电阻、电容、电感等	晶体管布线图

根据调查研究，软件开发已经被嵌入式行业公认为最主要的开发成本。因此，ARM 与 Atmel、IAR、Keil、hami-nary Micro、Micrium、NXP、SEGGER 和 ST 等诸多芯片和软件厂商合作，将所有 Cortex 芯片厂商产品的软件接口标准化，在 2008 年 11 月 12 日发布了 CMSIS（Cortex Microcontroller Software Interface Standard）。此举意在降低软件开发成本，尤其针对新设备项目开发，或者将已有软件移植到其他芯片厂商提供的基于 Cortex 处理器的微控制器。有了该标准，芯片厂商就能够将其资源专注于产品外设特性的差异化，并消除对微控制器进行编程时需要维持的不同的、互相不兼容的标准，从而达到降低开发成本的目的。

CMSIS 是独立于供应商的 Cortex-M 处理器系列硬件抽象层，为芯片厂商和中间件供应商提供了连续的、简单的处理器软件接口，简化了软件复用，降低了 Cortex-M3 上操作系统的移植难度，并缩短了新入门微控制器开发者的学习时间和新产品的上市时间。

如图 7-30 所示，基于 CMSIS 标准的软件架构主要分为 4 层：用户应用层、操作系统及中间件接口层、CMSIS 层、MCU 层。其中，CMSIS 层起着承上启下的作用，一方面对硬件寄存器层进行统一实现，屏蔽不同厂商对 Cortex-M 系列微处理器核内外设寄存器的不同定义；另一方面又为上层的操作系统及中间件接口层和用户应用层提供接口，简化了应用程序开发难度，使开发人员能够在完全透明的情况下进行应用程序开发。因此，CMSIS 层的实现相对复杂。

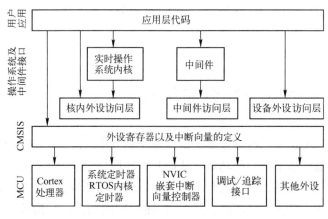

图 7-30　基于 CMSIS 标准的软件架构

CMSIS 层主要分为以下 3 部分。

（1）核内外设访问层（CPAL）：由 ARM 公司负责实现。包括对寄存器地址的定义，对核寄存器、NVIC、调试子系统的访问接口定义以及对特殊用途寄存器的访问接口（如 CONTROL 和 xPSR）的定义。由于对特殊寄存器的访问以内联方式定义，所以 ARM 针对不同的编译器统一用 _INLINE 来屏蔽差异。该层定义的接口函数均是可重入的。

（2）中间件访问层（MWAL）：由 ARM 公司负责实现，但芯片厂商需要针对所生产的设备特性对该层进行更新。该层主要负责定义一些中间件访问的 API 函数，例如为 TCP/IP 栈、SD/MMC、USB 协议以及实时操作系统的访问与调试提供标准软件接口。该层在 1.1 标准中尚未实现。

（3）设备外设访问层（DPAL）：由芯片厂商负责实现。该层的实现与 CPAL 类似，负责对硬件寄存器地址以及外设访问接口进行定义。该层可调用 CPAL 层提供的接口函数，同时根据设备特性对异常向量表进行扩展，以处理相应外设的中断请求。

ST 公司根据 CMSIS 标准，为其各系列微控制器提供了丰富的固件函数库和技术支持。固件库是一个固件函数包，它由程序、数据结构和宏组成，包括了微控制器所有外设的标准驱动函数（接口），写程序时只要去调用即可。通过使用固件函数库，无须深入掌握细节，用户就可以轻松应用每个外设。ST 公司标准外设库分成 3 个层次：硬件层、API 层和应用层，如图 7-31 所示。

ARM 公司和 ST 公司为了便于开发者使用其芯片，以 ARM 核为核心构建了完善的生态系统，按照层次模型，生态系统的组成如图 7-32 所示。

大多数编程问题实际上都可以分成两部分：需要提供什么功能（硬件功能）（机制）和如何使用这些功能（策略）。如果这两个问题由程序的不同部分来处理，或者甚至由不同的程序来处理，则这个软件包分层后更易开发，也更容易根据需要来调整。这些硬件功能需要封装成一个个模块（即驱动程序），这些功能区分得越细致，上层用户的策略就能越灵活。驱动程序应该处理如何使硬件可用的问题，而将怎样使用硬件的问题留给上层应用。

第 7 章 嵌入式主控系统

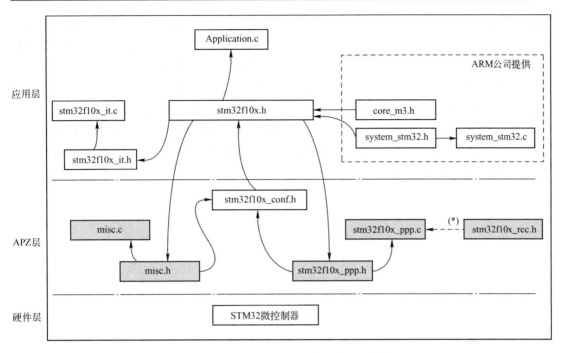

图 7-31　STM32F10×××标准外设库组织结构图

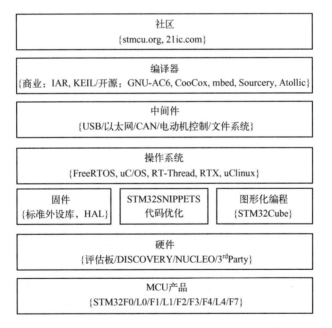

图 7-32　ARM 公司和 ST 公司的产品生态系统

在进行嵌入式软件系统设计时，为提高系统的可读性、可移植性，需对软件系统进行层次划分，使得不同层次的程序实现不同的功能。本书案例飞控系统在设计时，参考 ARM 公司公布的 CMSIS 软件层次结构和意法半导体提供的 STM32F4 系列处理器标准外设驱动，将软件系统的层次结构分为底层硬件驱动程序、操作系统层程序和应用层程序。这样设计不仅能提高软件系统的可测试性和可维护性，而且便于边开发、边验证。

为方便系统程序开发和功能实现，在完成硬件电路的设计与制作之后，首先需要对硬件系统进行底层驱动的设计。底层驱动的作用是识别并驱动处理器上的各个外设，实现最基本的数据读/写功能，并向上层应用程序提供统一的程序接口，以方便上层程序调用，提高代码的可移植性和通用性。在进行底层驱动设计时，参考面向对象的编程思想，将每个硬件外设视作一个对象编写独立的驱动程序，并将每个外设的驱动都统一封装为一个硬件构件。为上层应用程序提供调用接口，利用这些接口与其他构件、应用程序之间实现交互。

  本章以计算机组成为宏观框架，分析了四旋翼飞行器常用的 STM32 系列微控制器，重点论述了 CM3 体系结构、寄存器、存储器和指令集等内容，对于接口部分，请读者参考相关参考书及 STM32 芯片手册。

第 8 章 PID 控制算法

8.1 控制的基本过程

对于一个自动控制系统来说,有以下几个基本的指标。

1)稳定性 如图 8-1 所示,一个钢球分别放在不同形状的表面上。如果对钢球施加一个力,使钢球离开原来的位置的,则图(a)中的钢球就会向下滑落,不会再回到原来的位置;图(b)中的钢球被挪动一定距离,最后可以在新的地方停止;图(c)中的钢球由于地球引力的作用,会在凹陷形状的底部来回滚动,当时间足够长时,摩擦力会消耗其势能,钢球最终回到原来的位置。图(a)的情况是不稳定的,图(c)的情况是稳定的,图(b)的情况处于临界稳定。

上面给出的是稳定性的简单解释。稳定性可以这样定义:当一个实际的系统处于一个平衡的状态时(相当于钢球在不同形状的表面上放置的状态),如果受到外来作用的影响(相当于对钢球施加力),系统经过一个过渡过程仍然能够回到原来的平衡状态,则称这个系统稳定,否则称系统不稳定。一个控制系统要想实现所要求的控制功能,它必须是稳定的。在实际的应用中,由于系统中存在储能元件,并且每个元件都存在惯性,所以当给定系统的输入时,输出一般会在期望的输出量附近摆动。对于稳定的系统,振荡是减幅的;而对于不稳定的系统,振荡是增幅的。前者会最后平衡于一个新状态,后者则会不断增大偏离,直到系统被损坏。

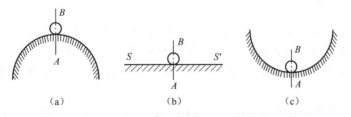

图 8-1 稳定性

2)准确性 系统处于稳态时,其稳态误差(steady – state error)应尽量为零。

3)快速性 系统对动态响应的要求一般由过渡时间、超调量、调节时间来衡量。

第 3 章中已介绍,四旋翼飞行器的俯仰、横滚、偏航和垂直运动可分别通过控制输入量 U_1、U_2、U_3、U_4 来独立实施控制,并且在一定条件下,各通道之间的耦合相对较小。考虑到以上特性,将四旋翼飞行器各通道分开来单独进行控制设计无疑是一种简便可行的手段。

通过人为引入 4 个控制量 U_1、U_2、U_3、U_4 [见式(3-42)],把非线性耦合模型分解成 4 个独立的控制通道,四旋翼飞行器整个系统可以被描述为由角运动和线运动两个子系统构成,角运动子系统影响线运动子系统,而线运动子系统不影响角运动子系统。如图 8-2 所示为角运动和线运动两个子系统的关系示意图。因此,在设计四旋翼飞行器的飞行控制系统时,应首先考虑控制姿态(俯仰、横滚)运动,其次考虑控制位置(前后、左右)运动。

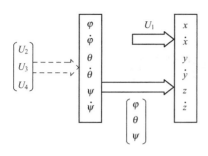

图 8-2　角运动和线运动的关系

因此，四旋翼飞行器控制系统主要包含两个控制回路：一个是控制飞行器姿态的姿态控制回路，另一个是控制飞行器位置的位置控制回路。由于姿态运动模态的频带宽、运动速度快，所以姿态控制回路作为内回路进行设计；而位置运动模态的频带窄、运动速度慢，所以位置控制回路作为外回路进行设计。位置控制回路的控制指令可预先设置或由导航系统实时产生。位置控制回路使得四旋翼飞行器能够悬停在期望位置或按照参考位置轨迹信号进行飞行。姿态控制回路的作用是使四旋翼飞行器保持稳定的飞行或悬停状态。在两个控制回路共同产生的控制信号作用下，4 个旋翼的转速分别进行相应的调整，使得四旋翼飞行器能够按照控制指令要求进行悬停和稳定飞行。

那么 PID 控制器算法能解决什么问题呢？以多旋翼飞行器为例，在没有控制系统的情况下，直接用信号驱动电动机带动螺旋桨旋转产生控制力，会出现动态响应太快或太慢，或者控制过冲或不足的现象，根本无法顺利完成起飞和悬停。为了解决这些问题，就需要在控制系统回路中加入 PID 控制器算法。在姿态信息和螺旋桨转速之间建立比例、积分和微分的关系，通过调节各个环节的参数大小，使多旋翼系统控制实现动态响应迅速、既不过冲也不欠缺。

8.2　四旋翼飞行器 PID 控制器原理

8.2.1　PID 控制基本理论

1. 数字 PID 基本公式

虽然现代控制理论的发展日臻完善，人们通过科学研究获得了诸多具有优异控制效果的算法和理论，但在工程应用领域，基于经典 PID 的控制算法仍然是最简单、最有效的控制方法。目前主流的几款开源飞控中，无一例外的都是采用 PID 控制算法来实现飞行器的姿态和位置控制。

PID 控制通常适用于有自平衡能力的被控对象，这样的被控对象如果在扰动作用下偏离原来的平衡状态，在没有外部干预的情况下，被控变量依靠被控对象内部的反馈机制，也能自发达到新的平衡状态。

PID 控制器是一个低通滤波器，可抑制干扰和误差。PID 控制器还是一种二阶线性控制器，它主要根据给定值和实际输出值构成控制偏差，然后利用偏差通过调整（P, Proportional）、积分（I, Integral）和微分（D, Derivative）三项参数，给出合理的控制量，这里的积分或微分，都是偏差对时间的积分或微分。PID 控制系统框图如图 8-3 所示。

模拟系统的 PID 公式为

$$u(t) = K_P \left[e(t) + \frac{1}{T_I} \int_0^t e(t)\,dt + T_D \frac{de(t)}{dt} \right] \tag{8-1}$$

式中，$e(t)$ 为调节器输入信号，一般为给定量与输出反馈信号之差

$$e(t) = r(t) - y(t)$$

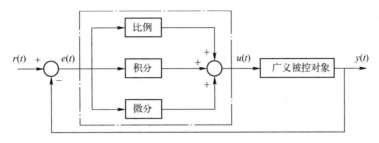

图 8-3 PID 控制系统框图

$r(t)$ 为给定量；$y(t)$ 为被控变量，也称输出反馈信号；$u(t)$ 为调节器输出信号，即传给被控对象的控制信号；K_P 为比例因数；T_I 为积分时间常数；T_D 为微分时间常数。

在控制器的采样时刻 $t = kT$ 时，采用如下规则：

(1) 比例→比例：$u(t) \approx u(k)$，$e(t) \approx e(kT)$；

(2) 积分→求和：$\int_0^t e(t)\mathrm{d}t \approx T \sum_{j=0}^{k} e(j)$；

(3) 微分→差商：$\dfrac{\mathrm{d}e(t)}{\mathrm{d}t} \approx \dfrac{e(k) - e(k-1)}{T}$。

则控制律的离散形式为

$$u(k) = K_P \left\{ e(k) + \frac{T}{T_I} \sum_{j=1}^{k} e(j) + \frac{T_D}{T}[e(k) - e(k-1)] \right\}$$
$$= K_P e(k) + K_I \sum_{j=1}^{k} e(j) + K_D[e(k) - e(k-1)] \tag{8-2}$$

式 (8-2) 称为数字 PID，与 PID 的模拟实现 [式 (8-1)] 对应。这种直接形式控制律的缺点是占用大量内存。因此先用 $k-1$ 代替式 (8-2) 中的 k，得

$$u(k-1) = K_P e(k-1) + K_I \sum_{j=1}^{k-1} e(j) + K_D[e(k-1) - e(k-2)] \tag{8-3}$$

由式 (8-2) 减去式 (8-3) 得

$$u(k) = u(k-1) + K_P[e(k) - e(k-1)] + K_I e(k) + K_D[e(k) - 2e(k-1) + e(k-2)] \tag{8-4}$$

式 (8-4) 是 PID 的迭代形式。

PID 控制的说明如下。

(1) 比例控制是一种最简单的控制方式。其控制器的输出与输入误差信号成比例关系。当仅有比例控制时系统输出存在稳态误差。

(2) 在积分控制中，控制器输出与输入误差信号的积分成正比关系。对于只有比例控制的系统存在稳态误差，为了消除稳态误差，在控制器中必须引入"积分项"。积分项是误差对时间的积分，随着时间的增加，积分项会增大。这样，即便误差很小，积分项也会随着时间的增加而加大，它推动控制器的输出增大，使稳态误差进一步减小，直到等于零。因此，比例积分 (PI) 控制器可以使系统在进入稳态后无稳态误差。

(3) 在微分控制中，控制器的输出与输入误差信号的微分成正比关系。微分调节就是控制偏差值的变化率。使用微分调节能够实现系统的超前控制。如果输入偏差值呈线性变化，则在调节器输出侧叠加一个恒定的调节量。大部分控制系统不需要调节微分时间。因为

只有时间滞后的系统才需要附加这个参数。

观察 PID 的公式可以发现：K_P 乘以误差 $e(t)$，用以消除当前误差；K_I 乘以误差 $e(t)$ 的积分，用于消除历史误差积累，可以达到无差调节；K_D 乘以误差 $e(t)$ 的微分，用于消除误差未来的变化趋势。由此可见，P 控制是一个调节系统中的核心，用于消除系统的当前误差；I 控制为了消除 P 控制余留的静态误差而辅助存在；对于 D 控制，所占的权重最少，只是为了增强系统稳定性，增加系统阻尼程度，修改 PI 曲线使得超调更少而辅助存在。

2. 两种 PID 控制器形式

式（8-4）称为位置式 PID。将式（8-4）中的 $u(k-1)$ 移到等式左边，则得到增量式 PID

$$\Delta u(k) = K_P[e(k) - e(k-1)] + K_I e(k) + K_D[e(k) - 2e(k-1) + e(k-2)] \quad (8-5)$$

位置式 PID 和增量式 PID 的主要差别是由"谁"来完成控制量的累加，具体如下。

（1）增量式 PID 不需要做累加，控制量增量的确定仅与最近几次误差采样值有关，计算误差对控制量的计算影响较小。而位置式 PID 要用到过去误差的累加值，容易产生大的累加误差。

（2）增量式 PID 得出的是控制量的增量；而位置式 PID 得到的是控制量的全量输出，误动作影响很大。

（3）采用增量式 PID 易于实现手动到自动的无冲击切换。

在实际应用中，应根据被控对象的实际情况加以选择。一般认为，在以闸门或伺服电动机作为执行器件或对控制精度要求较高的系统中，应当采用位置式 PID；而在以步进电动机或多圈电位器作执行器件的系统中，则应采用增量式 PID。

PID 控制器的优点如下。

（1）技术成熟。

（2）原理简单，使用方便，易被熟悉和掌握。

（3）不需要建立数学模型。

（4）控制效果好。

（5）鲁棒性好，即其控制品质对被控对象特性的变化不敏感。

8.2.2　控制规律的选择

P、I、D 三种控制作用按照单独使用和组合使用的排列组合，有 12 种情况，但只有 P、PI、PD 和 PID 四种情况可实际应用，其适用范围如下。

（1）对于一阶惯性环节，负荷变化不大，工艺要求不高，可采用 P 控制，如压力、液位控制。

（2）对于一阶惯性环节与纯滞后环节串联的对象，负荷变化不大，控制精度要求高，可采用 PI 控制。

（3）对于纯滞后较大、负荷变化较大、控制要求高的场合，可采用 PD 控制，如蒸汽温度控制、pH 值控制。

（4）当对象为高阶又有滞后特性时，控制要求高，则采用 PID 控制，并运用多种控制级联手段。

P 控制可以形象地描述为"快速粗调"。其动态过程是当偏差信号有变化时，控制器的输出立即变化，但过渡过程结束后仍有余差存在，因而能迅速有力地克服干扰的影响，或使被控变量迅速跟踪设定值的变化,具有反应速度快、控制及时,但控制结果有余差的效果,仅适用于干扰较小,对象纯滞后较小而时间常数并不太小,控制质量要求不高,允许有余差的场合。

PI 控制可形象地描述为"先粗调,后细调"。其动态过程是当输入偏差为一个阶跃信号时,由于比例作用,控制器一开始的输出是阶跃变化,然后由积分作用以恒定的速度不断增大,直至偏差为零时,控制器输出稳定在某个值上。因而 PI 控制既能及时控制,又能消除余差,但系统稳定度减小,过渡过程变慢,动态偏差变大,适用于对象时间常数较小,负荷变化不大,工艺要求没有余差的场合。对容量滞后和纯滞后都比较大的系统,不宜使用 PI 控制器。

PD 控制可形象地描述为"预调加粗调"。实际的 PD 控制动态过程是在接收一个阶跃信号后,瞬间输出最大值,然后按指数曲线下降,直至恢复到比例作用的稳态值。微分控制作用是对偏差的变化速度加以响应,当被控变量发生突然而又剧烈变化时,控制器就立即产生较大的调节作用,阻止被控变量的变化,从而可以及时克服干扰的影响,抑制偏差的增大,提高系统的稳定性。在偏差恒定不变时,微分作用输出为零,此时比例控制发挥作用,因而 PD 控制属于有差控制。PD 控制器适用于被控对象惯性较大、允许有稳定误差的场合。

PID 控制可形象地描述为"先预调加粗调,再细调"。实际 PID 控制的动态过程是当输入偏差为阶跃信号时,比例环节是始终起作用的基本力量;微分环节在偏差出现的开始阶段有很大的输出,具有超前作用,然后逐渐消失;积分环节的作用在开始时不明显,随着时间的推移逐渐增大,直到余差消失为止。

8.2.3 四旋翼飞行器的串级 PID 控制

角度单环 PID 控制算法仅仅考虑了飞行器的角度信息,如图 8-4 所示。如果想增加飞行器的稳定性(增加阻尼)并提高它的控制品质,可以进一步控制它的角速度,于是需要用到串级 PID 控制算法。

串级 PID 控制即外环和内环两个 PID 控制器串联使用(主控制回路和副控制回路),两个回路分别控制两个对象,外环控制器的输出作为内环控制器的输入信号,内环控制器输出控制命令给调节机构,称为串级控制系统。针对四旋翼飞行器姿态控制的串级控制系统如图 8-5 所示:

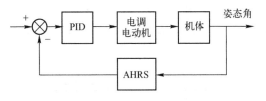

图 8-4 角度单环 PID 控制框图

(1) 外环:分别输入 3 个姿态角(由 AHRS 测量),控制目标为姿态角恒定。

(2) 内环:分别输入 3 个姿态角的角速度(由陀螺仪测量),控制目标为角速度恒定。

四旋翼飞行器中采用串级控制,通过角速度控制回路可以改善系统动态性能,提升系统稳定性和抗干扰性。

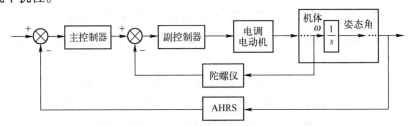

图 8-5 串级控制系统框图

8.3 PID 参数整定

8.3.1 PID 参数对系统性能的影响

PID 各参数的分析见表 8-1。

表 8-1 PID 参数分析

参　数	响　应　图	作　用	缺　点
K_P		响应速度加快；减少稳态误差，但不能完全消除稳态误差	会使暂态过程变差，引起被控量振荡甚至导致闭环不稳定
T_I		消除稳态误差，提高无差度	加入积分调节可使系统稳定性下降，超调量增大，动态响应变慢
T_D		减小超调，克服振荡，提高稳定性，改善系统动态特性	微分作用对噪声干扰有放大作用，因此过强的微分调节，对系统抗干扰不利

对于四旋翼飞行器来说，P、I、D 控制的作用分别如下。

(1) P（比例）：K_P 是一个增益因子，当多旋翼飞行器受风的影响发生向一边倾斜时，K_P 值直接决定了四旋翼飞行器抵抗这种倾斜力的能力大小。K_P 越大，四旋翼飞行器抵抗意外倾斜的能力越强，但 K_P 过大会引起四旋翼飞行器抖动甚至猛烈侧翻。K_P 越小，四旋翼飞行器抵抗意外倾斜的能力越弱，但 K_P 过小会引起四旋翼飞行器自平衡能力不足甚至朝一边侧翻（如顺着风的方向）。

(2) I（积分）：T_I 的作用是补充 K_P 值在微弱变化下数值不够精确的情况，T_I 值调大，四旋翼飞行器也会晃动得很厉害，但是和 K_P 过大产生的原地晃动不同，这是大幅晃动。而 T_I 值太小时，这种补充又不够，也不能保证四旋翼飞行器的平稳飞行。

(3) D（微分）：一旦四旋翼飞行器发生倾斜，就会继续向同一方向倾斜，合适的 T_D 参数的能有效抑制未来可能发生的倾斜。T_D 值太小时，四旋翼飞行器会反应不够灵敏；T_D 值太大时，会放大干扰，使系统造成振荡。

为了研究 PID，以四旋翼飞行器的俯仰通道模型量为被控对象，其模型传递函数如下：

$$G(z^{-1}) = \frac{-4.584 \times 10^{-5} + 1.312 \times 10^{-4} z^{-1} + 9.171 \times 10^{-4} z^{-2} + 2.28 \times 10^{-4} z^{-3}}{1 - 2.514 z^{-1} + 2.087 z^{-2} - 0.5657 z^{-3}}$$

使用 PID 控制器来控制被控对象，分别调试比例、积分、微分参数观察结果，代码详见附录 C。

1）比例环节调试 不同的 K_P 对应于被控对象不同的上升时间以及超调量，其仿真参数设置方式为：$T_I = 0.1$，$T_D = 1.1$，K_P 分别为 1、3、6.5、25，得出仿真结果如图 8-6 所示。由图 8-6（a）可知，K_P 越大，系统响应越快；由图 8-6（b）可知，K_P 增大会导致系统不稳定。

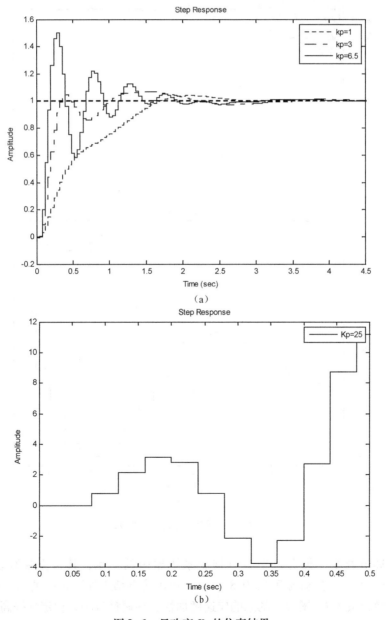

图 8-6 只改变 K_P 的仿真结果

2) 积分环节调试 不同的 T_I 对应一个对象不同的调节时间和超调量，其仿真参数设置方式为：$K_P = 6.5$，$T_D = 1.1$，T_I 分别为 0.01、0.03、0.1、1.7，得出仿真结果如图 8-7 所示。由图 8-7（a）可知，T_I 越小，K_I 越大，系统稳态误差越小，但积分作用太强会使系统超调量加大，动态响应迟缓；由图 8-7（b）可知，T_I 减小会导致系统不稳定。

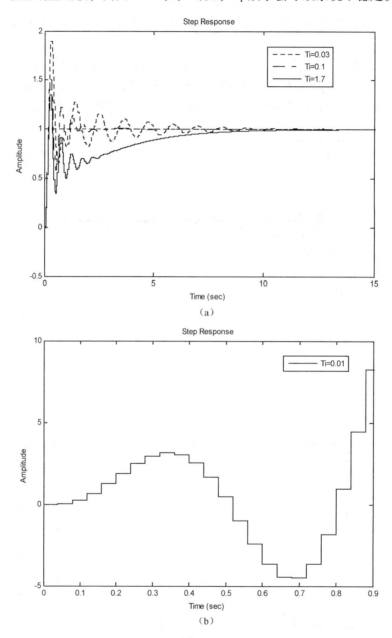

图 8-7 只改变 T_I 的仿真结果

3) 微分环节调试 微分环节具有抑制系统振荡的作用，其仿真参数设置方式为：$K_P = 6.5$、$T_I = 0.1$，T_D 分别为 0.4、0.8、1.1，得出仿真结果如图 8-8 所示。由图可见，随着 T_D 增大，微分系数 K_D 增大，动态响应速度加快，超调量减小，稳定性提高。

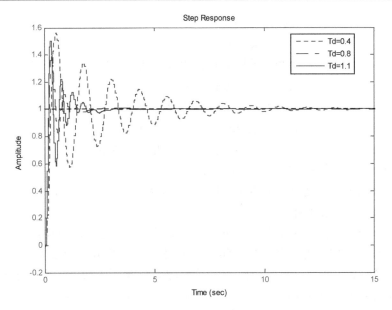

图 8-8　只改变 T_D 的仿真结果

8.3.2　参数整定基本概念

PID 控制算法的参数整定就是选择 K_P、T_I、T_D 参数，使相应计算机控制系统输出的动态响应满足稳准快等性能指标。实践证明，PID 参数的选取直接影响系统的控制效果，应用某些参数时可以获得较好的控制效果，而应用其他参数时无法达到稳定状态。所以对 PID 控制器的设计和应用的核心问题之一就是参数整定。参数整定就是通过调整控制器参数，使控制器的特性与被控过程的特性相匹配，以满足某种反映控制系统质量的性能指标。性能指标通常包括：被控对象稳定，对给定值的变化能快速且光滑地跟踪，超调量小。在不同干扰下，系统输出保持在给定值，控制量不宜过大。

PID 控制器参数整定的方法可分成以下两类。

（1）理论计算整定法：主要是依据系统的数学模型，经过理论计算确定控制器参数。这种方法所得到的计算数据未必可以直接使用，还必须通过工程实践进行调整和修改。

（2）工程整定方法：主要依赖工程经验，直接在控制系统的试验中进行，且方法简单、易于掌握，在工程实践中被广泛采用。主要有临界比例法、扩充响应曲线法和衰减法，三种方法各有特点，其共同点都是进行试验，然后按照工程经验公式对控制器参数进行整定。在实际生产中，经验试凑法最为实用。在整定参数时，应认真观察，根据系统的响应情况来调整参数。无论采用哪种方法得到的控制器参数，都需要在实际运行中进行最后的调整与完善。

8.3.3　单环 PID 参数整定

PID 的整定口诀如下：

参数整定找最佳，从小到大顺序查；
先是比例后积分，最后再把微分加；
曲线振荡很频繁，比例度盘要放大；

曲线漂浮绕大弯，比例度盘往小扳；
曲线偏离回复慢，积分时间往下降；
曲线波动周期长，积分时间再加长；
曲线振荡频率快，先把微分降下来；
动差大来波动慢。微分时间应加长；
理想曲线两个波，前高后低4比1；
一看二调多分析，调节质量不会差。

PID参数整定（试凑法）的一般步骤如下。

（1）整定比例控制：将比例控制作用由小变到大，观察各次响应，直至得到反应快、超调小的响应曲线，记录此时的K_P。

（2）整定积分环节：若在比例控制下稳态误差不能满足要求，则需加入积分控制。先将步骤（1）中选择的K_P减小为原来的50%～80%，再将积分时间设置为一个较大值，观测响应曲线；然后减小T_I，加大积分作用，并相应调整比例因数，反复试凑至得到较满意的响应，确定比例和积分的参数。

（3）整定微分环节：若经过步骤（2），PI控制只能消除稳态误差，而动态过程不能令人满意（主要是超调量过大或系统响应速度不够快），则应加入微分控制，构成PID控制。先令$T_D=0$，逐渐加大T_D，同时相应地改变比例和积分参数，反复试凑至获得满意的控制效果和PID控制参数。

（4）系统空载、带载联调：再对PID参数进行微调，直至满足要求。

8.3.4 串级PID参数整定

串级调节系统中，一般而言，主调的比例弱、积分强，以消除静差，副调的比例强、积分弱，以消除干扰，但是不绝对。

串级控制回路的整定一般采取两步法，即先整定内回路，待内回路相对稳定后再整定外回路。对内回路的整定要求响应速度快且调节稳定，在此基础上整定外回路参数。如果在整定过程中出现"共振"，则只需同时减小主、副控制器的比例就可以消除。

（1）内环K_P：调节K_P从小到大，使拉动四旋翼飞行器越来越困难，越来越感觉到飞行器在抵抗拉动；到比较大的数值时，飞行器自己会高频振动，肉眼可见，此时拉扯它，它会快速振荡几下，几秒后稳定；继续增大K_P，飞行器会翻转坠机。

特别注意，只有调节内环K_P的时候，四旋翼飞行器会缓慢地往一个方向下掉，这属于正常现象。这就是系统角速度静差导致的。

（2）内环T_I：由PID原理可以看出，积分只是用来消除静差的，因此T_I没必要设置得很大，因为这样会降低系统稳定性。调节T_I从小到大，四旋翼飞行器会定在一个位置不动，不再往下掉；继续增加T_I的值，飞行器会不稳定，拉扯一下会自己发散。

特别注意，增加T_I时，四旋翼飞行器的定角度能力很强，拉动它比较困难。

（3）内环T_D：在角速度环中的微分就是角加速度，原本四旋翼飞行器的振动就比较强烈，引起陀螺的值变化较大，此时加入微分环节就更容易引入噪声。调节T_D从小到大，飞行器的性能没有多大改变，只是回中的时候更加平稳；继续增加T_D，肉眼可以看到飞行器在平衡位置高频振动（或听到电动机发出"嗞嗞"的声音）。

（4）外环K_P：当内环PID全部整定完成后，飞行器已经可以稳定在某一位置了。此时

调节外环 K_P，从小到大，可以明显看到飞行器从倾斜位置慢慢回中，用手拉扯它然后放手，它会慢速回中，达到平衡位置；继续增大 K_P，用遥控器进行不同的角度给定，可以看到飞行器跟踪的速度和响应越来越快；继续增加 K_P，飞行器变得十分敏感，机动性越来越强，有发散的趋势。

PID 整定过程中应注意以下事项。

（1）PID 参数的调试是一个综合的、各参数互相影响的过程，实际调试过程中的多次尝试是非常重要，也是必须的。如果发现一个参数比较合适，就把这个参数固定死，不管别的参数怎么变化，永远不动前面固定的参数，这种方法是不对的。

（2）尽量利用蓝牙或其他无线模块把数据传到计算机上进行分析，目测是辅助手段。

（3）同样的 PID 参数值，在不同的飞行器上有不同的效果，这是下列因素造成的：

① 机架的质量、尺寸、材料、硬度；

② 电动机的功率、扭力、推力；

③ 电动机的安装位置和间距；

④ 螺旋桨的直径、螺距、材料；

⑤ 机架的平衡效果；

⑥ 操控者的技能。

第 9 章 嵌入式操作系统

9.1 操作系统基本概念

9.1.1 操作系统功能

操作系统（OS, Operating System）是管理计算机硬件与软件资源的程序，同时也是计算机系统的内核与基石。操作系统是控制其他程序运行、管理系统资源并为用户提供操作界面的系统软件集合，使得用户能灵活、方便、有效地使用计算机。操作系统完成诸如管理与配置内存、决定系统资源供需的优先次序、控制输入与输出设备、操作网络与管理文件系统等基本事务。操作系统的形态非常多样，从简单到复杂，从手机的嵌入式系统到超级计算的大型操作系统。

从层次结构来看，操作系统使得硬件对用户透明，如图 9-1 所示，OS 适应硬件的各种变化，而使应用程序不用变化。例如，用户不必关心外部存储器的形式（硬盘还是 Flash），可以用统一的文件系统来存取。与冯·诺依曼计算机的五大组成对应的操作系统管理功能见表 9-1。

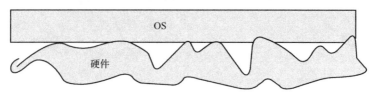

图 9-1 操作系统对硬件的封装

1）处理器管理 又称进程管理或任务调度，实质上是对处理器执行"时间"的管理，即如何将 CPU 真正合理地分配给每个任务，主要是对 CPU 进行动态管理。

由于 CPU 的工作速度比其他硬件快得多，而且任何程序都必须通过 CPU 才能运行，所以 CPU 是计算机系统中最重要、最宝贵、竞争最激烈的硬件资源。

表 9-1 与计算机的五大组成对应的操作系统管理功能

计算机组成	操作系统管理功能
运算器和控制器	进程管理
内存	内存管理
外存	文件系统
输入/输出接口	I/O 管理

处理器管理使得每个任务都感觉自己获得（独占）了一个独立的虚拟 CPU，这样每个任务都是并行运行的。

操作系统是以任务为执行单元的，每个任务就是一个相对独立的功能单元，各个任务之间可以并行运行，因此操作系统实现了多个功能的并行运行。每个任务都使用创建函数产生，没有操作系统的函数和操作系统中创建任务的函数形式基本相同，主要区别在于操作系统可以使用一些技巧让以任务形式存在的函数可以在运行时互相切换。当然，为了实现这个功能，还需要为创建操作系统的函数增加一些额外的属性，将函数变成任务。

第9章 嵌入式操作系统

正是由于任务具有同时执行的特点,因此可以将几个不相关的功能分别用几个任务来实现,如手机的听音乐、上网、发短信和闹钟等功能,使用操作系统为每个功能建立一个任务,每个任务的代码只重点关心自己的功能,至于任务间的切换执行就交给操作系统,这就使得整个软件结构变得清晰简单。

2)内存管理 只有被装入主存储器的程序才有可能去竞争 CPU。内存管理就是要根据用户程序的要求为用户分配主存储区。当多个程序共享有限的内存资源时,操作系统就按某种分配原则为每个程序分配内存空间,使各个用户的程序和数据彼此隔离,互不干扰;当某个用户程序工作结束时,及时收回它所占用的主存储区,以便再装入其他程序。

3)文件系统 文件管理就是操作系统对计算机系统中软件资源的管理,通常借助文件系统来完成文件管理。将逻辑上有完整意义的信息资源(程序和数据)以文件的形式存放在外存储器(磁盘、磁带等)上,并赋予一个名字,称为文件。文件系统由文件、管理文件的软件和相应的数据结构组成。文件系统有效地支持文件的存储、检索和修改等操作,解决文件的共享、保密和保护问题,并提供方便的用户界面,使用户实现按名存取文件。有了文件系统,外存的形式、位置、是否共享等细节和实现都对用户"透明"了。

4)I/O 管理 操作系统还具有设备管理功能。例如,在 Windows 环境下,可以把显卡、声卡直接插到主板上,启动计算机,安装驱动程序,然后就可以使用它们了。这种简单操作的背后是操作系统为用户做了很多工作,在过去操作系统并不完善的日子,需要手动地为硬件分配物理地址、中断等资源,极其麻烦。

9.1.2 操作系统的工作过程

操作系统执行程序的过程如图 9-2 所示。

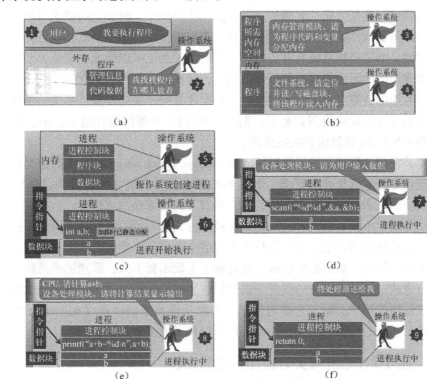

图 9-2 操作系统执行程序的过程

9.1.3 前后台系统

微控制器应用程序一般是一个无限的循环过程，可称为前后台系统或超循环系统。循环体中调用相应的函数完成相应的操作，这部分可以看成后台行为（background）；中断服务程序处理异步事件，这部分可看成前台行为（foreground）。后台也可以叫作任务级，前台可以叫作中断级。如图9-3所示，图中的ISR表示中断服务程序。实时性很强的关键操作一定要靠中断服务程序来保证。因为非中断服务一直要等到后台程序运行到应该处理时才能得到进一步处理，所以实时性较差，这个指标称作任务级响应时间。最坏的情况下，任务级响应时间取决于整个循环的执行时间。因为循环的执行时间不是常数，程序执行某一特定部分的准确时间也不能确定，因此如果程序修改了，则循环的时序也会受到影响。

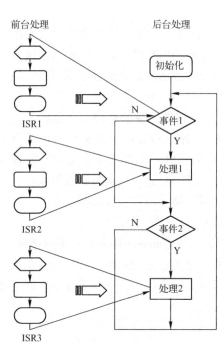

图9-3 前后台系统

9.1.4 实时操作系统

实时操作系统（RTOS，Real-time Operating System）是指能够在限定的时间内完成所规定的功能，并能够在限定时间内对外部异步事件做出响应的系统。某些领域对数据采集、处理的实时性要求比较严格，时间上的错误可能会造成灾难性的后果，因此需要软件具有很强的实时处理能力。操作系统是控制软件运行的系统，为实现软件的实时性，需要操作系统具有实时性，实时操作系统可以快速响应外界及内部状态的变化，在严格规定的时间内完成相关工作的调度，具有高可靠性。实时操作系统的首要任务是调度一切可利用的资源完成实时控制任务，其次才着眼于提高计算机系统的使用效率，其主要特点是要满足对时间的限制和要求。例如，PC的用户等待编译结果，不会有灾难性后果；飞机控制系统中1s的延误就决定生死。

实时操作系统是一种抢占式操作系统（preemptive operating system），是指高优先级的任务可以中断正在运行的低优先级任务，处理器转而去执行高优先级的任务，由于这种"抢占"可在高优先级任务就绪后立刻发生，因此保证了操作系统的实时性。

可以用幼儿园中小孩玩荡秋千的规则来解释抢占式和非抢占式方法。所谓非抢占式，就是由小孩自主进行决定的方法，只有在秋千上玩的小孩自己主动地从秋千上下来，下一个小孩才能开始去玩。但是，如果有的小孩一直在秋千上玩不肯下来，那别的小孩就始终无法玩秋千。所谓抢占式，就是在老师的监督下以时间作为标准，若过了一定时间，老师就强制让孩子下来，换后面的孩子去玩。有些时候，某些家长提前来接小孩（相当于有紧急任务），老师也可以让秋千上的小孩先下来，让快要回家的孩子上去玩一会儿。

9.1.5 通用操作系统与实时操作系统的比较

通用操作系统注重平均表现性能，不注重个体表现性能。对于整个系统来说，注重所有任务的平均响应时间而不关心单个任务的响应时间；对于某个单个任务来说，注重每次执行的平均响应时间而不关心某次特定执行的响应时间。由此可见，这种注重平均表现，即统计型表现特性的设计原则是通用操作系统的主要特点。

而对于实时操作系统，它除了要满足应用的功能需求以外，更重要的是还要满足应用提出的实时性要求。而组成一个应用的众多实时任务对于实时性的要求是各不相同的。此外，实时任务之间可能还会有一些复杂的关联和同步关系，如执行顺序限制、共享资源的互斥访问要求等，这就为保证系统的实时性带来了很大困难。

因此，实时操作系统所遵循的最重要的设计原则是：采用各种算法和策略，始终保证系统行为的可预测性（predictability）。可预测性是指在系统运行的任何时刻、任何情况下，实时操作系统的资源调配策略都能为争夺资源（包括 CPU、内存、网络带宽等）的多个实时任务合理地分配资源，使每个实时任务的实时性要求都能得到满足。与通用操作系统不同，实时操作系统注重的不是系统的平均表现，而是要求每个实时任务在最坏情况下都要满足其实时性要求，即实时操作系统注重的是个体表现，更准确地讲是个体最坏情况下的表现。

由于实时操作系统与通用操作系统的基本设计原则差别很大，因此在很多资源调度策略的选择上以及操作系统实现的方法上两者都具有较大差异，主要体现在以下方面。

通用操作系统中的任务调度策略一般采用基于优先级（priority-based）的、抢先式（preemptable）调度策略。对于优先级相同的进程则采用时间片轮转（round-robin）调度方式。用户进程可以通过系统调用动态地调整自己的优先级，操作系统也可根据情况调整某些进程的优先级。

实时操作系统中的任务调度策略目前使用最广泛的主要有两种，一种是静态表驱动方式，另一种是固定优先级抢先式调度方式。

（1）静态表驱动方式：是指在系统运行前，工程师根据各任务的实时要求用手工的方式或在辅助工具的帮助下生成一张任务的运行时间表。这张时间表与列车的运行时刻表类似，指明了各任务的起始运行时间以及运行长度，一旦生成就不再变化，在运行时调度器只需根据这张表在指定的时刻启动相应的任务即可。静态表驱动方式的主要优点有以下方面。

① 运行时间表是在系统运行前生成的，因此可以采用较复杂的搜索算法找到较优的调度方案。

② 运行时调度器的开销较小。

③ 系统具有非常好的可预测性，实时性验证也比较方便。

由于具有非常好的可预测性，这种方式主要用于航空航天、军事等对系统的实时性要求十分严格的领域。这种方式的主要缺点是不灵活，一旦需求发生变化，就要重新生成整个运行时间表。

（2）固定优先级抢先式调度方式：与通用操作系统中采用的基于优先级的调度方式基本类似，但在固定优先级抢先式调度方式中，进程的优先级是固定不变的，并且该优先级是在运行前通过某种优先级分配策略（如 rate-monotonic、deadline-monotonic 等）来指定的。这种方式的优缺点与静态表驱动方式的优缺点正好完全相反，它主要应用于较简单、独立的嵌入式系统，但随着调度理论的不断成熟和完善，这种方式也会逐渐在一些对实时性要求十分严格的领域中得到应用。目前大部分实时操作系统采用的都是这种调度方式。

通用操作系统与实时操作系统的比较见表 9-2。

表 9-2 通用操作系统与实时操作系统的比较

属　　性	通用操作系统	实时操作系统
任务容量	强调高吞吐率	强调可调度性
复杂性	强调丰富功能	强调可靠性、实时性
响应	强调快速的平均响应	实时性，确保最坏情况下的响应
过载	强调公平性	确保关键部分的实时性
规模大小	大规模	小规模

在嵌入式领域中，嵌入式实时操作系统正得到越来越广泛的应用。采用嵌入式实时操作系统（RTOS）可以更合理、更有效地利用 CPU 的资源，简化应用软件的设计，缩短系统开发时间，更好地保证系统的实时性和可靠性。

但通常认为使用嵌入式操作系统并不总是只有优点，因为它需要额外的程序空间来存放操作系统内核，而且会增加执行周期开销。此外还要权衡 RTOS 可能带来的一些弊端。

（1）大多数 RTOS 代码都具有一定规模。任何代码都可能带来 BUG，何况是代码具有一定规模的 RTOS，因此引入 RTOS 的同时也可能会引入该 RTOS 的 BUG，这些 RTOS 本身的 BUG 一旦被触发，其影响可能是灾难性的。

（2）熟练使用 RTOS 是一项技能，需要专业的知识储备和长期的经验积累。典型地，像中断优先级、任务堆栈分配、可重入等，都是容易出错的地方。

（3）RTOS 的优先级嵌套使得任务执行顺序、执行时序更难分析，甚至变成不可能。任务嵌套对所需的最大堆栈 RAM 大小的估计也变得困难。这对于很多对安全性有严格要求的场合是不可想象的。

（4）RTOS 应该用于任务复杂的场合，以至于对任务调度的需求可以抵消 RTOS 所带来的稳定性影响，但大部分应用并非复杂到需要 RTOS，多数简单应用并不需要嵌入式操作系统。

9.2　飞行器与操作系统

嵌入式领域的操作系统可以分成以下 3 类。

（1）第 1 类：以 WinCE、Linux、Android 为代表，属于大型操作系统，具有内核任务调度、菜单界面、多媒体、网络、文件存储、外设驱动等一系列完善的功能，但这类操作系统属于非实时操作系统，往往用于办公、娱乐、人机接口等对时间要求不高的场合。此外，因为功能很多，对硬件的要求很高。

（2）第 2 类：以 VxWorks 为例，属于功能丰富的嵌入式实时操作系统，往往用于高实时性、可靠性的军工、航空航天、工业自动化领域，对硬件要求也比较高。

（3）第 3 类：以 uC/OS-II、FreeRTOS 为例，只有一个抢占式多任务实时操作系统的任务内核，此外还提供一些内核管理的函数接口及必要的扩展功能，其他功能库，如菜单界面、网络等都需要自己扩展。这类操作系统主要应用于中低端小型的项目，成本要求高，需求多样，但一般不是很复杂；实时性有要求，但不苛刻，往往都是消费类或者一般的工业自动化设备，如小型监控、传感器的测试平台、仪器仪表、小型工业自动化领域取代 PLC（降低成本)等。

9.1 节中介绍的前后台系统可看成第 4 类——"无操作系统",低速处理在 main 大循环中执行。稍微复杂一点的程序在前后台系统的基础上引入了系统节拍,执行一些例行的事件,这种方式也称时间片编程方式。再进一步是引入消息机制,实现消息机制编程方式。软件系统的编写采用前后台操作的方式,应用程序放在 main 主函数里面无限循环,调用相应的处理子函数,这种设计方法的优点如下。

(1) 实现简单。
(2) 没有 OS,因此对 CPU 的性能要求不算高,不太关注 ROM/RAM。
(3) 如果设计得当,相较于带 OS 的飞控,系统运行更加稳定。

但前后台系统用在飞行控制系统中存在以下两大问题:

(1) 设计不当的话,比如某个周期的函数执行超时,后面所有的程序都会受到影响。如果飞控程序执行时间变得不够准确,则不利于对飞行器的控制,严重时会发生失控的现象。因此,通常在中断处理程序中只标记事件的发生,不做任何处理,转而由后台系统调度处理,这是为了避免中断程序执行时间过长影响后续和其他中断事件。

(2) 移植性和扩展性差,给整个程序后续改动和维护带来不便,由于各种任务都是相关的子函数,往往一个任务需要调用多个子函数,在程序改动或者维护的时候变得非常烦琐复杂。经常由于忽略了某一细节而导致功能无法实现,最后导致程序的可读性降低,不利于他人做程序修改。

选择使用 RTOS 之前,可考虑如下问题。

(1) 系统对一些事件的响应延迟时间有要求吗?该时限在微秒级。
(2) 系统对一些事件的处理有时限要求吗?该时限接近 CPU 全速处理一次该事件需要的时间,相差不超过毫秒级别。
(3) 系统中这些事件的处理代码复杂吗(平均每个事件的处理代码不超过 100 行标准 C 代码,无函数调用)?这种事件超过 5 个以上吗?
(4) 系统有 RAM、ROM 的限制,使得大多数操作系统,如 linux、uClinux、WinCE 无法正常工作吗?
(5) 系统有一定的规模,超过 2 万行标准 C/C++ 代码吗?系统中有多个逻辑事务,逻辑事务之间有同步或数据交换吗?
(6) 产品或系统生命周期长,有后续升级、发展的要求吗?
(7) 团队对选择的 RTOS 了解吗?有 RTOS 实施方面的专家吗?

如果上述问题有超过两个回答"是",就可能需要使用 RTOS 进行系统开发;如果超过 4 个问题回答"是",则必须使用 RTOS 了。

一些常见开源飞控使用的操作系统情况见表 9-3。

带操作系统的飞控设计是在某一操作系统上进行二次开发,操作系统通过一个内核的调度来管理 CPU,使得所有的任务都能正常运行,达到相对意义上的"并行",同时采用基于优先级的可剥夺性调度算法来保证实时性。RTOS 将应用层软件分成多个任

表 9-3 开源飞控使用操作系统情况

飞　　控	操 作 系 统
APM	无
MWC	无
Naze32(MWC32 位版)	无
Pixhawk	Nuttx
Autoquad	CoOS
Paparazzi	ChibiOS
匿名飞控	RT – Thread
Crazyflie	FreeRTOS

图 9-4　Pixhawk 软件分层

务，简化了应用软件的设计。例如，Pixhawk 飞控从软件架构上可以分为 4 层，如图 9-4 所示，读者可以与图 7-30 对比，二者都体现了嵌入式系统的分层结构。在每层里，各个驱动程序或上层的控制、估计算法都是一个独立模块，能够在运行期间互相通信。这种模块化的设计不仅有助于支持更多机型（因为不存在特定机型的主循环），而且使得代码具有高度的可移植性。各层简介如下。

（1）应用层：该层是整个飞控系统运行的核心。飞控日常飞行所用到的模块基本上都在这层，包括姿态控制、状态估计、导航模块等。应用层可以使用其他的控制软件，但必须运行于中间层之上。

（2）中间层：实现通信的中间层运行于操作系统之上，提供设备驱动和一个微对象请求代理（uORB, micro object request broker），用于飞控上运行的单个任务之间的异步通信。

（3）Nuttx 操作系统层：提供给用户操作环境，进行底层的任务调度。

（4）硬件驱动层：提供系统运行所需要的硬件驱动。

如果飞控中只需要做姿态解算和控制，则可以选用前后台系统；如果飞控中除了姿态控制外，还包括 GPS/INS 解算及导航、飞行数据链路、室内 SLAM、视觉导航等多个任务需要调度，那么应选用嵌入式操作系统。使用操作系统的飞控中，大部分工作是并行完成的，关键工作（姿态计算与控制等）需要相对较快的执行周期与实时性；而普通工作（GPS 解码等）对实时性要求不高，每项工作都能够并行运行，并且互不打扰，可以保证各自工作的实时性，当其中一项工作陷入死循环时，其他工作能不受影响。

对于现代微处理器，特别是 ARM 核微控制器，资源相对丰富，能够承受 RTOS 占用的硬件资源，因此无须担心 RTOS 会拖累性能。而 RTOS 提供的事件驱动型设计方式使得 RTOS 只是在处理实际任务时才会运行，这能够更合理地利用 CPU。在实际项目中，如果程序等待一个超时事件，传统的无 RTOS 情况下，CPU 或者在原地一直等待而不能执行其他任务，或者使用复杂（相对 RTOS 提供的任务机制而言）的状态机制；如果使用 RTOS，则可以很方便地将当前任务阻塞在该事件下，然后自动去执行别的任务，这显然更方便，并且可以高效地利用 CPU。有人认为如果将 RTOS 引入他们的设计中，RTOS 将消耗许多 CPU 时间，实际上正好是相反的，使用了 RTOS，系统将会支持一种复杂的事件驱动设计方式，CPU 只是在有任务需求时才运行，其他时间没有执行任务。而在以前没有 RTOS 的时候，CPU 在状态没有改变或者查询一个输入有没有改变的时候，一直处在运行状态。

9.3　操作系统中的任务

9.3.1　任务的特性

1. 任务的动态性

任务的状态是动态变化的，通常有就绪态、运行态、等待态等。这意味着任务并不是随时都可以运行的，而一个已经开始运行的任务并不能保证一直占有使用权。

2. 任务的独立性

传统的程序模块是互相"看得见"的，一个模块可以调用另外一个模块。而在操作系统环境下的任务看来，CPU 为自己独占。所谓"独占"，即"旁若无人"，一个任务"看不见"另一个任务。在这种情况下，一个任务不可能像调用子程序那样调用另一个任务。也就是说，所有任务在逻辑上都是"平等"的。

当两个传统模块需要进行信息传输时，主模块以实参形式将信息传输给子模块的形参。子模块以返回值的形式将结果传输给主模块。模块之间的信息传输是"当面"完成的，因为模块之间相互"看得见"，就像主人当面将货款交给仆人，让仆人去购物，仆人购物回来后，当面将物品交给主人。"当面"的本质是"同步"，即"给"和"拿"在同一个时刻完成。

由于任务之间互相"看不见"，所以它们之间的信息传输就无法"当面"完成。当两个任务需要进行信息传输时，只能采用异步方式。在操作系统管理下，主人任务和仆人任务只是功能上的概念，在逻辑上是平等的"同事"关系。主人需要请仆人帮忙购物时，无法直接把仆人叫来（主人永远见不到仆人），只能将购物清单和货款交给第三者，由第三者转交给仆人。仆人完成购物任务后，货物同样只能通过第三者转交。第三者的角色由操作系统中的各种通信机制实现。由于第三者的介入，主人"给"钱的时间和仆人"拿"到钱的时间不同，仆人交货的时间和主人得到货物的时间也不同，即主人与仆人之间的信息传输是异步的，其时间滞后与多种因素有关，无法事先准确确定。上述说明请读者结合 9.7 节中任务通信的实例来理解。

任务的独立性表现为逻辑上的平等性和信息传输的异步性。任务的独立性使得任务程序设计方法与传统的模块化程序设计方法有很大差距。

3. 任务的并发性

如图 9-5（a）所示，任务 A 在时刻 $t_1 \sim t_4$ 之间完成，任务 B 在时刻 $t_2 \sim t_3$ 之间完成，它们的运行时间段有重叠部分，这种运行方式称为并发运行。从宏观上看，不同的任务可以并发运行，就好像每个任务都有自己的 CPU 一样。在多 CPU 系统中，并发运行着的任务都有自己的 CPU。它们的运行状态就是真正的并发运行。而在单 CPU 系统中，通过实时操作系统进行任务调度而实现的并发运行，只能称为伪并发运行，即宏观上的并发运行，详细说明见 9.3.2 节。

如果系统所有的功能在执行时间上都是互相错开的（如操作顺序固定的电子系统），没有重叠交错的可能性（没有并发运行的需求）时，就不需要进行任务调度，也就不需要操作系统。由此可以看出，并发性是任务的基本特性，也是操作系统需求的前提。进行任务划分，就是将可以并发运行的程序单元用任务来进行封装，只有这样，系统才能在"可剥夺型"任务调度内核下运行。

操作系统的任务调度功能是为了解决这样一个问题：在某个时刻，有多个任务均处于就

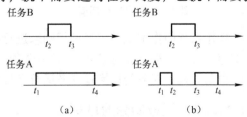

图 9-5 任务的并发运行

绪状态，应该让哪个任务运行？为了满足实时性要求，嵌入式实时操作系统的内核都是采用"可剥夺型"任务调度算法。这意味着，一个已经就绪的高优先级任务可以剥夺另一个正在运行的低优先级任务的运行权而进入运行状态。如图9-5（b）所示，任务B的优先级比任务A高，在任务A运行过程中，任务B只要条件满足，就可以投入运行，并不需要等待任务A运行结束。

9.3.2 多任务的实现

计算机在执行应用程序时，经常要用I/O设备进行数据的输入和输出，而I/O设备在工作时总是需要一段时间，于是在I/O设备工作期间，如果CPU没有别的任务，就只能等待，因此会使计算机运行一个应用程序所花的时间比较长，也就是说，这种系统的实时性较差。

如果把一个大的任务分解成多个可并行运行的小任务，那么在一个任务需要等待I/O时，就可以让出CPU的使用权，CPU就可以去运行其他的任务，于是就可以大大提高CPU的利用率。当然系统完成任务所花的时间就会减少，从而提高整个系统的实时性能。

根据冯·诺依曼模型的计算机五大组成，除了数据通道的输入/输出接口外，任务运行需要的运行环境包括两部分：处理器（运算器和控制器）中的运行环境和内存中的运行环境。处理器通过两个指针寄存器（PC和SP）分别与存储器中的任务代码和任务堆栈建立联系并运行，如图9-6所示。

每个任务都需要一套程序运行环境，包括处理器环境和内存环境，在处理器单核时代，如何使程序并行起来呢？这就要为处理器的"真身"变化出多个"影子"（虚拟），如图9-7所示。

（1）在内存中为每个任务创建一个虚拟的处理器（处理器部分的运行环境）。
（2）当需要运行某个任务时，就把该任务的虚拟处理器复制到实际处理器中（复制1）。
（3）当需要终止当前任务时，则把任务对应的虚拟处理器复制到内存（复制2）。
（4）再把另一个需要运行的任务的虚拟处理器复制到实际处理器中（复制1）。

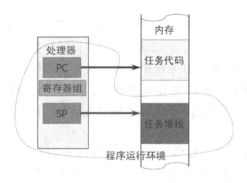

图9-6　程序运行环境

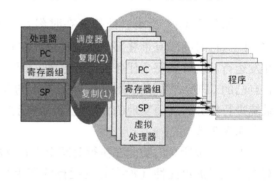

图9-7　任务运行环境的切换

操作系统的作用就是按某种规则来进行这两项复制工作，通过处理器管理，使得每个任务都感觉自己获得（或称独占）了一个独立的虚拟CPU，这样每个任务都是并发运行的。需要说明的是，任务的切换是任务运行环境的切换。

9.3.3 任务划分的目标

在对一个具体的嵌入式应用系统进行任务划分时，可以有不同的任务划分方案，因此需要知道任务划分的目标,才能对不同的方案进行比较,选择最能够实现目标的方案。

(1) 满足实时性指标:即使在最坏的情况下,系统中所有对实时性有要求的功能都能够正常实现。

(2) 任务数目合理:对于同一个应用系统,任务划分的数目较多时,每个任务需要实现的功能比较简单,任务的设计也比较简单,但任务的调度操作与任务之间的通信活动增加,使系统运行效率降低,资源开销增大;任务划分的数目较少时,每个任务需要实现的功能会比较繁杂,但可免除许多通信工作,减少共享资源的数量,减轻操作系统的负担,减少资源开销。因此,应合理地合并一些任务,使任务数目适当少一些。

(3) 简化软件系统:一个任务要实现其功能,除了需要操作系统的调度功能支持外,还需要操作系统的其他服务功能支持,如时间管理功能、任务之间的同步功能、任务之间的通信功能、内存管理功能等。合理划分任务,可以减少对操作系统的服务要求,使操作系统的功能得到剪裁,简化软件系统,减少软件代码的规模。

(4) 降低资源需求:合理划分任务,减少或简化任务之间的同步和通信需求,就可以减小相应数据结构的内存规模,从而降低对系统资源的需求。

通过以上分析,可以对任务划分小结如下。

(1) 以 CPU 为中心,将与各种输入/输出设备(或端口)相关的功能分别划分为独立的任务。

(2) 发现关键功能,将其最关键的部分剥离出来,用一个独立任务(或 ISR)完成,剩余部分用另外一个任务实现,两者之间通过通信机制沟通。

(3) 发现紧迫功能,将其最紧迫部分剥离出来,用一个独立的高优先级任务(或 ISR)完成,剩余部分用另外一个任务实现,两者之间通过通信机制沟通。

(4) 对于既关键又紧迫的功能,按紧迫功能处理。

(5) 将消耗时间较多的数据处理功能划分出来,封装为低优先级任务。

(6) 将关系密切的若干功能组合成为一个任务,达到功能聚合的效果。

(7) 将由相同事件触发的若干功能组合成为一个任务,从而免除事件分发机制。

(8) 将运行周期相同的功能组合成为一个任务,从而免除时间事件分发机制。

(9) 将若干按固定顺序执行的功能组合为一个任务,从而免除同步接力通信的麻烦。

9.4 FreeRTOS 操作系统简介

FreeRTOS 的创始人是 Richard Barry。FreeRTOS 软件的开发始于 2002 年,是一个针对 MCU 的标准交叉开发平台,其标志如图 9-8 所示。Richard Barry 曾写了一本名为《使用 FreeRTOS 的实时内核:实用指南》的书介绍 FreeRTOS 的使用。在谈到 FreeRTOS 受欢迎时,Richard Barry 在一次采访时说道:"FreeRTOS 遵守 MISRA 规范,进而保证产品的质量,使用 FreeRTOS 没有知识产权侵权的风险,而且通过社区和专业公司提供技术支持。可以这样说,FreeRTOS 基本上是一个商业 RTOS,但是完全免费,这也就是今天人们看到 FreeRTOS

图 9-8 FreeRTOS 的标志

如此受到欢迎的原因。"

  FreeRTOS 遵循 GPL 的软件授权协议，商业用户亦可购买商业授权获得其私有的授权协议，任何基于 FreeRTOS 修改和相关的用户代码均可以不公开，这也就是我们通常所说的双授权协议。双授权是 FreeRTOS 的最大优势。如果采用开源授权，你就必须把 FreeRTOS 内核相关修改贡献出来。如果是商业产品，希望保留这些修改，作为自己企业的商业机密，可以购买商业授权。

  FreeRTOS 占用内存小，约占 RAM 空间 0.5KB，占 Flash 空间也只有 1KB 左右，运行效率高。FreeRTOS 提供的功能包括任务管理、时间管理、信号量、消息队列、内存管理、记录功能等，可基本满足较小系统的需要。FreeRTOS V7.0.2 版本的内核本身仅由 list.c、queue.c、croutine.c、tasks.c、timers.c 这 5 个 C 文件组成。list.c 是一个链表的实现，主要用于内核调度器。queue.c 是一个队列的实现，支持中断环境和信号量控制。FreeRTOS 中增加了一种新的任务形式，称为联合程序，各个联合程序共享同一个任务堆栈，使得对 RAM 的需求进一步减小，由 croutine.c 文件实现。tasks.c 是传统形式任务的实现。timers.c 用于实现定时器。这 5 个文件都与使用的硬件平台无关。此外，在发布的 FreeRTOS 源代码中还包含 3 个内存管理文件 heap_1.c、heap_2.c、heap_3.c 以及移植接口文件 port.c，用户需要根据所使用的硬件平台选择一种内存分配方案，并实现移植文件 port.c。

  FreeRTOS 的主要特性如下。

  （1）调度算法：FreeRTOS 内核支持优先级调度算法，每个任务都可根据重要程度的不同被赋予一定的优先级，CPU 总是让处于就绪态、优先级最高的任务先运行。FreeRTOS 内核同时支持轮换调度算法，在没有更高优先级任务就绪的情况下，同一优先级的任务采用 round robin 算法调度。

  （2）实时性：FreeRTOS 既可以配置成一个硬实时操作系统内核，也可以配置为非实时型内核，部分任务的实时性可单独设置。

  （3）抢占式或协作式调度算法：FreeRTOS 的内核可根据用户需要设置为可剥夺型内核（抢占式）或不可剥夺型内核。当 FreeRTOS 被设置为可剥夺型内核时，处于就绪态的高优先级任务能剥夺低优先级任务的 CPU 使用权，这样可保证系统满足实时性的要求；当 FreeRTOS 被设置为不可剥夺型内核时，处于就绪态的高优先级任务只有等当前运行任务主动释放 CPU 的使用权后才能获得运行，这样可提高 CPU 的运行效率。

  （4）任务数量：在存储空间允许的情况下，FreeRTOS 可支持运行的任务数量不受限制，且允许不同的任务使用相同的优先级。当多个就绪任务的优先级相同时，系统自动启用时间片轮转法进行任务调度。由此可见，FreeRTOS 嵌入式实时操作系统为用户的嵌入式应用程序提供了非常灵活的任务调度策略。

  （5）任务间的通信：FreeRTOS 支持队列和几种基本的任务同步机制。FreeRTOS 实现的队列机制传递信息采用传值方式，因此对于传递大量数据效率有些低。但是可以通过传递指针的方式提高效率。中断处理函数中，读/写队列都是非阻塞型的；任务中，读/写队列可以为阻塞型，也可以配置为非阻塞型。当配置为阻塞型时，可以指定一个阻塞的最大时限（timeout）。

  FreeRTOS 还有如下优点。

  （1）大量开发者使用，并保持高速增长趋势：EEtimes 杂志嵌入式系统市场报告显示，2011—2015 年连续 5 年 FreeRTOS 在 RTOS 内核使用榜和 RTOS 内核计划使用榜上都名列前茅。更多的人使用可以有效发现 BUG，增强稳定性。

（2）简单：内核只有几个 c 文件，全部围绕着任务调度，没有任何其他干扰，便于理解学习。

（3）文档齐全：在 FreeRTOS 官方网站上，有非常丰富的资料。

（4）免费、开放源码：完全可以免费用于商业产品，开放源码更便于学习操作系统原理，从全局掌握 FreeRTOS 运行机理，以及对操作系统进行深度裁剪以适应自己的硬件。

在 FreeRTOS 每个功能的学习中，应把握如下 3 点。

（1）明确概念并从原理层面搞清楚实时系统为什么需要这种机制（不强调 FreeRTOS）。

（2）搞清楚 FreeRTOS 是如何实现这个功能的。

（3）用实例来说明如何使用，加深理解。

9.5 FreeRTOS 中的任务管理

9.5.1 FreeRTOS 中的任务

任务管理用到的主要函数如下。

（1）任务函数：任务是由 C 语言函数实现的，但任务函数必须返回 void，而且带一个 void 指针参数。FreeRTOS 任务不允许以任何方式从实现函数中返回，即绝不能有一条 "return" 语句，也不能执行到函数末尾。如果一个任务不再需要可以将其删除。范例如下：

```
void ATaskFunction(void * pvParameters)
{
    int iVariableExample = 0;
    for( ; ; )
    {
    }
    vTaskDelete(NULL);
}
```

（2）创建任务函数：创建任务使用 FreeRTOS 的 API 函数 xTaskCreate( )，函数原型如下：

```
portBASE_TYPE xTaskCreate(pdTASK_CODE pvTaskCode,
    const signed portCHAR * const pcName,
    unsigned portSHORT usStackDepth,
    void * pvParameters,
    unsigned portBASE_TYPE uxPriority,
    xTaskHandle * pxCreatedTask);
```

其中参数的具体含义为：pvTaskCode 指向任务实现函数的指针（形式上只是函数名）；pcName 具有描述性的任务名，不被 FreeRTOS 使用；usStackDepth 告诉内核为任务分配多大的栈空间；pvParameters 任务函数接受一个指向 void 的指针(void *)，pvParameters 的值即是传递到任务中的值；uxPriority 指定任务执行的优先级，优先级的取值范围可以从最低优先级 0 到最高优先级（configMAX_PRIORITIES – 1）；pxCreatedTask 用于传出任务的句柄，这个句柄将在 API 调用中对该创建出来的任务进行引用，如改变任务优先级或删除任务，如用不到该句柄可设为 NULL。

该函数有两个可能的返回值：errCOULD_NOT_ALLOCATE_REQUIRED_MEMORY 表示由于内存堆空间不足，FreeRTOS 无法分配足够的空间来保存任务结构数据和任务栈，因此无法创建任务；pdTRUE 表示任务创建成功。

(3) 任务优先级改变函数：API 函数 vTaskPrioritySet() 可以用于在调度器启动后改变任何任务的优先级。函数原型如下：

void vTaskPrioritySet(xTaskHandle pxTask, unsigned portBASE_TYPE uxNewPriority)。

其中的参数 pxTask 为被修改优先级的任务句柄，uxNewPriority 为修改后的优先级。

每个任务将分配一个 0 ~（configMAX_PRIORITIES – 1）的优先级。configMAX_PRIORITIES 在文件 FreeRTOSConfig.h 中定义，configMAX_PRIORITIES 参数值越大，FreeRTOS 占用的 RAM 就越多。低优先级任务使用较小的数字，默认的空闲优先级 tskIDLE_PRIORITY 定义为 0。

调度器保证处于就绪或运行状态的任务分配到处理器的时间，高优先级任务先分配，即处理器时间总是分配给能够运行的最高优先级任务。

任务的状态如图 9-9 所示，包括以下几种。

(1) 运行：如果一个任务正在执行，那么说这个任务处于运行状态，此时它占用处理器。

(2) 就绪：就绪的任务已经具备执行的能力（不同于阻塞和挂起），但是因为有一个同优先级或更高优先级的任务处于运行状态而还没有真正执行。

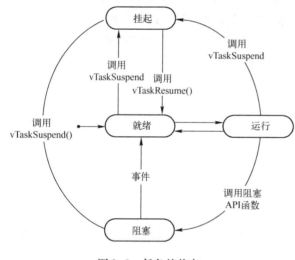

图 9-9 任务的状态

(3) 阻塞：如果任务当前正在等待某个时序或外部中断，就称这个任务处于阻塞状态。例如，一个任务调用 vTaskDelay() 后会阻塞到延时时间结束为止。任务也可能阻塞在队列或信号量事件上。进入阻塞状态的任务通常有一个超时周期，当事件超时后解除阻塞。

(4) 挂起：处于挂起状态的任务同样对调度器无效。仅当调用 vTaskSuspend() 和 xTaskResume() 这两个 API 函数后，任务才会进入或退出挂起状态。不可以指定超时周期事件（不可以通过设定超时事件而退出挂起状态）。

使用 RTOS 的实时应用程序可认为是一系列独立任务的集合。每个任务在自己的环境中运行，不依赖于系统中的其他任务或 RTOS 调度器。在任何时刻，只有一个任务得到运行，RTOS 调度器决定运行哪个任务。调度器会不断启动、停止每个任务，宏观看上去就像整个应用程序都在执行。作为任务，不需要对调度器的活动有所了解，在任务切入/切出时保存上下文环境（寄存器值、堆栈内容）是调度器的主要职责。为了实现这点，每个任务都需要有自己的堆栈。当任务切出时，它的执行环境会被保存在该任务的堆栈中，这样当再次运行时，就能从堆栈中正确地恢复上次的运行环境。

9.5.2 相对延时

相对延时函数描述如下：

void vTaskDelay(portTickTypexTicksToDelay);

调用 vTaskDelay() 函数后，任务会进入阻塞状态，持续时间由 vTaskDelay() 函数的参数 xTicksToDelay 确定，单位是系统节拍时钟周期。常量 portTICK_RATE_MS 用来辅助计算真实时间，此值是系统节拍时钟中断的周期，单位是 ms。在文件 FreeRTOSConfig.h 中，宏 INCLUDE_vTaskDelay 必须设置成"1"，此函数才能有效。

有这样一个任务，执行过程如图 9-10 所示。当任务 A 获取 CPU 使用权后，先执行任务 A 的主体代码，之后调用系统延时函数 vTaskDelay() 进入阻塞状态。任务 A 进入阻塞后，其他任务得以执行。FreeRTOS 内核会周期性地检查任务 A 的阻塞是否达到，如果阻塞时间达到，则将任务 A 设置为就绪状态。由于任务 A 的优先级最高，会抢占 CPU，再次执行任务主体代码，不断循环。

从图 9-10 可以看出，任务 A 每次延时都是从调用延时函数 vTaskDelay() 开始运行算起的，延时是相对于这一时刻开始的，所以叫作相对延时函数。

从图 9-10 还可以看出，如果执行任务 A 的过程中发生中断，那么任务 A 执行的周期就会变长，所以使用相对延时函数 vTaskDelay()，不能周期性地执行任务 A。

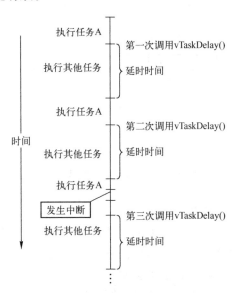

图 9-10 相对延时函数执行示意图

9.5.3 绝对延时

绝对延时函数描述如下：

void vTaskDelayUntil(TickType_t * pxPreviousWakeTime, const TickType_txTimeIncrement);

函数形参说明如下。

（1）pxPreviousWakeTime：指针，指向一个变量，该变量保存任务最后一次解除阻塞的时间。第一次使用前，该变量必须初始化为当前时间，之后这个变量会在 vTaskDelayUntil() 函数内自动更新。

（2）xTimeIncrement：周期循环时间，当时间等于(* pxPreviousWakeTime + xTimeIncrement)时，任务解除阻塞。如果不改变参数 xTimeIncrement 的值，调用该函数的任务会按照固定频率执行。

该函数功能是使任务延时指定的时间，周期性任务可以使用此函数，以确保一个恒定的执行频率。在文件 FreeRTOSConfig.h 中，宏 INCLUDE_vTaskDelayUntil 必须设置成 "1"，此函数才有效。

这个函数不同于 vTaskDelay( ) 函数的一个重要之处在于：vTaskDelay( ) 指定的延时时间是从调用 vTaskDelay( ) 之后（执行完该函数）开始算起的，但是 vTaskDelayUntil( ) 指定的延时时间是一个绝对时间。

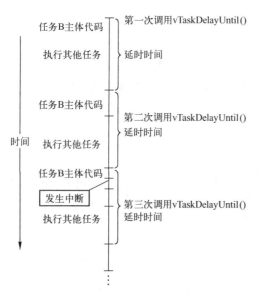

图 9-11　绝对延时函数执行示意图

如图 9-11 所示，当任务 B 获取 CPU 使用权后，先调用系统延时函数 vTaskDelayUntil( ) 使任务进入阻塞状态。任务 B 进入阻塞后，其他任务得以执行。FreeRTOS 内核会周期性地检查任务 B 的阻塞时间是否达到，如果阻塞时间达到，则将任务 B 设置为就绪状态。由于任务 B 的优先级最高，会抢占 CPU，接下来执行任务主体代码。任务主体代码执行完毕后，会继续调用系统延时函数 vTaskDelayUntil( ) 使任务进入阻塞状态，周而复始。

从图 9-11 可以看出，从调用函数 vTaskDelayUntil( ) 开始，每隔固定周期，任务 B 的主体代码就会被执行一次，即使任务 B 在执行过程中发生中断，也不会影响这个周期性，只是会缩短其他任务的执行时间。所以这个函数被称为绝对延时函数，它可以用于周期性地执行任务 B 的主体代码。

上面的例子中，调用系统延时的任务都有最高优先级。如果任务不是最高优先级，则仍然能周期性地将任务解除阻塞，但是解除阻塞的任务不一定能获得 CPU 权限，因此任务主体代码也不会总是精确地周期性执行。因此，精确延时必须设置任务最高优先级。例如，飞控中的 PID 实时控制任务，优先级设置成最高，采用 vTaskDelayUntil( ) 进行精确定时。

 9.6　FreeRTOS 中的互斥信号量

在嵌入式多任务系统中，任务间的耦合程度是不一样的：任务之间需要进行大量的通信，相应的系统开销较大，则任务间的耦合程度较高；任务之间不存在通信需求，其间的同步关系很弱，甚至不需要同步或互斥，系统开销较小，则任务间的耦合程度较低。研究任务间耦合程度的高低对于合理设计应用系统、划分任务具有很重要的作用。

应用程序中的各个任务是为同一个大的任务服务的子任务，必须通过彼此之间的有效合作，才能完成一项大规模的工作。但它们不可避免地要共同使用一些共享资源，并且在处理一些需要多个任务共同协作完成的工作时，还需要相互支持，某些情况下还会相互制约。因此，对于一个完善的多任务操作系统，必须具有完备的同步和通信机制。

为了实现各个任务之间的合作和无冲突运行,在各任务之间必须建立一些制约关系。其中,一种制约关系叫作直接制约关系,另一种制约关系则叫作间接制约关系。

直接制约关系源于任务之间的合作。例如,有任务 A 和任务 B 两个任务,它们需要通过访问同一个数据缓冲区合作完成一项工作,任务 A 负责向缓冲区写入数据,任务 B 负责从缓冲区读取该数据。显然,当任务 A 还未向缓冲区写入数据时,任务 B 因不能从缓冲区得到有效数据而应该处于等待状态;只有等任务 A 向缓冲区写入了数据之后,才能通知任务 B 去取数据。相反,当缓冲区的数据还未被任务 B 读取(缓冲区为满)时,任务 A 就不能向缓冲区写入新的数据而应该处于等待状态;只有等任务 B 自缓冲区读取数据后,才能通知任务 A 写入数据。如果这两个任务不能如此协调工作,将造成严重的后果。

间接制约关系源于对资源的共享。例如,任务 A 和任务 B 共享一台打印机,如果系统已经把打印机分配给了任务 A,则任务 B 因不能获得打印机的使用权而应该处于等待状态;只有当任务 A 把打印机释放后,系统才能唤醒任务 B 使其获得打印机的使用权。如果这两个任务不这样做,那么也会造成混乱。

由此可知,在多任务合作工作的过程中,各任务间应具有一种互斥关系,即对于某个共享资源,如果一个任务正在使用,则其他任务只能等待,等到该任务释放该资源后,等待的任务之一才能使用它;相关的任务在执行上要有先后次序,一个任务要等其伙伴发来通知或建立了某个条件后才能继续执行,否则只能等待。任务之间的这种制约性的合作运行机制叫作任务间的同步。

9.6.1 互斥信号量的概念

如图 9-12 所示为形象表示多任务编程的漫画,图 9-12(a)为理想中的多任务,图 9-12(b)为没有处理好的多任务情况,究其原因,是因为公关资源(狗粮)的归属出现问题。

(a)　　　　　　　　　　　　　　　(b)

图 9-12　多任务编程的理论和现实

一个公共资源处理的典型实例:春运期间,一位乘客到火车站售票窗口买票,售票员通过查询发现还有一张票,于是就让乘客交钱,然而收钱的瞬间,其他人通过 12306 软件把车票买走了,于是售票员只能尴尬地收了钱却无法给乘客票。这个例子说明火车票这个公共资源在为两个任务(窗口售票和售票网络)服务中出了问题。

上述公共资源在操作系统中称为临界资源,即操作系统把一次仅允许一个进程使用的资源称为临界资源。一个进程中访问临界资源的那段程序称为临界区。涉及临界区的程序编写需要考虑可重入性(reentrancy)。可重入型函数可以被一个以上的任务调用而不必担心数据的破坏。可重入型函数任何时候都可以被中断,一段时间后又可以运行,而相应数据不会丢失。可重入型函数只使用局部变量,即变量保存在 CPU 寄存器或堆栈中。如使用全局变量,则要对全局变量予以保护。

【例 9-1】

```
void strcpy(char * dest,char * src)
{
    while ( * dest ++= * src ++ )
    {
        ;
    }
    * dest = NUL;
}
```

【分析】 函数 strcpy( )进行字符串的复制。因为参数保存在堆栈中,故函数可以被多个任务调用,不必担心各任务调用函数期间会破坏对方的指针。

【例 9-2】

```
int Temp;
void swap(int * x,int * y)
{
    Temp = * x;
    * x   = * y;
    * y   = Temp;
}
```

【分析】 函数 swap( )应用了全局变量 Temp,函数被多个任务调用时,Temp 有可能会被重复修改,因此,为了避免这种情况,需要利用互斥信号量进行保护。

信号量用于实现任务与任务之间、任务与中断处理程序之间的同步与互斥的方法中。信号量一般分为以下 3 种。

(1)互斥信号量:用于解决互斥问题。它比较特殊,可能会引起优先级反转问题。

(2)二值信号量:用于解决同步问题。

(3)计数信号量:用于解决资源计数问题。

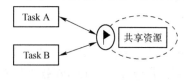

图 9-13 互斥信号量

因此,也可把用互斥信号量保护的代码区称作临界区,临界区代码通常用于对共享资源的访问。如图 9-13 所示,互斥信号量是用来保护资源的。为了访问资源,任务必须先获取互斥信号量,即任务 A 想获取资源,首先要获取互斥信号量,然后就可以安全访问资源了。而随后试图访问同一资源的所有其他任务必须等待，即任务 B 也想访问资源，就要先获得互斥信号量，但是互斥信号量此时是无效的，任务 B 进入阻塞状态。当任务 A 执行完成后，释放互斥信号量，即当任务离开临界区时，它将释放信号量并允许正在等待该信号量的任务进入临界区。之后，任务 B 解除阻塞，获取互斥信号量，则任务 B 可以访问资源。上述过程说明使用互斥信号量可以实现对共享资源的串行访问，保证只有成功地获取互斥信号量的任务才能够释放它。

Mutex 从本质上说就是一把锁，提供对资源的独占访问，所以 Mutex 主要用于互斥。Mutex 对象的值只有 0 和 1 两个，分别代表了 Mutex 的两种状态。值为 0，表示锁定状态，当前对象被锁定，用户进程或线程如果试图加锁临界资源，则进入排队等待；值为 1，表示空闲状态，当前对象为空闲，用户任务可以加锁临界资源，之后 Mutex 值减 1，变为 0。

Mutex 可以被抽象为 4 个操作：创建 Create、加锁 Lock、解锁 Unlock、销毁 Destroy。

FreeRTOS 中的互斥信号量 API 函数如图 9-14 所示，简介如下。

（1）SemaphoreHandle_t xSemaphore = NULL;

申明互斥型信号量。

（2）xSemaphore = xSemaphoreCreateMutex();

创建互斥型信号量。

（3）xSemaphoreTake(xSemaphore, portMAX_DELAY);

获得资源的使用权，此处的等待时间为 portMAX_DELAY（挂起最大时间），如果任务无法获得资源的使用权，则会处于挂起状态。

（4）xSemaphoreGive(xSemaphore);

释放资源的使用权。

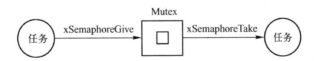

图 9-14　FreeRTOS 中的互斥信号量 API 函数

9.6.2　互斥信号量的应用

【例 9-3】首先定义一个全局变量 a；创建两个任务 Task1 和 Task2，任务的优先级都为 2，Task1 和 Task2 的功能是对 a 进行修改；创建一个输出变量 a 的 Task3，优先级为 1。Task1 和 Task2 在结束时都会将自己删除，即优先级较高的任务执行完成后删除自己，这样做的目的是使优先级较低的任务 3 能够得以执行。代码如下：

```
int a = 0;
…
void vTask3(void * pvParameters)
```

```
            {
                      for(;;)
                        {
                            printf("%d\r\n",a);
                    vTaskDelay(300/portTICK_RATE_MS);
                        }
}

        void vTask1(void * pvParameters)
        {
                        long   int b = 1000000;

                            for(i=0;i<b;i++)
                                {
                                    a=a+1;
                                }
                vTaskDelete(xTask1Handle);
        }


        void vTask2(void * pvParameters)
        {            long int b = 1000000;
                            for(i=0;i<b;i++)
                                {
                                    a=a+1;
                                }
                vTaskDelete(xTask2Handle);
        }

    int main(void)
    {   SystemInit();
        uart_init();
        My_InitConfig();
        exti();

            xTaskCreate(vTask2,(signed char *)"Task 2",1000,NULL,2,&xTask2Handle);
            xTaskCreate(vTask1,(signed char *)"Task 1",1000,NULL,2,&xTask1Handle);
             xTaskCreate(vTask3,(signed char *)"Task 1",1000,NULL,1,NULL);
            vTaskStartScheduler();


    }
```

从程序可以看出,a=1000000+1000000=2000000,但是程序运行的结果如图9-15所示,可以看出与预期不一致。导致这个结果的原因是Task1和Task2对a的读、修改、写过程不是连续完成的,即Task1读和修改完a的数据后没有写入保存,这时Task2对a

第 9 章 嵌入式操作系统

进行读、修改、写,此后 Task1 获取操作权时,完成上一次的写操作,则 Task2 对 a 的操作被覆盖。

图 9-15 例 9-3 的运行结果

【例 9-4】在例 9-3 的基础上使用互斥信号量,其作用为:任务只有在成功取得信号量的情况下才能够对 a 进行连续的读、修改、写操作。这样就避免了例 9-3 中的问题。代码如下:

```
int a = 0;
int i;
xTaskHandle xTask1Handle;
xTaskHandle xTask2Handle;
xSemaphoreHandle  xMute;                //声明句柄

int main(void)
{
    xMute = xSemaphoreCreateMutex();    //创建互斥信号量
    SystemInit();
    uart_init();
    My_InitConfig();
    exti();

    xTaskCreate(vTask2,(signed char * )"Task 2",1000,NULL,2,&xTask2Handle);
```

```
    xTaskCreate(vTask1,(signed char*)"Task 1",1000,NULL,2,&xTask1Handle);
    xTaskCreate(vTask3,(signed char*)"Task 1",1000,NULL,1,NULL);
    vTaskStartScheduler();
}


void vTask3(void * pvParameters)
{
    for(;;)
    {
        printf("%d\r\n",a);
    }
}
void vTask1(void * pvParameters)
{
xSemaphoreTake(xMute,portMAX_DELAY);        //加锁
{                                            //注意花括号
    long int b = 1000000;
    for(i = 0;i < b;i ++ )
    {   a = a + 1;}
}
    xSemaphoreGive(xMute);                   //解锁
        vTaskDelete(xTask1Handle);
}


void vTask2(void * pvParameters)
{
    xSemaphoreTake(xMute,portMAX_DELAY);
    {
        long int b = 1000000;
        for(i = 0;i < b;i ++ )
            {a = a + 1;}
        LED2_OFF();
    }
    xSemaphoreGive(xMute);
    vTaskDelete(xTask2Handle);
}
```

程序运行结果如图 9-16 所示。

图 9-16 例 9-4 的运行结果

9.7 FreeRTOS 中的任务通信

9.7.1 队列概念

FreeRTOS 的应用程序由一系列独立或交互的任务构成，每个任务都拥有自己相对独立的资源。任务之间通过操作系统提供的某种通信机制实现信息的共享或交互。FreeRTOS 中的通信和同步可以基于队列来实现。通过 FreeRTOS 提供的服务，任务或者中断服务子程序可以将一则消息放入队列中，实现任务之间以及任务与中断之间的消息传送。队列以 FIFO（先进先出）规则保存有限个具有确定长度的数据单元，即数据可以由队列尾写入，从队列首读出。队列是具有独立权限的内核对象，并不属于任何任务。所有任务都可以向同一个队列发送消息或读取消息。FreeRTOS 队列具有以下特性。

（1）数据变量（整型、简单结构体等）中的简单信息可以直接传送到队列，这样就不需要为信息分配缓存。信息也可以直接从队列读取到数据变量中。用直接复制的方法入队，可以允许任务立即覆写已经加入队列的变量或者缓存。因为变量中的数据内容是以复制的方式入队的，所以变量自身是允许重复使用的。发送信息的任务和接收信息的任务并不需要就哪个任务拥有信息、哪个任务释放信息（当信息不再使用时）达成一致。

（2）队列是通过复制传递数据的，但这并不妨碍队列通过引用来传递数据。当信息量的大小到达一个临界点后，逐字节复制整个信息是不实际的，可以定义一个指针队列，以只复制指向消息的指针来代替复制全部信息。

（3）队列内存区域分配由内核完成。

（4）长消息可以通过定义保存一个结构体变量的队列实现，结构体中的一个成员指向要入队的缓存，另一个成员保存缓存数据的大小。

（5）单个队列可以接收不同类型的信息，且信息可以来自不同的位置。这通过定义保存一个结构体变量的队列来实现，结构体中的一个成员保存信息类型，另一个成员保存信息数据（或者指向信息数据的指针）。数据如何解读取决于信息类型。

队列 API 函数如图 9-17 所示，简介如下。

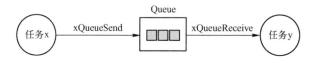

图 9-17　队列 API 函数

（1）队列创建函数 xQueueCreate()：主要功能就是创建一个队列。原型如下：

  xQueueHandle xQueueCreate(unsigned portBASE_TYPE uxQueueLength, unsigned portBASE_TYPE uxItemSize);

其中，参数 uxItemSize 和 uxQueueLength 分别表示队列存储的最大单元数目和单元的长度。返回值不为空表示创建成功，否则表示创建失败。

（2）队列发送函数 xQueueSend()：功能就是把数据发送到队列尾。原型如下：

  portBASE_TYPE xQueueSendToBack(xQueueHandle xQueue,
  const void * pvItemToQueue, portTickType xTicksToWait)

其中，参数 xQueue 表示目标队列的句柄；pvItemToQueue 表示发送数据的指针；xTicksToWait 表示阻塞超时时间。返回值可能有两个：pdPASS 和 errQUEUE_FULL，前者表示发送成功，后者表示失败。

（3）队列接受函数 xQueueReceive()：功能就是从队列中接收（读取）数据单元，接收到的数据单元同时也会从队列中删除。原型如下：

  portBASE_TYPE xQueueReceive(xQueueHandle xQueue,
  const void * pvBuffer,　portTickType xTicksToWait)

参数与发送队列函数的类似，分别为队列句柄、接收缓存指针、阻塞超时时间。返回值同发送函数。

每当任务企图从一个空的队列读取数据时，任务都会进入阻塞状态（这样任务不会消耗任何 CPU 资源且另一个任务可以运行），直到队列中出现有效数据或者阻塞时间到期。

每当任务企图向一个满的队列写数据时，任务都会进入阻塞状态，直到队列中出现有效空间或者阻塞时间到期。

如果多个任务阻塞在一个队列上，那么最高优先级别的任务会第一个解除阻塞。

总结队列的基本用法如下。

（1）定义一个队列句柄变量，用于保存创建的队列：xQueueHandle xQueue1。

（2）使用 API 函数 xQueueCreate() 创建一个队列。

（3）如果希望使用先进先出队列，使用 API 函数 xQueueSend() 或 xQueueSendToBack() 向队列投递队列项；如果希望使用后进先出队列，则使用 API 函数 xQueueSendToFront() 向队列投递队列项。

（4）使用 API 函数 xQueueReceive() 从队列读取队列项。

9.7.2 队列通信案例

> 【例9-5】参考代码中存在两个任务：任务A和任务B。任务A扮演生产者的角色，不断向队列中填充内容，填充的内容为一个int16_t类型的变量，填充完之后该变量累加；任务B扮演消费者的角色，不断从队列中提取内容，并通过串口打印。

关键代码如下：

```c
#include "main.h"
#define LED_ON()     GPIO_ResetBits(GPIOD,GPIO_Pin_10)
#define LED_OFF()    GPIO_SetBits(GPIOD,GPIO_Pin_10)
static void prvSetupHardware(void);
void My_InitConfig()
{
    GPIO_InitTypeDef  GPIO_InitStructure;
    RCC_AHB1PeriphClockCmd(RCC_AHB1Periph_GPIOD,ENABLE);
    GPIO_InitStructure.GPIO_Pin = GPIO_Pin_10;
    GPIO_InitStructure.GPIO_Mode = GPIO_Mode_OUT;
    GPIO_InitStructure.GPIO_OType = GPIO_OType_PP;
    GPIO_InitStructure.GPIO_Speed = GPIO_Speed_100MHz;
    GPIO_InitStructure.GPIO_PuPd = GPIO_PuPd_NOPULL;
    GPIO_Init(GPIOD,&GPIO_InitStructure);
}
xQueueHandle  MsgQueue;
    void TaskA(void * pvParameters)
    {
        int16_t SendNum = 1;
        for(;;)
    {
            vTaskDelay(2000/portTICK_RATE_MS);

            xQueueSend(MsgQueue,(void * )&SendNum,0);
            SendNum ++;
        }
    }

    void TaskB(void * pvParameters)
    {
        int16_t ReceiveNum = 0;
    for(;;)
        {

if(xQueueReceive(MsgQueue,&ReceiveNum,100/portTICK_RATE_MS) == pdPASS)
            {
```

```
              printf("ReceiveNum:%d\r\n",ReceiveNum);

           }
         }
       }
   static void prvSetupHardware(void)
       {
       My_InitConfig();
       uart_init();
       }


   int main(void)
   {
   prvSetupHardware();
   MsgQueue = xQueueCreate(5 ,sizeof(int16_t));
     if(MsgQueue!= NULL)
     {

       xTaskCreate(TaskA,(signed portCHAR *) "TaskA",configMINIMAL_STACK_SIZE,
                       NULL,tskIDLE_PRIORITY +3,NULL);
       xTaskCreate(TaskB,(signed portCHAR *) "TaskB",configMINIMAL_STACK_SIZE,
                       NULL,tskIDLE_PRIORITY +4,NULL);

       vTaskStartScheduler();
             return 0;
   }
   else
   {
       /*队列创建失败*/
     }
     for(;;);
   }
```

9.8 飞控操作系统中的任务及其通信

飞控从板（传感器板）主要有两个任务：标定和卡尔曼滤波。标定任务的优先级为+3，包括加速度计、磁罗盘、陀螺仪标定，具体原理详见第4章；卡尔曼滤波任务的优先级为+2，原理详见第5章。标定任务通过队列把加速度计、陀螺仪、磁罗盘的标定参数传给卡尔曼滤波任务。

飞控主板的主要任务包括vFlycontask()飞控任务（优先级为4级）、AHRSread任务（加权滤波）（优先级为3级）、ahrs_ekf任务（优先级为2级）。AHRSread从传感器板传送数据四元数及角速度,并加权滤波,将滤波后的数据写入队列 xSenToAhrsQueue;ahrs_ekf 从 xSenToAhrsQueue 队列中读出四元数数据,将四元数转换为欧拉角数据,将欧拉角和角速度写入 AHRSToFlightConQueue 队列;vFlycontask() 从 AHRSToFlightConQueue 队列取出欧拉角和角速度,从遥控器读入角度给定,利用串级 PID 原理求出 4 个电动机给定量,进行姿态闭环控制。串级 PID 闭环中的采样周期通过 vTaskDelayUntil() 实现。飞控任务队列的通信如图 9-18 所示。

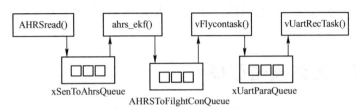

图 9-18　飞控任务队列的通信

第 10 章　无 线 通 信

遥控器是无人机指令的发射端，飞手们通过遥控器才能指挥无人机飞行和拍摄，相当于人的运动神经，因此一款性能优良的遥控器是无人机进行飞行的基本保证。

10.1　无线通信原理

通信系统的一般模型如图 10-1 所示。

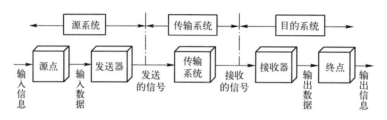

图 10-1　通信系统的一般模型

模拟通信系统是利用模拟信号来传递信息的通信系统，如图 10-2 所示。调制的目的是把要传输的模拟信号变换成适合信道传输的高频信号，该信号称为已调信号。如图 10-3 所示。调

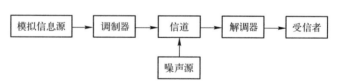

图 10-2　模拟通信系统组成框图

制过程用于通信系统的发送端。在接收端需将已调信号还原成要传输的原始信号，该过程称为解调。调制可以类比于货物运输，货物运输是将货物装载到飞机的某个仓位，而调制时把

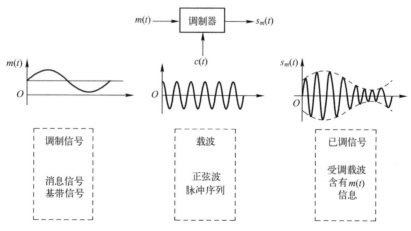

图 10-3　载波和已调信号

消息信号搭载到"载波"的某个参数上。载波是一种高频周期振荡信号，如正弦波；受调载波称为已调信号，含有消息信号特征。我们平常说的 72MHz、40MHz、35MHz、2.4GHz 等，就是指这个载波的频率。

根据所控制的信号参量不同，调制可分为以下几种。

(1) 调幅：使载波的幅度随着调制信号大小变化而变化的调制方式，如图 10-4 所示。

(2) 调频：使载波的瞬时频率随着调制信号大小变化而变化，而幅度保持不变的调制方式，如图 10-5 所示。

(3) 调相：利用原始信号控制载波信号的相位，如图 10-6 所示。

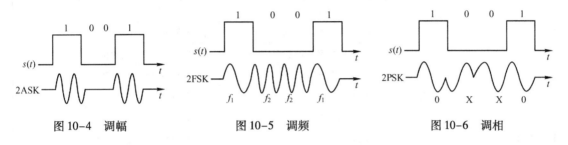

图 10-4　调幅　　　　　图 10-5　调频　　　　　图 10-6　调相

这 3 种调制方式的实质都是对原始信号进行频谱搬移，将信号的频谱搬移到所需要的较高频带上，从而满足信号传输的需要。

数字通信系统是利用数字信号来传递信息的通信系统，如图 10-7 所示。

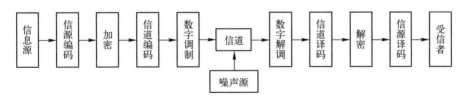

图 10-7　数字通信系统组成框图

数字通信系统主要有以下功能：

(1) 信源编码与译码的功能：提高信息传输的有效性；完成模数转换。

(2) 信道编码与译码的功能：增强抗干扰能力。

(3) 加密与解密的功能：保证所传信息的安全。

(4) 数字调制与解调的功能：形成适合在信道中传输的带通信号。

(5) 同步的功能：使收发两端的信号在时间上保持步调一致。

某些读者常把编码解码和调制解调弄混，二者是不同的。编码解码是对于信号本身的处理，例如把汉语信息转换成拼音字母，这就是编码，再把拼音字母倒过来转成汉字，这就是解码，要是不知道编码规则就不可能知道这段信号是什么意思。调制解调可以说是针对信号属性的转换，比如频率、相位等，使得信号能更好地进行传输。

实际的数字通信系统并非一定像如图 10-7 所示的那样包括所有的环节，例如，调制与解调、加密与解密、编码与解码等环节究竟采用与否，取决于具体设计方法及要求。

常用调制方式及用途见表 10-1。表中 PAM、PDM、PPM 的示意图如图 10-8 所示。

表10-1 常用调制方式及用途

调制方式			用途举例
载波调制	线性调制	常规双边带调制 AM	广播
		单边带调制 SSB	载波通信，短波无线电话通信
		双边带调制 DSB	立体声广播
		残留边带调制 NSB	电视广播，传真
	非线性调制	频率调制 FM	微波中继，卫星通信
		相位调制 PM	中间调制方式
	数字调制	振幅键控 ASK	数据传输
		频移键控 PSK	数据传输
		移相键控 PSK，DPSK	数据传输
		其他高效数字调制 QAM，MSK	数字微波，空间通信
脉冲调制	脉冲模拟调制	脉幅调制 PAM	中间调制方式，遥测
		脉宽调制 PDM	中间调制方式
		脉位调制 PPM	遥测，光纤传输
	脉冲数字调制	脉码调制 PCM	电话中继，卫星，空间通信
		增量调制 DM	军用、民用数字电话
		差分脉码调制 DPCM	电视电话，图像编码
		其他编码方式 ADPCM	中速数字电话

PPM 是英文 pulse position modulation 的缩写，意思为脉冲位置调制，又称脉位调制。有些航模爱好者误将 PPM 编码说成是 FM，其实这是两个不同的概念，前者指的是信源信号脉冲的编码方式，后者指的是载波电路的调制方式。

PCM 是英文 pulse-code modulation 的缩写，意为脉冲编码调制，又称脉码调制，如图 10-9 所示。

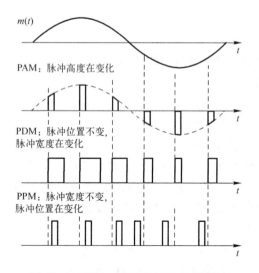

图 10-8 PAM、PDM 和 PPM 的示意图

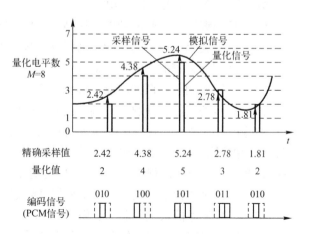

图 10-9 PCM 的示意图

目前，比例遥控设备中最常用的两种脉冲编码方式是 PPM 和 PCM；最常用的两种高频调制方式是 FM 调频和 AM 调幅；最常见的组合为 PPM/AM 脉位调制编码/调幅、PPM/FM 脉位调制编码/调频、PPM/FM 脉冲调制编码/调频。通常的 PPM 接收解码电路都由通用的数字集成电路组成。比例遥控发射电路的工作原理为：通过操纵发射机上的手柄，将电位器阻值的变化信息送入编码电路，编码电路将其转换成一组脉冲编码信号（PPM 或 PCM），这组脉冲编码信号经过高频调制电路（AM 或 FM）调制后，再经高放电路发送出去。

从图 10-8 和图 10-9 可以看出，由于 PCM 已将连续信号转换成数字量，因此抗干扰性能比 PPM 更好，但由于各个遥控器转换协议不同，不同 PCM 的遥控器不能通用；PPM 没有改变信号性质，因此不同 PPM 的遥控器可以通用，但 PPM 遥控器抗干扰性差。

信道的收端和发端都存在一个重要设备，即天线。天线是能够有效地向空间某特定方向辐射电磁波或能够有效地接收空间某特定方向来的电磁波的装置。

天线的工作原理如图 10-10 所示。导线载有交变电流时，就可以形成电磁波的辐射，辐射的能力与导线的长短和形状有关。如果两导线的距离很近，且两导线所产生的感应电动势几乎可以抵消，则辐射很微弱。如果将两导线张开，这时由于两导线的电流方向

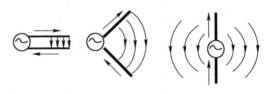

图 10-10　天线的工作原理

相同，由两导线所产生的感应电动势方向相同，则辐射较强。当导线的长度远小于波长时，导线的电流很小，辐射很微弱。当导线的长度增大到可与波长相比拟时，导线上的电流就大大增加，因而就能形成较强的辐射。通常将上述能产生显著辐射的直导线称为振子。

天线的特点如下。

（1）发射天线的作用是将发射机的高频电流（或波导系统中的导行波）的能量有效地转换成空间的电磁能量，而接收天线的作用则恰恰相反。因此，天线实际上是一个换能器。这首先要求天线是一个良好的电磁开放系统，其次要求天线与发射机或接收机匹配。

（2）发射天线能使电磁波的能量集中辐射到所规定的方向或区域内，并抑制对其他不需要方向或区域的辐射。接收天线应对某个方向的来波接收能力最强，而抑制其他方向来波的干扰。也就是说，天线有一定的方向性。

（3）天线能发射或接收规定极化的电磁波，即天线有适当的极化。

（4）天线应有足够的工作频带。

 ## 10.2　无线电波

10.2.1　无线通信按频率分类

频率从几十赫兹（甚至更低）到 3000GHz 左右（波长从几十毫米到 0.1 毫米左右）频谱范围内的电磁波，称为无线电波。无线电波传播不依靠电线，也不像声波那样必须依靠空气媒介传播，有些无线电波能够在地球表面传播，有些电波能够在空间直线传播，也能够从大气层上空反射传播，有些无线电波甚至能穿透大气层，传向遥远的宇宙空间。发射天线或自然辐射源所辐射的无线电波通过自然条件下的媒质到达收信天线的过程，就称为无线电波的传播。

根据频谱特点，可以将无线电波划分为表 10-2 所示的几个波段。不同波段无线电波的传播特性有很大差别，如图 10-11 所示，可根据需要选择波段进行通信、广播、电视、导航和探测等应用。

表 10-2 无线电波波段划分

波 段 名 称		波长范围/m	频段名称	频率范围
超长波		1000000～10000	甚低频	3～30kHz
长波		10000～1000	低频	30～300kHz
中波		1000～100	中频	300～3000kHz
短波		100～10	高频	3～30MHz
超短波	米波	10～1	甚高频	30～300MHz
微波	分米波	1～0.1	特高频	300～3000MHz
	厘米波	0.1～0.01	超高频	3～30GHz
	毫米波	0.01～0.001	极高频	30～300GHz

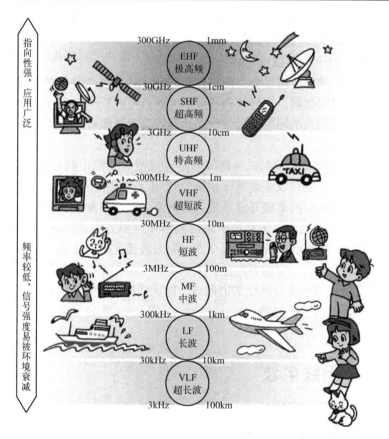

图 10-11 无线电波主要传播方式

1GHz 就是无线电波在 1s 内振动 10^9 次，1MHz 代表无线电波在 1s 内振动 10^6 次。无线电波的传播速度接近光速，约为 3×10^8 m/s，以此速度传播的电波在 1s 内就可绕地球 7 圈半。天线长度由发射、接收的无线电波波长决定（波长 = 无线电波的传播速度 ÷ 无线电波频率），一般取波长的 1/4。一些无线电发射/接收设备为了缩短天线长度，采用了在天线末端进行螺旋缠绕的方法。

任何一种无线电波信号传输系统均由发射部分、接收部分和传输媒质3部分组成。传输无线电波信号的媒质主要有地表、对流层和电离层等,这些媒质的电特性对不同波段的无线电波传播有不同的影响。根据媒质对无线电波传播产生的主要影响,可将无线电波传播方式分成下列几种。

1)地面波传播 对有些无线电波来说,地球本身就是一个障碍物。当接收天线距离发射天线较远时,地面就像拱形大桥将两者隔开。那些走直线的电波就过不去了。只有某些无线电波能够沿着地球拱起的部分传播出去,这种沿着地球表面传播的无线电波就叫地面波,也叫表面波,如图10-12所示。地面波沿着地球表面的传播方式称为地面波传播。其特点是信号比较稳定,但频率越高,地面波随距离的增加衰减得越快。因此,这种传播方式主要适用于长波和中波波段,即3MHz以下。

2)天波传播 声音碰到墙壁或高山就会反射形成回声,光线射到镜面上也会反射。无线电波也能够反射。在大气层中,从距地面几十至几百千米的高空有一层电离层,形成了一种天然的反射体,就像一只悬空的金属盖,无线电波射到电离层就会被反射回来,这种无线电波就称为天波或反射波,如图10-13所示。在电波中,短波具有这种特性,频率范围为3~30MHz。

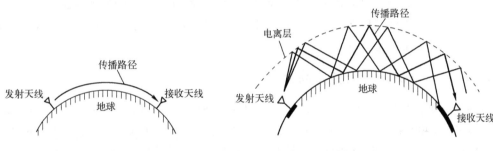

图10-12 地面波传播　　　　图10-13 天波传播

电离层是怎样形成的呢?原来,有些气体受到阳光照射,就会产生电离。太阳表面温度大约有6000℃,它辐射出来的电磁波包含很宽的频带。其中,紫外线部分会对大气层上空气体产生电离作用,这是形成电离层的主要原因。电离层一方面反射无线电波,另一方面也吸收无线电波。电离层对无线电波的反射和吸收与频率(波长)有关,频率越高,吸收越少;频率越低,吸收越多。所以,短波的天波可以用作远距离通信。此外,反射和吸收与白天还是黑夜也有关。白天,电离层几乎可把中波全部吸收掉,收音机只能收听当地的电台,而夜里却能收到远距离的电台。对于短波,电离层吸收得较少,所以短波收音机不论白天黑夜都能收到远距离的电台。但电离层是变动的,反射的天波时强时弱,所以,从收音机听到的声音忽大忽小,并不稳定。

3)视距传播 若收/发天线离地面的高度远大于波长,则无线电波直接从发射天线传到接收地点(有时有地面反射波),如图10-14所示。这种传播方式仅限于视线距离以内。目前广泛使用的超短波通信和卫星通信的无线电波传播均属这种方式。2.4~5.8GHz的图传都在超短波范围。

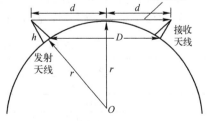

图10-14 视距传播

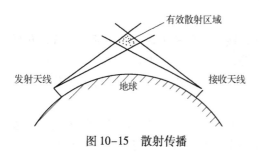

图 10-15 散射传播

4) **散射传播** 散射传播是利用对流层或电离层中介质的不均匀性或流星通过大气时的电离余迹对电磁波的散射作用来实现超视距传播的,如图 10-15 所示。这种传播方式主要用于超短波和微波远距离通信,频率范围为 30～500MHz。

超短波的传播特性比较特殊,它既不能绕射,也不能被电离层反射,而只能以直线形式传播。以直线传播的波就叫作空间波或直射波。由于空间波不会拐弯,它的传播距离就受到限制。发射天线架得越高,空间波传得越远,所以电视发射天线和电视接收天线应尽量架得高一些。尽管如此,传播距离仍受到地球拱形表面的阻挡,实际只有 50km 左右。

超短波不能被电离层反射,但它能穿透电离层,所以在地球的上空就无阻隔可言,这样,就可以利用空间波与发射到遥远太空去的宇宙飞船、人造卫星等取得联系。此外,卫星中继通信、卫星电视转播等也主要是利用散射传输。

5) **波导模传播** 在电离层下缘和地面所组成的同心球壳形波导内的传播。长波、超长波或极长波利用这种传播方式能以较小的衰减进行远距离通信。

在实际通信中,往往是取以上 5 种传播方式中的一种作为主要的传播途径,但也有几种传播方式并存来传播无线电波的。一般情况下,都是根据使用波段的特点,利用天线的方向性来限定一种主要的传播方式。

10.2.2 2.4GHz 无线技术简介

从理论上讲,2.4GHz 是工业、科学和医用频段 ISM（Industrial Scientific Medical Band）,此频段范围（2400～2483.5MHz）由美国联邦通信委员会（FCC）定义,频段的区间为 2483.5MHz - 2400MHz = 83.5MHz。一般来说,世界各国均保留了一些无线频段,以用于工业、科学研究和微波医疗方面。应用这些频段无须许可证,只需要遵守一定的发射功率（一般低于 0.1W）,并且不会对其他频段造成干扰即可。

微波炉、Zigbee、Wi-Fi、蓝牙等均工作在全球通用的 2.4GHz 频段,所不同的是,各种应用技术所采用的物理层、链路层、网络层、应用层等协议不同。导致其传输速率不同,所以应用范围不同。同样是采用 2.4GHz 频率作为载波,不同的通信协议衍生出的通信方式会有天壤之别。仅在传输数据量上,就有从 1Mbps 到 100Mbps 的差别。

从表 10-3 可以看到,在 2.4GHz 频段工作的发射/接收设备的天线长度只要达到 3cm 左右即可满足要求。但随着电波频率的增高,其传播方式将更接近光的传播,即指向性更强,发动机等金属、导电部件都会阻碍无线电波的传播。因此,2.4GHz 遥控设备的接收机天线必须安装在没有任何阻挡的位置。另外,根据天线理论,普通直天线在指向方向上发射（接收）电波的强度最弱,详见 10.3.2 节。

表 10-3 遥控设备的工作频率和天线长度的关系

频　　率	天线长度（1/4 波长）/cm
27MHz	277.78
40MHz	187.5
72MHz	104.17
2.4GHz	3.13

需要说明的是，2.4GHz 频段指的是遥控设备的频率范围，某些遥控设备说明书中的"频率"通常指的也是频段。但遥控设备通信是在某一频段中的具体频点进行通信，如在 72MHz 频段的 72.810 频点进行通信。设置多个频点的目的是为了使多用户同时使用遥控设备不至于相互干扰。

无线通信的主要参数如下。

1）发射功率　对于在 MHz 频率范围内工作的遥控设备，各国对其发射功率都有限制：距离发射机 500m 处的电场强度不得高于 200mV/m，这样的强度对于操纵航模来说足够了。

2.4GHz 遥控设备的发射功率通常不超过 100mW，约为普通遥控设备发射功率的 1/10。虽然发射功率不大，但在先进电子设备和通信技术的支持下，其远程控制效果完全超越了过去的遥控设备。如果使用定向天线，则能使遥控距离达到数千米之遥。

2）信号传输距离　无线信号在空气中传输时的损耗计算公式为

$$Los = 32.44 + 20\lg d + 20\lg f$$

式中，Los 是传输损耗，单位为 dB；d 是距离，单位为 km；f 是工作频率，单位为 MHz。可见，传输损耗与频率成正比，即频率越高，传输损耗越大。或者说，在同样传输损耗情况下，传输距离与频率成反比，即频率越高，传输距离越短。

目前的 2.4GHz 设备信号传输距离短，传输过程中的衰减大，信号穿透、绕射能力弱，信号易被物体遮挡。

3）传输速率　2.4GHz 数据传输速率较高，为 250kbps。

4）带宽　在数字通信系统中，带宽有两种含义。从技术意义上来说，它是波特率的俗称，波特率是系统传输数据的速度；带宽也用来表示信道容量，信道容量是系统能够传输单位数据的频率。这样，有 32 条独立数据线的 66MHz 数字总线可以恰当地说成是 66MHz 带宽（后一种含义的带宽）或 2.1Gbps（即 32×66MHz）的数据传输能力（前一种含义的带宽）。

10.2.3　2.4GHz 无线通信扩频技术

假设频段是公路，数据信号是运输的货物，那么运送数据信号的车辆不能在相邻车道传输，必须有一定频点间隔，因此实际数据信号传输路径数目 = 频段范围/频点间隔。例如，72MHz 设备信号的频段范围为 1MHz，频点间隔为 20kHz，可得 1MHz/20kHz = 50 频点，即 72MHz 频段相当于一条有 50 条车道的公路。由 ISM 规范可知，2.4GHz 频段范围为 83.5MHz（2.4GHz 频段范围为 2483.5MHz − 2400MHz = 83.5MHz），频点间隔未知，假设它使用 72MHz 带宽，间隔 20kHz，则 83.5MHz/20kHz = 4175 频点，即 2.4GHz 频段相当于一条有 4175 条车道的公路。

扩频通信，即扩展频谱通信（spread spectrum communication），指的是传输信息的射频带宽远大于信息本身带宽的一种通信方式，其原理框图如图 10-16 所示，它与光纤通信、卫星通信并称为信息时代的三大高科技通信传输方式。扩频通信的发射端先将待传送的信息数据用伪随机码（扩频序列，spread spectrum）调制，实现频谱扩展后再传输；接收端则采用相同的编码进行解调及相关处理，恢复原始信息数据。

下面仍然用公路和车道的比喻说明扩频技术。现在需要在两个城市间快递一份包裹（代表数据信号），如果公路只有 50 条车道，而且根据规则只能走其中一条，中途不能变道，那么堵车的概率很大；而若公路有 4000 条车道，并且规定可以合法使用其中的 100 条或全部车道，只要遇到堵车就可以变道，那么几乎可以完全不堵车就到达终点。因此，即使

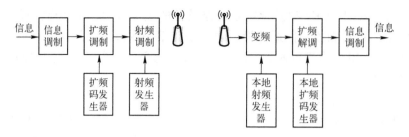

图 10-16 扩频通信原理框图

有窄带干扰，也只能影响一部分传输能力，如果再加上相应的抗干扰技术，就可以完全消除干扰的影响。

目前，扩频技术主要有两种：跳频扩频（FHSS）和直接序列扩频（DSSS）。

1）跳频扩频（FHSS，Frequency–Hopping Spread Spectrum） 就是发射、接收两端依据协议规定的跳频序列，同步地在不同窄带载波上传输信号。在对应的发射和接收机之间，始终保持工作频率一致，从而可靠地传输信息。但对于一个非特定的接收器，FHSS 所产生的跳动信号也只算是脉冲噪声。并且，一个连续的窄带干扰信号只能对跳频收发系统的某个瞬间产生干扰，对于这种脉冲干扰可以通过一些技术手段把传输的误码降零。

还是利用公路和车道的比喻说明 FHSS。FHSS 就像在 n 条车道的公路上按照一定的规律（如果没有固定规律，则事先约定好方式）频繁地变换车道行驶，这样遇到堵车的概率就小得多，即使有一条车道堵车，被堵的概率也只有 $1/n$。

2）直接序列扩频（DSSS，Direct Sequence Spread Spectrum） 就是在发射端直接用具有高码率的扩频码序列对信息比特流进行调制，从而扩展信号的频谱；在接收端用与发送端相同的扩频码序列进行相关解扩，把展宽的扩频信号恢复成原始信息。例如，在发射端将"1"用 11000100110 代替，而将"0"用 00110010110 去代替，这个过程就实现了扩频，而在接收端如果收到的序列中是 11000100110 就恢复成"1"，是 00110010110 就恢复成"0"，这就是解扩。这样，信源速率就被提高了 11 倍，同时也使处理增益达到 10dB 以上，从而有效地提高了整机信噪比。

还是利用公路和车道的比喻说明 DSSS。DSSS 就像在 4000 条车道的公路上把包裹平均分成 n 份，放到 n 辆车上，走 n 条车道，同时以相同的速度驶向终点，即使有 1 条车道堵车，包裹的绝大部分也会被按时送达终点。

不管采用 FHSS 还是 DSSS，占用车道越多，到达终点时包裹损失的概率越小，可靠性越高。如果购买 FHSS 设备，则应先了解其跳频频点数量；对于 DSSS 设备，则应先了解其扩频系数 n，n 越大，可同时占用的车道数越多。

扩频通信方式与常规的窄带通信方式（对讲机和使用 PPM、PCM 通信方式的无线电设备）相比有两个不同特点：①经频谱扩展后形成宽带传输；②接收端处理后恢复窄带信息数据。正是由于这两大特点，扩频通信具有以下优点：抗干扰；抗多径衰减；保密性高；功率谱密度低，隐蔽性好，截获概率低；可多址复用和任意选址；可实现高精度测量等。普通超短波通信的有效距离为 20～30km（电台功率为 10W），而伪码扩频设备的有效距离为 30～50km（电台功率为 10mW），即扩频系统将信噪比改善了 30dB 以上，使干扰的影响减少到原来的 0.1% 以下，突破了传统通信技术的瓶颈。

由上述分析可知，2.4GHz 通信虽然在带宽上占优势，但干扰源更多，传输特性更差，但使用了扩频技术后，可以扬长避短。

航模爱好者经常可以在 Futaba 遥控器上看到"FASST"，这也是一种扩频技术，即 Futaba 先进扩频通信技术（Futaba Advanced Spread Spectrum Technology）。FASST 中的新技术有以下几项。

（1）不间断跳频技术：其他 2.4GHz 通信系统频率被锁定在一个或两个频点上，增加了同频干扰的可能性，FASST 系统每秒跳频数百次，基本不会存在同频干扰。

（2）Pre–vision 技术：FASST 系统自动扫描接收的数据并修正错误，可保证航模和遥控器间通信连接的可靠性。

（3）双天线技术：FASST 系统的接收机会自动选择从信号质量较好的天线接收数据，在两根天线的数据间实现无缝切换，确保无数据丢失，详见 10.3.2 节。

FASSTest 是 Futaba 公司最新的革命性的 2.4GHz 数据传输技术，FASSTest 图标如图 10-17 所示。该技术最早被应用于 Futaba 顶级的 18MHz 遥控器中。FASSTest 允许遥控器和接收机之间进行双向通信，将飞行中的各种状态信息反馈至发射机，并在发射机屏幕上显示，操控者可借此功能获得飞行数据，如工作电压等（需另购传感器模块），如图 10-18 所示。

图 10-17　FASSTest 图标

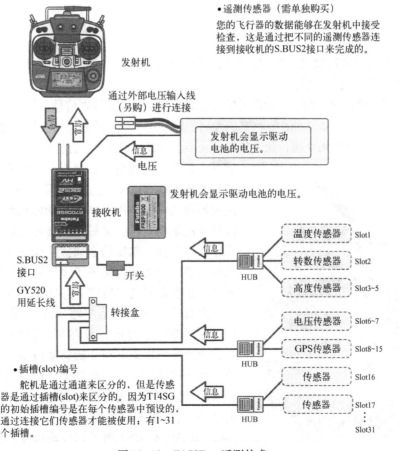

图 10-18　FASSTest 遥测技术

10.2.4　2.4GHz 无线技术特点

2.4GHz 方案属于微波、微功率、宽带、扩频对等通信系统，该系统有以下主要特点。
（1）抗干扰性能高。
（2）2.4GHz 无线技术还拥有理论上 2Mbps 的数据传输速率，比蓝牙的 1Mbps 理论传输速率提高了一倍。
（3）它的工作方式是全双工模式传输，发射和接收设备可以同时完成信号的发射和接收。
（4）功耗低。
（5）体积小：由于波长很短，因此发射和接收天线也很短，一定程度上缩小了遥控设备的体积。
（6）反应迅速：遥控设备可以在两个频点之间高速切换。

10.3　手持遥控器工作原理

10.3.1　发射机

1. 发射机的作用

遥控器发射机和接收机需要配对使用，不同厂商的产品一般不能兼容，因为使用的收/发芯片以及协议可能不一样。

发射机用来将操纵者的手指动作转换为带有控制信息的无线电信号，并以电磁波的形式向空中发射。除了基本功能之外，一些高档发射机还应用了先进的微控制器并配有液晶显示，可显示工作状态或设定辅助功能，如调整舵角大小、设置行程曲线、计算时间，甚至进行航模传感器参数的双向传输等。如图 10-19 和图 10-20 所示分别为 Futaba T14SG 发射机外形及各部分名称。高档遥控器灵敏的摇杆需要非常复杂的机械和传感器才能保证功能的稳定性，灵敏的摇杆可以让操作者更精细地控制飞行器；结实的金属拨杆保证了关键功能不会失效；稳定的无线电保证了飞行器和遥控的通信始终正常。这些都是与飞行安全息息相关的性能。

大疆 Inspire1 产品中增加了双遥控器版本，如图 10-21 所示，两台遥控器可以同时操控飞行和摄影，两者都可以通过独立的移动设备实时查看拍摄对象。新遥控器除了飞行控制外，还包括专用拍照和视频录制按钮、云台俯仰控制拨轮、内置高容量可充电电池等，使得飞行控制更为简单直观。遥控器有 mini-HDMI 和 USB 两种视频输出接口，供连接移动设备或其他高清显示设备。

图 10-19　Futaba T14SG 发射机外形

第10章 无线通信

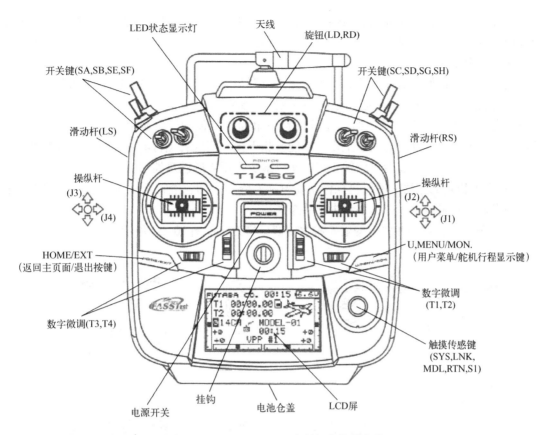

图10-20 Futaba T14SG 发射机各部分名称

图10-21 大疆 Inspire1 双遥控器

2. 相关概念

1) **比例遥控** 指受控模型的动作幅度（或速度）与操纵者扳（转）动发射机操纵杆的动作呈比例关系。例如，扳动操纵舵角的操纵杆到一半角度时，船或飞机的方向舵也会转动到最大舵角的一半;扳动油门通道操纵杆,飞行器也会按比例升降。此外,汽车的行驶速度与油门踏板的踩踏深度成比例,踩得越深,车的速度越快;方向盘打得越多,转向角度越大。这些也都是比例控制。

遥控器除了比例通道外,还有开关通道进行开与关的控制,如图10-20中的开关键。

2) 通道　简单地说,通道就是控制模型的一组相关功能。例如,前进和后退是一组,左右转向是一组,升降也是一组;还可以是一组控制其他动作(如鸣笛、亮灯、解锁等)的功能,各个通道可以同时独立工作,不能互相干扰。四旋翼飞行器在控制过程中需要控制的动作有上下、左右、前后、旋转4组,所以最少需要4通道遥控器。

3) 发射机功能布局　发射机操作主要包括升降、俯仰、滚转及偏航控制。当前市场上主流的发射机有美国手、日本手和中国手布局。

(1) 美国手:左手油门、偏航,右手俯仰、横滚,如图10-22所示。

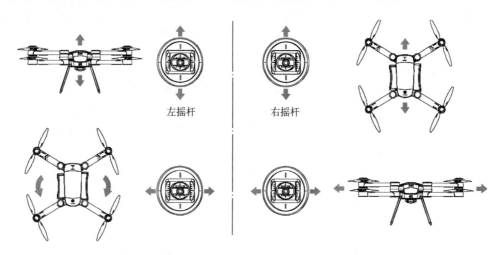

图10-22　美国手遥控器功能布局

② 日本手:左手俯仰、偏航,右手油门、横滚,如图10-23所示。

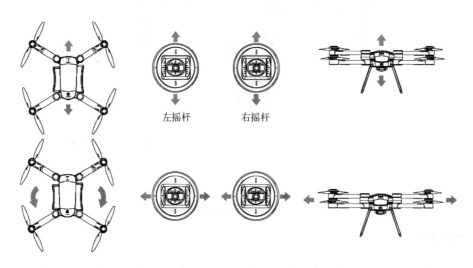

图10-23　日本手遥控器功能布局

③ 中国手：左手俯仰、横滚，右手油门、偏航，如图10-24所示。

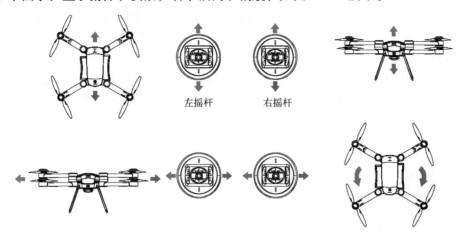

图10-24　中国手遥控器功能布局

判断遥控器的油门通道很简单，遥控器的两个摇杆中，上下扳动后不自动回到中间的那个就是油门摇杆。

日本手和美国手哪种更好呢？下面这段有趣的文字摘自潘农菲（原大疆公司副总裁）的《坚持不做手机操控！只因简单的两个字》：

玩航模的朋友都知道美国手和日本手，美国手就是左手油门，右手前进后退，日本手不同（左手：上下控制飞行器的前进后退，左右控制左右旋转机头；右手：上下控制飞行器上升下降，左右控制飞行器左右平移）。

有一次，我和一个培训出很多世界冠军的香港飞手聊，为什么很多专业的飞手都是日本手？

他回答，除了早年设备都是日本手这个原因外，还有一个原因：用并不惯用的左手控制前进后退，左手的天生弱项反而可以让飞手通过训练实现更加精细的操控，因此很多顶级高手使用这种方式。

这让我想到多年前我学日本剑道时，问一名台湾五段，为什么要用相对没有力量的左手持剑，而更有力量的右手仅仅做辅助？

他回答，右手是感情，左手是理智，剑是危险的事物，要用理智来操控。

虽然有些玄虚，但是这句话我倒是记住了。

3. 分类

当前无人机的遥控发射器主要有以下几种。

1）通用遥控器　代表机型：Futaba系列遥控器，如图10-19所示；天地飞系列遥控器等。

（1）优点：和传统航模一样，对于有航模飞行经验的玩家而言，可以直接上手飞行；摇杆可实现比例控制，即摇杆的位移与飞机姿态的变化呈线性相关，对于控制飞行高度、速度和精确控制飞机姿态非常方便；通常可更换更高级的遥控设备，实现增加遥控距离、混控、舵量和油门曲线调节等高级功能；可以配置各种尺寸的显示器，模拟图传可用多个接收机接收信号。

（2）缺点：使用微型或小型无人机娱乐时，需要携带一个体积较大的遥控器，便携性有所降低；要实现航拍功能时，需外接显示器或使用手机/平板电脑作为显示器；在使用模拟图传时，可能遇到同频干扰导致视频信号丢失的问题；需要一定的改装知识和动手能力。

2) 专用遥控器 与通用遥控器相比，专用遥控器通常集成了图传接收和显示器，通常无法通过更换接收机来使用其他品牌的遥控器，控制方式则与通用遥控器一致。

代表机型：DJI 多旋翼系列，如图 10-25 所示；YUNEEC 多旋翼系列，如图 10-26 所示；Parrot Bebop，如图 10-27 所示等。

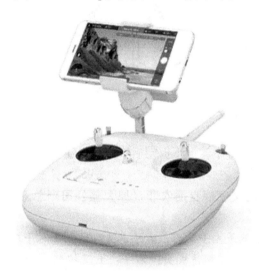

图 10-25　DJI 多旋翼遥控器

图 10-26　YUNEEC TYPHOON H 型多旋翼遥控器

图 10-27　Parrot Bebop2 无人机遥控器

（1）优点：除不能更换其他高级遥控器外，其他优点同通用遥控器；集成度高，通常采用专用的数字图传技术，清晰度高于模拟图传，不易出现同频干扰导致视频信号丢失；便携性优于通用遥控器；无人机内置图传，降低了新手安装难度并减轻了无人机质量，延长了飞行时间。

（2）缺点：通常专用遥控器集成的显示器屏幕较小，亮度较低，低端数字图传的有效距离较近，延迟较长，影响飞行安全和拍摄效果。

3）手机/平板电脑遥控器 通常需要在手机/平板电脑上安装相应的 APP，然后通过手机 Wi-Fi 与无人机连接，通过 APP 中的虚拟摇杆和手机本身的姿态变化来控制无人机。

代表机型：亿航多旋翼系列，如图 10-28 所示。

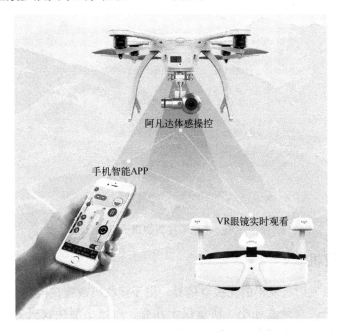

图 10-28　亿航遥控器

（1）优点：携带方便，只需要带着无人机和手机就能飞行；手机可方便地调节飞机上的飞行参数和拍摄参数，可实时浏览和回看拍摄的视频和照片；操纵方式类似于手机游戏，符合新手的使用习惯。

（2）缺点：虚拟摇杆和手机姿态感应的控制精度较低，难以精确控制飞机的姿态，但现有的产品可以通过外接蓝牙摇杆实现相对精确的控制；手机和平板电脑在运行程序时有死机或程序崩溃的风险；市面上的手机型号繁多，专用 APP 的兼容性有待验证；中低端机型的图传延迟较长。

关于无人机使用手机遥控的利弊分析，下面摘录网上两家无人机厂家在产品介绍中的讨论，如图 10-29 和图 10-30 所示。

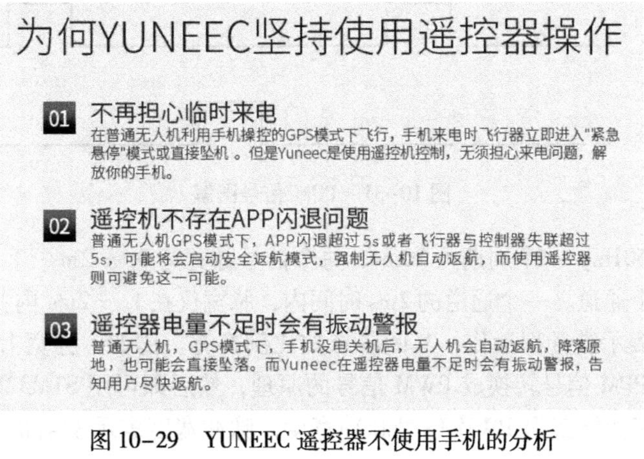

图 10-29　YUNEEC 遥控器不使用手机的分析

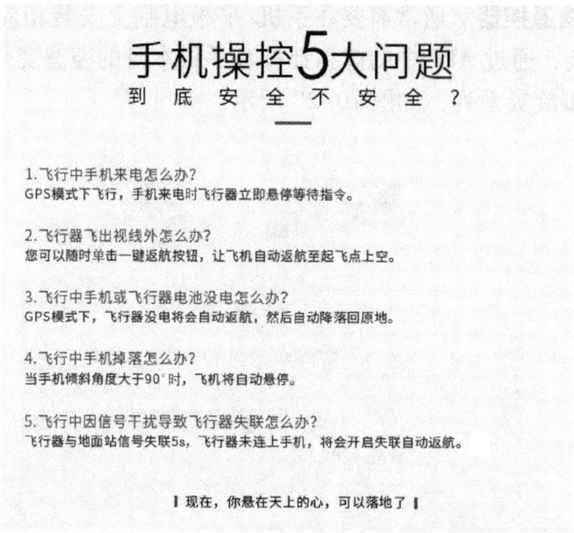

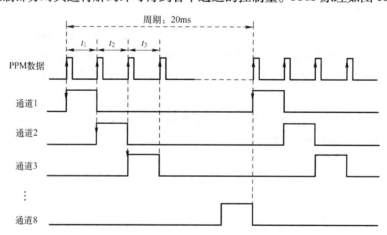

图 10-30 亿航遥控器使用手机的分析

10.3.2 接收机

接收机用来接收发射机发出的无线电信号。由于接收机被装在模型上,一般都做得很小巧。普通接收机比一个火柴盒还小,质量仅十几克,而超小型接收机更是只有一枚硬币大小,几克重。接收机一般要与发射机配套使用。

PPM 是遥控设备中比较通用的一种信号格式,发射机将多通道信号转换成 PPM 信号,利用无线电波发给接收机,接收机收到遥控器发出的多通道信息后,输出给飞行控制模块的编码信号,飞行控制部分对其进行解码即可得到各个通道的控制量。PPM 原理如图 10-31 所示。

图 10-31 PPM 信号图解

设信号频率为 50Hz,一个周期为 20ms,每个信号脉宽为 0~2ms;1 帧 PPM 信号长度为 20ms,可以容纳 9 个通道。一个通道的 2ms 时间内,脉宽仅在 1~2ms 内变化,即脉宽 1ms 表示停转,脉宽 2ms 表示满量程运作,其间各点按比例换算。比如,脉宽 1.5ms 表示 50% 的量程。上述内容即为 PPM 信号转换成 PWM 信号的原理,然后即可用 STM32F407VGT6 单片机的 TIM 通道的输入捕获功能获得 PWM 信号脉冲宽度,脉冲宽度表示发射机发出的油门、俯仰、横滚、偏航等各通道模拟信息，由此可对飞行器进行飞行控制。

发射机都有一个单独分配的专属 ID 码。接收机在使用之前，需要先读入发射机的 ID 码（对频操作）。进行过一次对频操作后，此发射机的 ID 码就会被此接收机记住，下次使用时无须再次进行对频操作。若此接收机中途与其他发射机进行配对，则下次使用时需再次对频操作。如果有两个发射机频点相同，接收机根据 ID 码能自动判断收到的信号是否来自与其配对的发射机。2.4GHz 设备出现后，对码过程变得稍微复杂，因为要编码和扩频，所以对码不仅要使发射机和接收机在相同频率上同步工作，还要使编码器和解码器也能同步工作，对码过程包括频域和时域几个过程，需要的时间更长。但是对码的快慢仅影响设备建立连接过程的长短，对设备正常工作时的性能基本没有影响，不能用来衡量设备优劣。配对后的接收机会自动检测含有注册 ID 号的频点，检测到后便与发射机建立连接，并同步跳频工作，只接收配对接收机的数据。

因此可以说，发射机发出的载波就是一辆车，一辆可以把数据信号"装货"的车。我们可以让它在固定的频点发射，不过这个固定频率的货车也不知道要把货送到哪里去，只知道到处游荡，直到被接收机拦下来为止。但接收机还是不能分辨货物是否是自己的。于是，它看了一下货车的牌照（ID 码），然后对驾驶员说"卸货吧"，卸下的货物去掉包装（译码），然后就能应用了。

如图 10-32 所示为 Futaba R7008SB 接收机，与 Futaba T14SG 配套使用。

R7008SB 有两根天线，如图 10-33 所示。为了使信号接收最大化，保证模型安全，Futaba 采用了分集式天线系统，这使接收机在两个不同位置都能获得射频信号。接收机会自动切换选择两根天线中

图 10-32　Futaba R7008SB 接收机

接收状态良好的一根，以确保飞行时的稳定接收状态。分集接收（diversity）是无线电传输中增强可靠性的方法。电磁波在空间传播时的路径不是单一的，从起点到终点，一部分能量走直线，也有一部分经过反射走折线。由于电磁波的叠加特性，同相点的振幅会增加，反相点的振幅会减弱。同相点和反相点间的距离与波长相关。如果两根天线始终保持合适的距离，则至少有一根天线能收到较强的信号。这就是用两根天线的原因。

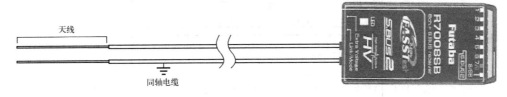

图 10-33　接收机天线

为了使接收机的性能最大程度地发挥，安装接收机的顺序及注意事项如下。

(1) 接收机安装到飞行器上时，为了保护其不受到机体振动的影响，需要进行海绵包裹等防振措施。

(2) 两根天线（不包括同轴电缆部分）都要尽可能保持笔直，否则可能会影响接收效果。

(3) 同时，两根天线尽量打开成 90°角，如图 10-34 所示，安装时让两根天线尽可能相

互远离。这样可保证至少有一根天线不处于强度最弱的接收角度。工作时,接收机会根据电波强度自动选择天线。

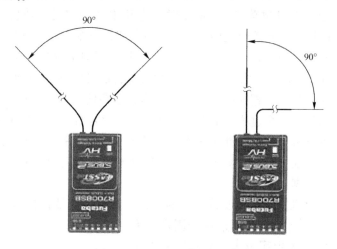

图 10-34 两根天线成 90°角

（4）如果接收机天线周围有金属等导体,就会影响到接收信号的性能,此时应将天线绕过导体,配置于机身的两侧。这样,不管飞行姿势怎样,都可以保持良好的信号接收。

（5）天线安装时对于金属、碳纤等导体材料应保持至少 1cm 以上的距离。

（6）如模型机身被碳纤、金属等导电性材质覆膜,则天线部分必须伸出机身以外。同时,天线伸出后也不要和导电性机身贴得过近。此外,天线也要远离燃料箱。

10.3.3 设备使用中需注意的问题

发射机天线在横向时信号强度最大,如图 10-35 所示,因此尽量不要让天线指向机体方向进行操作。天线可进行旋转以调整角度,因此可根据飞行情况调整天线的位置。

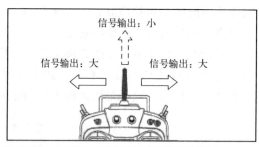

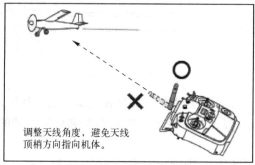

图 10-35 发射机天线角度

不要手提天线来移动发射机或接收机，如图 10-36 所示。不要拉伸天线，因为可能造成天线断裂，导致不能操纵等危险。

影响遥控器遥控距离的因素如下。

（1）发射功率：发射功率大则距离远，但耗电大，容易产生干扰。

（2）接收灵敏度：接收器的接收灵敏度提高时，遥控距离增大，但容易受干扰而造成误动或失控。

（3）天线：采用直线形天线，并且相互平行，遥控距离远，但占据空间大，在使用中把天线拉长、拉直可增加遥控距离。

（4）高度：天线越高，遥控距离越远，但受客观条件限制。

图 10-36　不要手提天线来移动发射机或接收机

（5）阻挡：目前无线遥控器使用国家规定的 UHF 频段，其传播特性和光近似：直线传播，绕射较小。发射器和接收器之间如有墙壁阻挡则遥控距离大大缩短，如果是钢筋混凝土的墙壁，由于导体对电波的吸收作用，影响更严重。

10.4　飞行器的其他无线通信

飞行器的无线通信应用如图 10-37 所示，可分为：遥控设备，用于控制飞行和切换模式，10.3 节所述即是遥控设备，单向通信；数传，通常通过串口连接无线模块，传递飞行器上传感器数据到地面站，可在线调参，双向通信；图传，传输视频信号用于航拍，单向通信，信息从飞行器上的摄像头到地面站上的显示器；OSD（On-Screen Display），将飞行数据叠加到视频信号上一起传回地面站，单向通信。

上述数传功能可采用蓝牙实现。蓝牙（bluetooth）是一种用于各种固定与移动数字化硬件设备之间的，低成本、近距离无线通信连接技术，其图标如图 10-38 所示，使用与微波相同的 2.4GHz 的无线电频段。蓝牙技术采用高速跳频扩展技术 FHSS，跳频速率为 1600 次/s，每次传送一个数据包，数据包大小为 126～2871bit，而且其数据包内容可以是字符或语音等不同的媒体种类。传输距离在 0～20m。而在信号放大器的帮助下，通信距离甚至可达

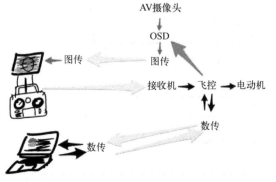

图 10-37　飞行器的无线通信方式

图 10-38　蓝牙的 logo

100m 左右。蓝牙规范中广为应用的成熟版本为 1.1、2.0、3.0、4.0，带宽为 1～24Mbps。蓝牙技术的核心便是通过嵌入一块微小的集成电路芯片，实现数据短距离的稳定无缝、无线连接。蓝牙技术非常适合耗电量低的数码设备分享数据，如手机、掌上电脑等。蓝牙技术的特点如下：

（1）可以随时随地用无线接口来代替有线电缆连接。

（2）功耗低，对人体危害小。

（3）蓝牙集成电路应用简单，成本低廉，实现容易，易于推广。

（4）采用跳频技术，数据包短，抗信号衰减能力强。

（5）采用快速跳频和前向纠错方案以保证链路稳定，减少同频干扰和远距离传输时的随机噪声影响。

（6）使用 2.4GHz ISM 频段，无须申请许可证。

（7）可同时支持数据、音频、视频信号。

（8）采用 FM 调制方式，降低设备的复杂性。

在四旋翼飞行器的调试中，由于有飞行动作，因此不适合有线数据传输，可采用无线蓝牙模块，如图 10-39 和图 10-40 所示。蓝牙主模块和飞行器、计算机连接，如图 10-41 所示，这样就可以在计算机中通过串口软件查看飞行器姿态等相关数据了。

图 10-39 蓝牙主模块（接 PC）

图 10-40 蓝牙从模块（接飞行器）

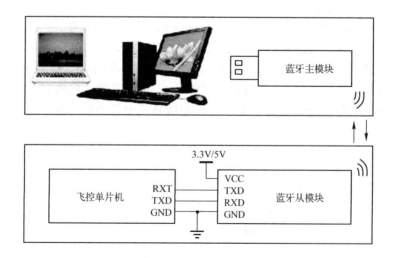

图 10-41 蓝牙模块与终端连接

第 11 章 飞手实训

操作无人机的知识有且只有一本说明书那么厚,真正需要我们学习和积累的,是面对各种飞行环境,飞手及时做出各种反应。

——《带你飞》视频番外篇

11.1 无人机就业职位要求

如果你在荒郊野岭外看到一个身着便装、全身晒成纯巧克力色、手持一个遥控器远眺着前方,这大概就是一个无人机驾驶员(俗称飞手)。厂商在 CES、IFA 等消费电子展上展示的是各种光鲜亮丽的酷炫表演,而职业飞手的工作环境却一般在人烟之外。

现在为飞手颁发官方证书的主要有 3 个机构,一个是中国民航局下属协会 AOPA,按照 2016 年 7 月民航局颁布的《民用无人机驾驶员管理规定》,它是唯一有权管理无人机驾驶员的机构,目前市场化与标准也是最成熟的;一个是体育总局下属协会 ASFC,它主要面向航模竞技比赛,有一套从青少年到国家队的训练比赛体系;还有一个就是大疆公司与成人教育协会联合开办的 UTC 慧飞,按行业规则开班。

低空无人机操控技术专业旨在培养具备良好的职业道德和军事素养,能够运用无人机相关理论与技术快速分析与解决工作任务,具备从事低空无人机组装、调试、维护、维修、操控、地勤、航拍航测等岗位职业能力、适合军民两用的优秀技能型专门人才。低空无人机操控技术专业对应的岗位及其要求见表 11-1;低空无人机操控技术相关工作岗位分析见表 11-2。

表 11-1 低空无人机操控技术专业对应的岗位及其要求

从事岗位	岗位技能要求
低空无人机操控手	掌握无人机飞行原理、无线遥控技术,熟练掌握低空无人机的起飞、航线规划和飞行、降落等操控技能,能够分析各种天气环境下无人机的飞行技术要点;根据航拍航测等任务要求完成低空无人机的操控;掌握无人机搭载设备的安装调试与操控;掌握自驾仪软件的操作
低空无人机维护维修	熟练掌握各种无人机的组装工艺、调试、维护维修;掌握发动机结构、拆装与维修;掌握接收机、电调、舵机与机翼之间的连接与调试、故障判断与处理等
地勤	掌握无人机地面站的架设、调试,掌握配合飞手做好航拍航测数据检测与处理,掌握无人机自驾仪软件的操作,掌握场地勘测、根据天气、飞行场地环境进行无人机飞行路径的规划等技能

表 11-2 低空无人机操控技术相关工作岗位分析表

工作岗位	典型工作任务	职业技能	专业知识	支撑课程
低空无人机操控手	遥控器的参数设置与调试;无人机起飞前调试;航线规划;无人机飞行操作;操控自驾仪软件	无人机飞行操控能力;遥控器参数设置与调试能力;自驾仪软件的操控能力	无人机飞行原理、无线遥控原理、电子技术基础知识、常用航拍航测设备知识、无人机自驾原理	无人机飞行技术、无线电遥控技术、电工技术基础、GPS 定位技术、无人机操控技能实训、无人机自驾技术实训

续表

工作岗位	典型工作任务	职业技能	专业知识	支撑课程
低空无人机维护维修	各种无人机的组装；无人机的调试；无人机的维护维修；发动机的拆装与维修；接收机、电调、舵机与机翼之间的连接	无人机的组装、调试、维护维修能力；发动机的维护维修能力；机械、电气原理图识图能力；常用维修工具使用能力	无人机构造及工艺、发动机原理、控制电动机原理、传感器与检测原理、机械制图基础、单片机技术	无人机结构及工艺、发动机检测技术、传感器与检测技术、控制电动机及应用
地勤	地面站的架设、设备调试；检测与处理航拍航测数据；无人机自驾设备的安装与调试；操控无人机自驾仪软件；场地勘测；规划飞行路径	地面站的架设与调试能力；航拍数据检测与处理能力；自驾仪软件操控能力；自驾仪设备安装与调试能力；场地勘测能力；飞行路径规划能力	地面站工作原理、航拍航测数据检测原理；数据传输技术；无人机自驾原理；地形分析技术	无人机应用技能实训、航空拍摄成果整理、多媒体制作技术、航空侦察与监视技术、军事地形分析技术、无人机自驾技术实训

低空无人机操控技术专业的基本要求、基础理论要求、工程要求、飞行技术要求如下。

1) 基本要求 国际试飞员协会（SETP）对试飞员的要求有明表述：客观、正确、诚信、能力，这也可以看作对无人机飞行操作员的基本要求。其中对能力要求有以下6个方面。

☺ 正确理解试飞任务单；

☺ 按任务单精准完成试飞任务；

☺ 仔细总结每次飞行结果；

☺ 在飞行中保持警觉，及时发觉不正常现象；

☺ 在飞行中及时正确处置不正常现象；

☺ 保持镇静，具备处置突发事件的能力。

2) 基础理论要求 飞行操作员应该学习和掌握的基础航空科学知识应该包括：空气动力学、飞机性能、飞行力学、飞控系统、导航技术、结构完整性、发动机理论、测控技术、飞机系统理论、地面站系统、任务载荷、虚拟仿真技术等。可能不同的飞行操作员对某一领域的知识会有所侧重，但在飞行操作员不充裕的情况下，通常要求每个操作员都尽可能有宽广的专业知识，特别是涉及飞行安全的知识，要求每个操作员必须掌握的。

3) 工程要求 理论知识只是为飞行操作员奠定了技术理论基础，随着参加工程实践，这些知识和理论要不断地应用和深化，也就是学以致用。特别是针对某一飞行器型号，操作员必须清楚它的特点，做到有的放矢，这也就是工程要求，主要包括以下6个方面：气动特性、飞控系统特性、发动机特性、结构特性、其他系统特性和综合信息。要求飞行操作员认真学习和消化飞行器说明书和飞行操纵手册，熟记操作流程并背诵关键参数，做到活学活用。

4) 飞行技术要求 无人机的飞行操作员不同于有人机，自主飞行是常态飞行，因此自主飞行下的操纵技术也就成为操作员必须熟练掌握的基本飞行技术。无人机对手动摇杆飞行驾驶技术的要求相对有人机要低，而且准确地说是一种遥控飞行，虽然使用的机会较少，但遥控飞行驾驶技术仍是操作员必须掌握的技术。通常无人机飞行操作员还担负着航线规划员

第 11 章 飞手实训

的职责,了解航线规划的知识、会使用航线规划软件根据任务单规划合适的航线也包含在飞行技术要求之中。

11.2 飞手练习方法

要想从一个航模"菜鸟"顺利成长为搏击长空的'雄鹰",不仅要下一番苦功,还需要科学和安全的训练方法。

飞手入门练习主要有两种方法,一种是利用模拟器练习,如图 11-1 所示;另一种是小型电动直升机(下文简称"小电直")练习,如图 11-2 所示。模拟器的优点是没有设备损耗,但跟真机比起来有延时、真实感差;小电直的最大优点在于真实感,但有一定危险性。我们推荐小电直学习。飞手正式练习前,要熟悉遥控器的操作方法,如图 11-3 所示。

图 11-1 模拟器练习

图 11-2 小电直练习

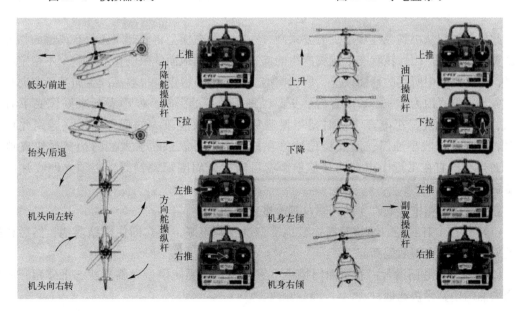

图 11-3 操纵杆与飞机姿态对应(以日本手为例)

以下以小电直为例介绍飞手入门训练方法。

1. 青蛙跳练习

将小电直放在正前方约 1.5m 的平地上,使其机尾对准自己,然后柔和又果断地向上推油门操纵杆；当小电直离地，升空到 0.5m 高（约到膝盖，如图 11-4 所示）时，立即柔和地收油门使其落地，即操纵模型起飞后马上降落，在空中不做停留，只是"跳一跳"，因此该动作被称为"青蛙跳"。青蛙跳是学直升机的必经之路。

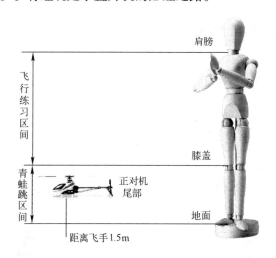

图 11-4 "小电直"练习图示

练习青蛙跳注意"两个一定，两个只要求"：一定不要在空中做长时间停留，起飞后马上准备降落；一定不要使飞行高度超过 0.5m。只要求操作者注意模型的飞行高度；只要求操纵油门手柄，即使小电直在飞行中机身发生偏转，也不要把注意力分散到其他通道的操纵杆上。

此外，油门从小到大逐步增加时要果断，一定不要在模型将要起飞还没有离地的临界状态做长时间停留。因为该状态下旋翼产生的向下气流受到地面的限制会形成一个不稳定的高压区，即 3.2 节中所述的地面效应，所以模型的姿态也不稳定，很容易产生向某一方向移动的现象。小电直因为体积小、质量轻、更易受地面效应的影响，模型看起来好像底下有一层油，很滑。因此，小电直飞行时要尽量避免在地面效应较大的低空停留。遇到此种情况时，可以立即收小油门，使其稳稳地停在地面，也可以果断加大油门让其尽快离地升空。而当小电直在飞行中出现明显偏航，有可能撞到周围障碍物时，必须立即收油门使主旋翼停转。

在青蛙跳练习中容易发生的问题及其改进方法如下。

（1）飞行中有明显的偏航倾向：表示模型没有调整好，应立即使模型落地，然后根据偏航方向微调小电直后重新起飞。

（2）模型在地面滑行：表示油门操纵不够果断，不要使模型在临界状态下停留，应果断增大油门使其尽快离地。

（3）模型上升太快，突然窜得很高：表示油门推得太猛，应及时收小油门，但不能收到底，只要收一点油门，看到模型不再上升即可。

（4）模型落地太猛，重重地落到地面：表示油门收得太快，要逐步体会操纵杆位置和模型飞行高度的相对关系，掌握油门操纵量和模型垂直速度的对应关系和操纵提前量。当模型垂直移动速度偏大时，要及时反向操纵油门操纵杆使速度降下来。

经过多次练习，达到"起飞果断不停留，高度合适到膝盖，接地轻柔不反跳"三条基本要求后，说明已初步掌握小电直油门的控制。这将为以后的飞行动作练习打下坚实的基础，以后会越来越顺利。

青蛙跳实际上只是练习油门操纵这一单通道的操纵方法，主要是为了建立模型飞行高度与油门操纵间的条件反射，即让初学者达到可以"不假思索"地把小电直控制在一定高度的目的。这也是确保飞行安全、掌握起飞方法最基本的练习。

随着练习的增加，接下来要逐步加入其他通道的操纵。首先应注意的是机身方向的调整（调整偏航角），尽量使其机尾对准自己。要根据机身朝向不断修正偏航操纵杆，努力保持机尾对准自己。做好这点就说明初学者已能熟练地控制油门和偏航两通道的飞行了。接下来可以关注俯仰和横滚通道的操纵，即操纵全部4个通道。如果认真按照上述要求练习青蛙跳动作，那么一个新手从初次飞行到掌握单通道油门操纵的过程会比较容易，也很安全，不会有很大的损失。而从掌握单通道到操纵4个通道则是逐渐积累提高的过程。

开始练习飞行时一定不要使其飞得太高，膝盖以上、腰部以下的高度比较合适，太低了有地面效应干扰，太高了摔下来损失过大，如图11-4所示。

在练习起飞时的操作要点如下。

（1）在没掌握起飞操作技巧前，切忌快速、大幅度推油门试图快速摆脱地效，否则虽然可能侥幸起飞，但更可能因欲速不达造成直升机侧倾颠覆。

首先是要能切实感觉到操作油门时主桨转速的变化，尽可能慢慢推油门操作杆，同时细心观察机身姿态变化情况，以便及时采取纠正操作。应当通过听音和观看，细致地感觉到随着飞手对油门的操作、主桨转速在逐渐升高，并在机身刚刚呈现漂移趋势时，冷静地稳定油门，保持转速不变；随即缓慢地降油门，使机身消除漂移（养成这样的操作习惯，会在今后的悬停练习中避免快速减油门造成的其他损失）。

多做几次这样的操作，细致地感觉直升机对操作的反应，使机身出现漂移前，能随心所欲地增减油门，通过油门操作保持似漂非漂的临界状态。

（2）慢慢加油门直到机身出现轻微的漂移，此时切忌大幅度向右或向左压横滚通道操作杆试图去克服机身的漂移，而是要稳住油门，适时、少量地向机身漂移的反方向压横滚通道操作杆，直到克服漂移后短时间保持横滚通道操作杆。

仔细体会在这个相对稳定的状态下油门和横滚通道操作杆位置的感觉，然后慢慢恢复横滚通道操作杆并适量减油门，直到横滚通道操作杆恢复到中立位置、油门也刚好下降到消除机身漂移。

所谓适时少量，就是要做到在机身刚漂移时能随着压杆操作逐渐克服漂移，否则压杆动作过大会出现矫枉过正，导致措手不及、出现误操作。

（3）多做慢慢推油门、逐渐纠正漂移的操作练习，直到直升机离地前能随心所欲地控制油门和机身漂移。达到这种能力后，就可以轻松地控制直升机离开地面进入漂浮状态，此时的操作要点才是适当快速增大油门，让直升机脱离地效高度，避免地效的影响，进入悬停练习。

降落时的操作要点：慢慢减油门，待机体下降到地效高度后，也是按与起飞时同样的操作要点去克服地效，慢慢地、轻柔地落下。试图用快速降落以避免地效的方法不可取，这样的操作不但可能因冲击造成直升机起落架损伤或地面不平造成直升机侧倾而发生事故，还可能在油门杆拉到底、主桨进入负迎角后，主桨仍在快速旋转，造成主桨叶打到尾管产生更大的损失。相对于起飞来说，降落是一个更为复杂的过程，需要反复练习。在起飞和降落的操作中还需要注意保证无人机的稳定，飞行器的摆动幅度不可过大。

2. 悬停练习

初步掌握4个通道的操纵手法后，接下来就可练习悬停动作，使小电直在空中保持长时间的稳定飞行。起飞后努力控制小电直的机尾对准自己，在膝盖到肩膀间的高度内飞行。悬停的基本类型如下。

1）对尾悬停 飞手正对飞行器的尾部进行操作，保持悬停状态。对尾悬停可在初期锻炼飞手在操控上的基本反射，熟悉直升机在俯仰、滚转、方向和油门上的操控。完成对尾悬停练习，意味着飞手从"不会玩"正式进入"开始玩"的阶段。

2）对左或右悬停 飞手正对飞行器的左部或右部进行操作，保持悬停状态。这是对尾悬停过关后，首先要突破的一个科目。侧位悬停能够极大地增强飞手对直升机姿态的判断感觉，尤其是远近的距离感。对于一个新手来说，直接练习侧位悬停的风险很大，因为飞机横侧方向的倾斜不好判断。可以从45°斜侧位对尾悬停开始练习，这样可以在方位感觉上借助练习对尾悬停建立的条件反射。当斜侧位对尾练习好后，逐渐将小电直转入正侧位悬停，会觉得较容易完成。需要指出的是，一般人都有一个侧位是自己习惯的方位（左侧位或右侧位），这是正常的，但不要只飞自己习惯的侧位，一定要左右侧位都练习，直到两个侧位在感觉上都熟悉为止。

3）对头悬停 飞手正对飞行器的头部进行操作，保持悬停状态。对于新手而言，对头悬停是异常困难的，因为除了油门以外，其他方向的控制对于操作手的方位感觉来说，与对尾悬停相比似乎都是相反的。尤其是俯仰方向的控制，推杆变成了朝向自己飞行，而拉杆才是远离。新手如果不适应犯错的话，是非常危险的。要强调的是，必须先将侧位悬停练熟，再进入对头悬停飞行。可以先尝试45°斜对头悬停，再逐渐转入正对头悬停，这样可以慢慢适应操控方位上的感觉，能有效减小炸机的概率。对头悬停对于航线飞行来说非常重要，好好练习，一定要把操控反射的感觉培养到位。

这项练习要求操作手在注意小电直飞行高度的同时，及时修正机身方向和前后左右的位置，尽量使小电直在较小的空间范围内飞行。随着这个空间范围控制得越来越小，自然而然就能实现操纵小电直悬停飞行了。切忌盲目自我满足，认为能控制住不炸机就是成功了，飞机飘来飘去也不及时纠正。这样会对以后的飞行造成较大困难。当能够将小电直悬停在一个直径约1m的圆球空间内飞行几十秒时，说明已经完成了入门练习阶段。之后再进行航线飞行等都将不在话下。

3. 航线飞行

1）对尾矩形练习 保持飞行器的机尾对着飞手，控制飞行器在一个矩形的航线上顺时针飞行，在矩形的每个顶点处稍做悬停，再飞行到下一个点，如图11-5所示。

2）对尾圆形练习 保持飞行器的机尾对着飞手，控制飞行器在一个圆形的航线上飞行。飞行过程注意使飞行器高度不变，并尽量保持航线是圆形的，如图11-6所示。

3）机头矩形练习 保持飞行器相机镜头对着飞手，控制飞行器在一个矩形的航线上飞行。飞行过程中注意使飞行器高度不变，并尽量保持航线是圆形的。

4）机头圆形练习 保持飞行器相机镜头对着飞手，控制飞行器在一个圆形的航线上顺时针飞行，在矩形的每个顶点处稍做悬停，再飞行到下一个点。

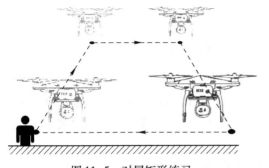

图 11-5　对尾矩形练习

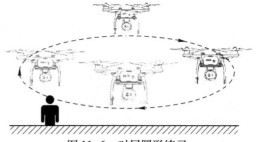

图 11-6　对尾圆形练习

5)"刷锅"练习　保持飞行器相机镜头一直指向一个圆形的航线中心,控制飞行器在一个圆形的航线上逆时针飞行。飞行过程注意使飞行器高度不变,并尽量保持航线是圆形的,如图 11-7 所示。

刚开始进行上述 1)～5)闭合航线飞行的窍门在于一定要注意控制飞行器前进的速度,过快的前行速度会给新手的航线飞行带来意想不到的困难。转弯时应控制适当的转向速度,不用着急赶紧转过来,在 4 位悬停(对尾、对头、对左和对右)已经熟练的情况下,缓慢有节奏地转向才是正确的做法。飞行的动作标准是:直线飞行时控制好航线的笔直;转弯飞行时控制好左右转弯半径的一致;在整个航线飞行过程中应尽量保持速度一致、高度一致。

6)正反"8"字练习　保持飞行器的电池对着飞手,起飞并保持方向不变,控制飞行器在水平面上的一个"8"字形航线上飞行。飞行过程注意使飞行器高度不变,并尽量保持航线是"8"字形的,如图 11-8 所示。8 字航线飞行能帮助操控手进一步熟悉航线飞行的空中方位和手感,又能在一个航线中将向左转弯和向右转弯同时练到,是初级航线飞行必练的科目。8 字航线飞行的诀窍在于根据自己的能力控制直升机前行的速度,并在航线飞行过程中不断纠正姿态和方位,努力做到动作优美、规范。8 字航线飞行的标准是:左右圈飞行半径一致;8 字交叉点在操控手正前方;整个航线飞行中飞行高度一致、速度一致。

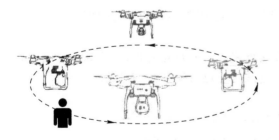

图 11-7　"刷锅"练习

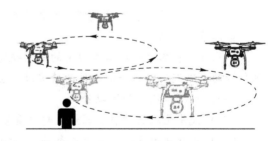

图 11-8　正反"8"字练习

上述练习的意义在于培养飞手对飞行器姿态产生必要的条件反射,并养成属于自己的操控手法(美国手、日本手或中国手)。一个正常人大约要经历两个月左右的周期性训练,平均每天飞 1～2h,不要飞多,否则会降低训练效率。正确的方法应该就和学校上课一样,45 分钟 1 节,每天分段练习 2 节。课程安排可分为 8 周,第 1 周训练平稳地起飞和进入航线,第 2～3 周训练正常着陆,第 4～6 周训练空中航线和准确地转向,第 5～6 周训练正常着陆。前 6 周的训练完成之后,最后两周应该考虑飞行器在空中可能出现的问题了,所以第 7～8 周要进行迫降训练。通过上述训练不仅可以锻炼飞手的心理素质,还能让飞手有经验去应付以后可能会在飞行中出现的各种意外。

11.3 民用无人机空中交通管理办法

2015年民航局发布《轻小无人机运行规定（试行）》；2016年，民航局出台《民用无人驾驶航空器系统空中交通管理办法》（以下简称《办法》），进一步规范了在民用航空使用空域范围内的民用无人驾驶航空器系统活动。

最新出台的《办法》在2009年发布的规定的基础上细化了无人驾驶航空器系统在民航使用空域运行评估的制度，由无人驾驶航空器系统运营人会同民航空管单位对空域内的运行安全进行评估并形成评估报告，由管理局对评估报告进行评审。《办法》明确了评估需要包括无人驾驶航空器系统、飞行活动计划、空管保障措施、驾驶员和观察员、通信控制链路和应急处置程序等方面的内容。

《办法》进一步放松了对民用无人机飞行区域的管理。机场净空保护区以外的民用航空使用空域范围以内，飞行高度120m以下，水平距离500m以内，空机质量7kg以下的无人驾驶航空器昼间在视距内的飞行活动，对其他航空器安全影响较小，在不影响地面人员和设施安全的情况下，可不进行专门评估和管理，由运营人保证其飞行安全。

该《办法》的部分内容及解析如下。

第四条　民用无人驾驶航空器仅允许在隔离空域内飞行。

民用无人驾驶航空器在隔离空域内飞行，由组织单位和个人负责实施，并对其安全负责。多个主体同时在同一空域范围内开展民用无人驾驶航空器飞行活动的，应当明确一个活动组织者，并对隔离空域内民用无人驾驶航空器飞行活动安全负责。

【相关概念解析】

（1）隔离空域：专门分配给无人驾驶航空器系统运行的空域，通过限制其他航空器的进入以规避碰撞风险。

（2）非隔离空域：无人驾驶航空器系统与其他有人驾驶航空器同时运行的空域。

第二章　评估管理

第五条　在本办法第二条规定的民用航空使用空域范围内开展民用无人驾驶航空器系统飞行活动，除满足以下全部条件的情况外，应通过地区管理局评审：

（一）机场净空保护区以外；

（二）民用无人驾驶航空器最大起飞重量小于或等于7kg；

（三）在视距内飞行，且天气条件不影响持续可见无人驾驶航空器；

【相关概念解析】

（1）目视视距内：驾驶员或观测员与无人驾驶航空器保持直接目视视觉接触的运行方式。直接目视视觉接触的范围为：高120m以下，距离不超过驾驶员或观测员视线范围或最大500m半径的范围，两者中取较小值。

（2）超目视视距：无人驾驶航空器在目视视距以外的运行方式。

（3）无线电视距内：是指发射机和接收机在彼此的无线电覆盖范围之内能够直接进行通信，或者通过地面网络使远程发射机和接收机在无线电视距内，并且能在相应时间范围内完成通信传输的情况。

（4）超无线电视距：是指发射机和接收机不在无线电视距之内的情况。因此所有卫星系统都是超无线电视距的，遥控站通过地面网络不能在相应时间范围与至少一个地面站完成通信传输的系统也都是超无线电视距的。

（四）在昼间飞行；

（五）飞行速度不大于120km/h；

（六）民用无人驾驶航空器符合适航管理相关要求；

（七）驾驶员符合相关资质要求；

【相关概念解析】

（1）运营人：是指从事或拟从事航空器运营的个人、组织或者企业。

（2）驾驶员：由运营人指派对遥控驾驶航空器的运行负有必不可少职责并在飞行期间适时操纵无人驾驶航空器的人。

（3）观测员：由运营人指定的训练有素的人员，通过目视观测遥控驾驶航空器协助驾驶员安全实施飞行。

（八）在进行飞行前驾驶员完成对民用无人驾驶航空器系统的检查；

（九）不得对飞行活动以外的其他方面造成影响，包括地面人员、设施、环境安全和社会治安等。

（十）运营人应确保其飞行活动持续符合以上条件。

第六条 民用无人驾驶航空器系统飞行活动需要评审时，由运营人会同空管单位提出使用空域，对空域内的运行安全进行评估并形成评估报告。

地区管理局对评估报告进行审查或评审，出具结论意见。

第七条 民用无人驾驶航空器在空域内运行应当符合国家和民航有关规定，经评估满足空域运行安全的要求。评估应当至少包括以下内容：

（一）民用无人驾驶航空器系统情况，包括民用无人驾驶航空器系统基本情况、国籍登记、适航证件（特殊适航证、标准适航证和特许飞行证等）、无线电台及使用频率情况；

（二）驾驶员、观测员的基本信息和执照情况；

（三）民用无人驾驶航空器系统运营人基本信息；

（四）民用无人驾驶航空器的飞行性能，包括：飞行速度、典型和最大爬升率、典型和最大下降率、典型和最大转弯率、其他有关性能数据（例如风、结冰、降水限制）、航空器最大续航能力、起飞和着陆要求；

（五）民用无人驾驶航空器系统活动计划，包括：飞行活动类型或目的、飞行规则（目视或仪表飞行）、操控方式（视距内或超视距，无线电视距内或超无线电视距等）、预定的飞行日期、起飞地点、降落地点、巡航速度、巡航高度、飞行路线和空域、飞行时间和次数；

（六）空管保障措施，包括：使用空域范围和时间、管制程序、间隔要求、协调通报程序、应急预案等；

（七）民用无人驾驶航空器系统的通信、导航和监视设备和能力，包括：民用无人驾驶航空器系统驾驶员与空管单位通信的设备和性能、民用无人驾驶航空器系统的指挥与控制链路及其性能参数和覆盖范围、驾驶员和观测员之间的通信设备和性能、民用无人驾驶航空器系统导航和监视设备及性能；

（八）民用无人驾驶航空器系统的感知与避让能力；

（九）民用无人驾驶航空器系统故障时的紧急程序，特别是：与空管单位的通信故障、指挥与控制链路故障、驾驶员与观测员之间的通信故障等情况；

（十）遥控站的数量和位置以及遥控站之间的移交程序；

（十一）其他有关任务、噪声、安保、业载、保险等方面的情况；

（十二）其他风险管控措施。

第八条 按照本规定第六条需要进行评估的飞行活动，其使用的民用无人驾驶航空器系统应当为遥控驾驶航空器系统，而非自主无人驾驶航空器系统。并且能够按要求设置电子围栏。

【相关概念解析】

（1）民用无人驾驶航空器：没有机载驾驶员操作的民用航空器。

（2）民用无人驾驶航空器系统：指民用无人驾驶航空器及与其安全运行有关的组件，主要包括遥控站、数据链路等。

（3）遥控驾驶航空器系统：由遥控驾驶航空器、相关的遥控站、所需的指挥与控制链路以及批准的型号设计规定的任何其他部件构成的系统。

（4）遥控驾驶航空器：由遥控站操纵的无人驾驶航空器。遥控驾驶航空器是无人驾驶航空器的亚类。

（5）遥控站：遥控驾驶航空器系统的组成部分，包括用于操纵遥控驾驶航空器的设备。

（6）指挥与控制链路：遥控驾驶航空器和遥控站之间为飞行管理目的建立的数据链接。

（7）自主无人驾驶航空器系统：不允许驾驶员介入飞行管理的无人驾驶航空器。

（8）电子围栏：是指为防止民用无人驾驶航空器飞入或者飞出特定区域，在相应电子地理范围中画出其区域边界，并配合飞行控制系统，保障区域安全的软硬件系统。

（9）感知与避让：观察、发现、探测交通冲突或其他危险，并采取适当行动的能力。

第九条 地区管理局应当组织相关部门对评估报告进行审查，对于复杂问题可以组织专家进行评审和现场演示，并将审查或评审结论反馈给运营人和有关空管单位。

第三章 空中交通服务

第十条 民用无人驾驶航空器飞行应当为其单独划设隔离空域，明确水平范围、垂直范围和使用时段。可在民航使用空域内临时为民用无人驾驶航空器划设隔离空域。

飞行密集区、人口稠密区、重点地区、繁忙机场周边空域，原则上不划设民用无人驾驶航空器飞行空域。

第十一条 隔离空域由空管单位会同运营人划设。划设隔离空域应综合考虑民用无人驾驶航空器通信导航监视能力、航空器性能、应急程序等因素，并符合下列要求：

（一）隔离空域边界原则上距其他航空器使用空域边界的水平距离不小于10km。

（二）隔离空域上下限距其他航空器使用空域垂直距离8400m（含）以下不得小于600m，8400m以上不得小于1200m。

第十二条 民用无人驾驶航空器在隔离空域内运行时，应当符合下列要求：

（一）民用无人驾驶航空器应当遵守规定的程序和安全要求；

（二）民用无人驾驶航空器确保在所分配的隔离空域内飞行，并与水平边界保持5km以上距离；

（三）防止民用无人驾驶航空器无意间从隔离空域脱离。

第十三条 为了防止民用无人驾驶航空器和其他航空器活动相互穿越隔离空域边界，提高民用无人驾驶航空器运行的安全性，需要采取下列安全措施：

（一）驾驶员应当持续监视民用无人驾驶航空器飞行；

（二）当驾驶员发现民用无人驾驶航空器脱离隔离空域时，应向相关空管单位通报；

（三）空管单位发现民用无人驾驶航空器脱离隔离空域时，应当防止与其他航空器发生冲突，通知运营人采取相关措施，并向相关管制单位通报。

（四）空管单位应当同时向民用无人驾驶航空器和隔离空域附近运行的其他航空器提供服务；

（五）在空管单位和民用无人驾驶航空器系统驾驶员之间应建立可靠的通信；

（六）空管单位应为民用无人驾驶航空器指挥与控制链路失效、民用无人驾驶航空器避让侵入的航空器等紧急事项设置相应的应急工作程序。

第十四条　针对民用无人驾驶航空器违规飞行影响日常运行的情况，空管单位应与机场、军航管制单位等建立通报协调关系，制定信息通报、评估处置和运行恢复的方案，保证安全，降低影响。

希望飞手能够熟悉上述法规，因为某些条文是飞手的安全保障，某些条文保障他人或公共财产安全。

11.4　飞行时的注意事项

"黑飞"指不满足飞行条件的飞行，虽然可能对飞手和飞行器没有损害，却对他人和环境有威胁和危害。怎样才不算黑飞？要满足3个条件：第一，人员要有航空器驾驶执照；第二，航空器要有适航证书，相当于汽车的行驶证，包括国际登记证、适航证以及电台执照；第三，要申报飞行计划。

"炸机"是无人机界术语，指由于操作不当或机器故障等因素导致飞行航模不正常坠地，且坠地后损伤较严重，影响了内部结构，或坠地后航模完全摔碎分解，导致航模完全无法飞行。坠地后航模无损伤则叫作摔机。

有人曾对飞行器事故做过统计，见表11-3。

表11-3　飞行器事故统计

故障类型	故障内容	故障点	故障原因
机体故障 80%～90%	发动机 40%～50%	设置调试不当	发动机调试不当、油料配比不当、维护不当等
		油气管道类	化油器堵塞、油路堵塞等
		点火系统	火花塞积碳、高压包击穿、磁电机松动等
		其他	过载造成的过热、缸体磨损等
	飞控 15%～20%	IMU	振动过大造成的姿态紊乱、初始化失败等
		飞控的可靠性	程序跑丢、元器件损坏等
		GPS、指南针	GPS丢失、指南针受磁场干扰等
	电源 5%～10%	电池	电池过放、烧坏等
		电路	短路、断路、设备插头松动等
	其他机载电子设备 10%～15%	舵机	扫齿、过载烧坏等（特别是尾舵机）
		陀螺仪	锁尾不稳等
		定速仪	定速不稳、传感器脱落等
机载故障 5%～10%		螺母螺栓	螺母、螺栓松动脱落撕裂等
		结构失效	拉杆断裂、球头扣断裂、结构松动疲劳等

续表

故障类型	故障内容	故 障 点	故 障 原 因
人为失误 5%~10%	飞行操作 50%~60%	操作错误	遥控器操作错误等
	设置调试 40%~50%	操作流程错误	设备设置错误、线路连接错误等
不可控因素 5%~10%	信号干扰 40%~50%	机身引起的兼容性干扰	点火系统造成的干扰，电源引起的兼容性干扰等
		外来电磁场干扰	大型射频发射塔、高压输电线路等引起的信号干扰
	环境因素 10%~20%	风雨雪鸟等	风雨雪鸟对飞行造成的直接干扰等
	不可控外力因素 10%~20%	场地、围观人群等	场地管制、人群围观、人员阻拦等造成的干扰

大疆公司售后部门也曾进行过类似的统计，85%以上的无人机事故是由于用户误操作引起的，还有技术问题，少部分是因为产品部件失灵，还有不可抗因素，比如被鸟撞、比较轻的飞行器遇到大风偏离运动轨道等。大疆公司技术人员将常见的事故类型分成3类：一是超视距飞行时发生侧边或后边撞击；二是由于用户在启用姿态模式后操作不稳而导致撞击；三是用户对功能理解有偏差，导致返航撞击或者其他事故。

一次飞行可以划分为起飞、爬升、巡航、下降、着陆等阶段。以1.5飞行小时的航段来说，每个阶段在整个飞行过程中所占的时间比例不同，发生事故的概率也不相同。总的来说，起飞和着陆虽然只占总飞行时间的6%，但事故率却高达68.3%，所以起飞和着陆阶段有"黑色10分钟"之说。

根据国际民航组织和各国空管对空域管制的规定以及对无人机的管理规定，无人机必须在规定的空域内飞行，必须在视距内飞行，必须在一定高度内飞行。针对无人机可能违规飞行的问题，一些无人机厂家采取了一些规避措施，在导航地图上设定了禁飞区，禁飞区内无人机将无法启动；对无人机的飞行高度也有警告，以帮助用户更加安全、合法地使用产品。为了规避法律风险，部分厂家生产的无人机还增加了预警系统，在靠近全球主要机场和敏感区域时，在靠近中心的区域内，无人机的飞行将会受到限制或无法启动；在辐射区域，会自动降低无人机的高度，甚至自动降落等。

以下按照人、机、环境分类论述飞行注意事项。

11.4.1 人

对于有人机来说，飞机的性能和飞行员的技术水平是飞机能否发挥出其效能最重要的两个因素。对于无人机也是如此，飞行中的无人机其控制权在飞行操作员手中，此时操作员的技术水平和其所作的飞行操纵准确与否对于无人机能否发挥其应有的效能起着至关重要的作用。对于飞行安全，人的因素也是最重要的。

日本学者桥本邦卫曾提出过"大脑觉醒水平等级划分表"，见表11-4。飞行员的大脑觉醒水平大多停留在等级2、等级3状态，其可靠度也处于一个比较高的水平。而无人机飞行时，其操作员的状态大多停留在等级2状态（由于飞行时间长和参与感低很难保持在等级3状态），如果是长时间执行任务出现等级1甚至等级0状态的情况也是存在的。相比于飞行员，无人机操作员的专业训练程度要低得多，因此在出现紧急情况时，等级4状态出现概率也大大高于飞行员。

第 11 章 飞手实训

表 11-4　大脑觉醒水平等级划分表

等级	意识状态	注意状态	生理状态	工作能力	可靠度
0	无意识，神智丧失	无	睡觉、发呆	无	0
1	常态以下，意识模糊	不注意	疲劳、困倦、单调、醉酒（轻度）	低下，易出事故	<0.9
2	正常意识的松弛阶段	无意注意	安静状态或反射活动	可以进行熟练性、反复性和常规性操作	0.99～0.9999
3	正常意识的清醒阶段	有意注意	精力充沛，积极活动状态	有随机处理能力，有准确决策能力	>0.999999
4	超常态，极度紧张、兴奋	注意力过分集中于某一点	惊慌失措，极度紧张	易出差错，易造成事故	<0.9

由于飞行场地经常较偏远，因此做好充足的准备是最好的预防，表 11-5 为某飞手外场作业飞行的物品清单，可供参考。

表 11-5　外场作业飞行物品清单

序号	项	目	型号规格	数　量	备　注
1		机架		1 套	
2	动力	机上及备用锂电池		4 个	
		充电器		2 个	与锂电池配套，输入电源可选择车载供电
		机上及备用螺旋桨		12 个	
3		机上及备用无刷电动机		8 个	
4		机上及备用电调		8 个	
5	飞控	飞控模块		1 个	
6		IMU 模块		1 个	
7		LED 指示灯		1 个	
8		电源管理模块		1 个	
9		3 针伺服对接线		10 根	
10		USB 调参线		1 根	
11		GPS 支架		1 个	
12		遥控器		2 套	
13		地面站		1 套	
14	地面摄像	U 盘		2 个	
15		手机 SD 卡	8G	1 个	
16	安装拆卸工具	内六角扳手	Φ1.5、Φ2、Φ3	各 2 把	
17		老虎钳		1 把	
18		剪刀		1 把	
19		水平泡		1 个	
20		502 胶水		2 瓶	
21		双面胶		2 卷	
22		电池绑带		4 付	
23		扎带		1 包	

续表

序号	项目	型号规格	数量	备注
24	电气工具	电烙铁	1把	
25		焊锡丝	1卷	
26		松香	1盒	
27		万用表	1块	
28		测电压电量仪	1个	
29		手提式电子秤	1个	

起飞前，飞手应确保精神状态良好，切勿饮用含有酒精成分的饮料或口服药剂，或者疲劳状态下操控飞行器；应留意当地关于遥控飞行器的相关法律法规，并严格遵守。

飞行过程中，应确保飞行器在视线范围内，如图11-9所示，请勿在障碍物背面飞行。

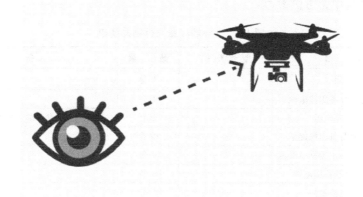

图11-9　确保飞机在视线范围内

飞行前，应仔细阅读产品手册，并熟记产品功能、操作要点、技术参数及其他重要信息。

操作起飞推杆要柔和，不要推满杆。根据飞行器状态柔和加量，如果飞行场地受限或者风大，离地后要适当修正飞行器，不要偏离起飞点。离地后操作升降杆柔和减量，先低高度悬停，观察飞行器状态是否稳定及地面站数据是否正常（在飞行器刚离开地面时会有晃动，这是地效导致的，升高到1m以上这个状态即消失）。

爬升过程中动作要柔和，尽量避免全动力高速爬升。如果所需高度较高要分段爬升观察地面站GPS及RC信号状态（高度较高时建议使用自动驾驶功能）。

飞行过程中，最好有同伴协助查看地面站软件界面，需要特别注意的参数有GPS定位精度、遥控器信号、电池电压，只要有任何一个参数发生异常，则必须马上通知飞手。

飞行器在快速降低高度时会不稳定，这是因为下洗效应的缘故。在降高时应采用左右横移同时降高的手法。有风的时候下洗效应会减弱。

当飞行器高度降到10m左右时要保持飞行器在飞手的正前方5～10m范围，这样便于观察，同时也保证了安全距离，降落的速度不可过快，不能长时间大杆量拉杆，这样会导致飞行器加速下落，应该柔和拉杆，让飞行器匀速下降（对于新手建议使用点动的方式，让飞行器像下台阶一样逐渐降低高度）。

飞行器快要接地时会出现不稳定的现象，这是地效的缘故，可适当做一些修正。落地后将升降操纵杆拉到底，同时关闭电动机。

电动机长时间飞行后要检查是否劳损，也不要随意改装设备。

要特别小心大的油门输入，飞行器会非常迅速地增加（或减少）高度。

飞行器不能带着故障上天，要求把所有的故障在地面上排除。做到这一点是很困难的，但必须在实践中努力培养自己具有这种严谨的作风，同时还要具备这方面的基础知识和积累，单靠书本上学到的一知半解是不行的。

飞行中，天线的末端不要朝向飞行器机身的方向，因为有指向性时的信号输出最弱，天线横侧方向的信号最大。

在飞行过程中或发动机运转过程中绝对不可以关闭遥控器电源。

准备飞行时，如需将手持遥控器置于地上时，请勿竖立放置，因为一旦被风吹倒，操纵杆有可能呈操作状态，引发螺旋桨旋转。

11.4.2 机

确保智能飞行电池、遥控器及其他设备电量充足，如图 11-10 所示；确保飞行平台、遥控器、电池、螺旋桨、地面站等设备状态正常。

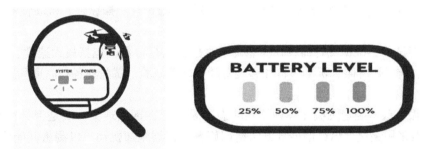

图 11-10 确保电池电量充足

为了保障无人机的飞行安全，应在离地 120m 以下的安全高度内飞行。

应在 GPS 信号良好的情况下飞行，如图 11-11 所示。

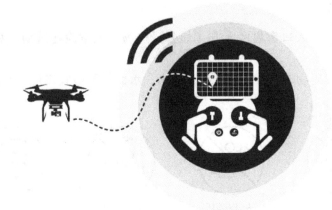

图 11-11 确保 GPS 信号良好

起飞前检查遥控接收机,所有的手柄及开关要在初始位置。

飞行器通电。一定要到起飞点才能给飞行器通电,不要长时间通电待机。GPS 或 RC 信号不稳定及不能满足飞行要求时不得起飞。

定期检查飞行器性能,要保证机器在起飞时无故障。

起飞前要做好准备工作,校准指南针,检查卫星的个数,留意飞行器的电池电压是否正常。

飞行器起飞后,要留意飞行器稳定性,如果出现干扰,应尽快降落。

旋翼螺旋桨的动静平衡不合格等原因,可能使多旋翼飞行器在空中飞行时产生过大的振动,导致飞控传感器被噪声淹没,无法稳定飞行,甚至失控。因此,螺旋桨需人工进行静平衡测试,然后用透明胶缠绕桨叶较轻一端,使螺旋桨达到静平衡。动平衡则没有专业设备和经验,飞手无法校正。建议有条件的飞手借用其他有振动数值显示的飞控来完成监测记录。

机体振动主要来源于机架变形、电动机和螺旋桨不对称。机架变形特别是机臂变形会导致产生异步振动,所以机臂的刚度越大越好;桨架需要和电动机轴承、螺旋桨中心共轴,避免电机转动时产生偏心力;螺旋桨应匹配机架型号和机体质量,并在顺逆时针旋转时具有相同的韧性。

四旋翼飞行器原型机试飞的主要项目和方法有以下几项。

(1)飞行品质(静态和动态)试验:包括飞行器稳定性、操纵性、机动性和与失速有关的试验。

(2)性能试验:根据飞行器设计性能确定最佳的飞行参数,包括最大速度、最小速度、爬升、航程、航时、升限、机动飞行和起飞着陆性能等试验。试验在各种高度和速度情况下进行。

(3)颤振试验:确定飞机在各种使用状态下是否存在颤振现象,或是否具有充分的衰减特性。一般采用突然操纵或激振等方法给四旋翼飞行器施加扰动,以测量其响应(振型、频率和衰减特性等)。

(4)飞行载荷试验:按设计条件进行试飞,以鉴定设计载荷。将测定值与强度试验和强度计算的结果对照以鉴定其安全性。

(5)机载设备试验:包括通信、导航、控制和生命保障系统等试验。

11.4.3 环境

避免在机场附近、人口密集区上方(如公园广场)或危险建筑物(如化工厂)区域飞行。

飞行时应远离障碍物、人群、高压线、树木、水面等不适宜飞行的环境,如图 11-12 所示。

机场　　　　　人口密集区　　　　危险建筑物　　　　障碍物

图 11-12 选择适宜的环境

应远离电磁环境复杂的场所，飞行器必须在信号塔、基站等干扰环境 200m 以外使用，避免因受到电磁干扰而出现无法起飞、失控坠机等状况。

应选择开阔空旷的飞行场地，远离人群及建筑物，请勿在人群或动物上方飞行。

起飞点要选择开阔、视线良好、无障碍物、地面无高的杂草沙砾及平整的地方，如果地面条件差可放置起飞板。

有风的时候在高大的建筑物或树木周围有乱流产生，尽量避免飞到这些区域。

11.5　飞行器检修及保养

在飞行数十个起落之后，应对设备进行定期的检查；在模型受到剧烈冲击之后，应对设备进行不定期的检查。检查项目如下。

1. 面观

整体看一下四旋翼的外表：
（1）机架是否歪斜；
（2）桨面是否有瑕疵、磨损、断裂，或者明显的明纹裂痕；
（3）电动机是否歪斜，电动机及其内线是否有熔断、异物残存；
（4）电调外包装是否完整，是否有破裂、烧痕或者烧焦味道；
（5）飞控连接线是否调理有序，同等接线口是否合理布局，有无明显接线异类线色；
（6）飞控安装是否水平，整体板子是否有熔断、烧焦、元器件焊接凸起；
（7）各个焊接点是否有明显断裂、焊锡点变形等；
（8）遥控接收机天线是否有裂痕，是否有拉伸痕迹，接收机接线色是否整齐，无异类线色；
（9）电调接线板是否有焊接松动，甚至是接线毛刺、灰尘，要及时清除，以免漏电；
（10）检查每对桨叶的安装标识是否与机臂上的标识一致，以确保螺旋桨的正确安装；
（11）将所有接线处，比如插针、香蕉头、T 插处等，检查看是否有拉伸痕迹，是否有熔化。

其中，异类线色指航模接线一般是黑、红、白或者棕、红、黄，安装时整排线的颜色为一条直线，如果安装错误，肯定会明显看出，因此取名异类线色。

2. 手动

（1）用手轻轻晃动机架，用手掰动相邻的两个臂，检查是否有松动。手拿一个臂在空中晃几下，然后重复双手各拿一个相邻两臂进行掰动，检查是否有松动。如果有脚架，晃动脚架看是否松动，把带脚架整体机架放到地面，大力推一下，然后再离地 20cm 处，地面有纸板铺垫的情况下下落几次，检查是否有架腿歪斜。

（2）检查桨叶外观是否有变形、破损、裂痕、白色折痕，若发现有白色折痕则表示该部位有非正常受力，存在断裂风险，应及时更换新的桨叶。

（3）手握住电动机所在臂，然后轻轻晃动电动机桨座或者子弹头，看整体是否有松动，螺钉是否拧紧，然后握住电动机底座，再晃动电动机桨座或者子弹头，看是否有松动。

（4）将所有有接线处，比如插针、香蕉头、T插处等，如果是已经牢固插上的就轻轻拔一下看是否有松动；如果是需要经常插拔的，如电池接口，插拔几次检查，注意力量不要太大。

（5）电调接线连接着电动机、飞控、接线板，因此把线拉几下看周围接线是否牢固。

（6）手握住飞控板侧面轻轻晃动，检查飞控是否固定牢固；电调接线板上的线，都要轻轻晃几下，检查是否有松动。

（7）接收机的插针是否有松动。

（8）检查桨叶的对称性。启动电动机，观察螺旋桨的转动轨迹。如果出现多重轨迹，同时伴随剧烈振动，说明该桨叶外形或质量不对称，应更换新的桨叶。用手转动电动机转子，检查转子的阻力情况。

3. 闻声

闻声很重要，用耳朵细细听。

（1）握住机架相邻两个臂掰动，听是否有固定机架螺钉松动，臂固定声音是否结实无异声。

（2）电动机声音：把桨固定或者无桨裸电动机用手转动一下，正常的电动机转动声音是浑实有力的，听起来似乎有些油动声音。但是有时候听起来干巴巴的，或者声音发脆甚至能听到内部有明显的"咯嘣"等砂子类声音，转起来不够圆润连续，那么就需要检修电动机。

（3）整体听声：将整体架子放到手上，握住一个臂，来回晃动下，听是否有线路没有固定好以及飞行器内是否有杂物声音，需及时清理。

4. 测

将上面的检查结果综合起来，然后进行综合检修测试。

（1）飞控单独供电，检查是否有异常，按照飞控飞行说明书，看指示灯是否正确闪亮，遥控与飞控对接是否正常。

（2）不对飞控供电，将4个电调线分别接到接收机油门处，轻推油门听声音，检查是否有明显反应慢甚至是异声。

（3）将遥控放置于稳处，飞行器放在一个相对宽松的地方，至少周围能有50cm的活动裕量。通电然后实行遥控飞控对接，低油门，按照所用飞控的品牌进行异常检查。

（4）轻推油门逐渐升高，听电动机转速，观察飞控指示灯，油门可推至3/5处，观察情况。

（5）持续1min左右，停止供电，用手摸一下电动机、电调、电调接线板、飞控板、线路连接部、电池线、电池插口等处，检查是否有烫手的感觉。

（6）如果温度有异常，则无须测试本项。如果温度无异常，则再次对飞行器供电，将油门调到低处，然后油门推到3/5处，坚持5s，迅速拉回，如此重复两三次，然后将油门固定至中间，停留10s。迅速断电，检查温度是否异常。

（7）若第（5）、（6）条出现温度异常，则需要及时进行检修和更换。比如，仅有电池接线滚烫，那么就是硅胶线负载不了如此强的电流，需要及时更换。仅有电动机电调很热，而不是烫，建议以后飞行不要做大载重、超负荷动作。仅有电调电动机接线处滚烫，建议检查是否有焊接虚焊。开机后，电调 123 声音是否一致，如果听到有某个声音短缺，应及时检查线路接线。开机后，某个电动机出现重复或者断续的 123 声音，那么应检查焊接处松动虚焊。

飞行器是需要维护的，尤其是日常的检修，需要注意以下几项。

（1）电池体积是否有明显变化。

（2）电动机内异物检查，清洁轴承，注意上油。

（3）飞控表面清洁线路是否有老化、元器件虚焊、热熔等。

（4）电线是否有变形，比如受热冷却后蛇形。

（5）电线接口是否有异物、氧化等。

（6）机架是否变形，螺母是否有滑丝等状况。

（7）整体线路包扎，电线以及接口固定等，一定要牢固，如果有断裂松动，应及时更换。

（8）飞行器标识，如乒乓球、色带等，是否牢固。

（9）对电动机、飞控等灰尘敏感部件，进行灰尘清理，及时清扫干净。

飞行器长久不用，保存时需要注意以下几项。

（1）电池：电池尽量用平衡充放电或者充电至 3.7V 左右，然后放在阴凉密闭处保存。注意电池插口要防氧化。插头处注意干燥，有条件可以做个封装。

（2）飞控：放置于密闭袋子中保存。注意插头处要进行干燥。

（3）电动机封存：电动机内部要进行除污、上油，尤其是对刀刻字上油，否则容易氧化刻字处，容易生锈。

（4）电调封存。

（5）桨用塑料纸、布或者泡沫片间隔包裹，放到不容易挤压，无日照区域保存。

（6）防止水、尘土、金属碎屑等异物进入机体，此类异物会对飞行器造成重大伤害，甚至酿成事故。

（7）避免阳光长时间暴晒，以免温度过高对机内电子设备造成损坏。

附录 A 磁罗盘椭球拟合标定程序

(1) 椭球拟合函数 matlab 程序：

```
% draw ellipse
clc;
clear;

data = textread('data.txt');
mag = data;
figure(1);
hold off;
plot3(mag(:,1),mag(:,2),mag(:,3));
grid on
axis equal;
xlabel('x');
ylabel('y');
zlabel('z');

figure(2);
subplot(2,2,1);
hold off;
plot(mag(:,1),mag(:,2));
legend('x-y');
axis equal;
grid on;

subplot(2,2,2);
hold off;
plot(mag(:,1),mag(:,3));
legend('x-z');
axis equal;
grid on;

subplot(2,2,3);
hold off;
plot(mag(:,2),mag(:,3));
legend('y-z');
axis equal;
grid on;
```

附录 A 磁罗盘椭球拟合标定程序

```
% fit
[center,radii,evecs,v] = ellipsoid_fit(mag,1);
center
1./radii*500
evecs'

%
corMag = mag - repmat(center',length(mag),1);
corMag = (evecs' * corMag')';
corMag(:,1) = corMag(:,1)/radii(1)*500;
corMag(:,2) = corMag(:,2)/radii(2)*500;
corMag(:,3) = corMag(:,3)/radii(3)*500;

figure(3);
plot3(corMag(:,1),corMag(:,2),corMag(:,3));
grid on
axis equal;
xlabel('x');
ylabel('y');
zlabel('z');

figure(2);
subplot(2,2,1);
hold on;
plot(corMag(:,1),corMag(:,2),'r');
legend('x-y');
axis equal;
grid on;

subplot(2,2,2);
hold on;
plot(corMag(:,1),corMag(:,3),'r');
legend('x-z');
axis equal;
grid on;

subplot(2,2,3);
hold on;
plot(corMag(:,2),corMag(:,3),'r');
legend('y-z');
axis equal;
grid on;
```

(2) 椭球数据输出程序：

```matlab
function [center,radii,evecs,v] = ellipsoid_fit(X,flag,equals)
error(nargchk(1,3,nargin));    % check input arguments
if nargin == 1
    flag = 0;   % default to a free ellipsoid
end
if flag == 2 && nargin == 2
    equals = 'xy';
end

if size(X,2) ~= 3
    error('Input data must have three columns!');
else
    x = X(:,1);
    y = X(:,2);
    z = X(:,3);
end

% need nine or more data points
if length(x) < 9 && flag == 0
    error('Must have at least 9 points to fit a unique ellipsoid');
end
if length(x) < 6 && flag == 1
    error('Must have at least 6 points to fit a unique oriented ellipsoid');
end
if length(x) < 5 && flag == 2
    error('Must have at least 5 points to fit a unique oriented ellipsoid with two axes equal');
end
if length(x) < 3 && flag == 3
    error('Must have at least 4 points to fit a unique sphere');
end

if flag == 0
    % fit ellipsoid in the form Ax^2 + By^2 + Cz^2 + 2Dxy + 2Exz + 2Fyz + 2Gx + 2Hy + 2Iz = 1
    D = [x.*x,...
         y.*y,...
         z.*z,...
         2*x.*y,...
         2*x.*z,...
         2*y.*z,...
         2*x,...
         2*y,...
         2*z];  % ndatapoints x 9 ellipsoid parameters
elseif flag == 1
    % fit ellipsoid in the form Ax^2 + By^2 + Cz^2 + 2Gx + 2Hy + 2Iz = 1
```

```
    D = [x .* x,...
         y .* y,...
         z .* z,...
       2 * x,...
       2 * y,...
       2 * z];    % ndatapoints x 6 ellipsoid parameters
elseif flag == 2
    % fit ellipsoid in the form Ax^2 + By^2 + Cz^2 + 2Gx + 2Hy + 2Iz = 1,
    % where A = B or B = C or A = C
    if strcmp(equals,'yz') || strcmp(equals,'zy')
        D = [y .* y + z .* z,...
             x .* x,...
           2 * x,...
           2 * y,...
           2 * z];
    elseif strcmp(equals,'xz') || strcmp(equals,'zx')
        D = [x .* x + z .* z,...
             y .* y,...
           2 * x,...
           2 * y,...
           2 * z];
    else
        D = [x .* x + y .* y,...
             z .* z,...
           2 * x,...
           2 * y,...
           2 * z];
    end
else
    % fit sphere in the form A(x^2 + y^2 + z^2) + 2Gx + 2Hy + 2Iz = 1
    D = [x .* x + y .* y + z .* z,...
       2 * x,...
       2 * y,...
       2 * z];    % ndatapoints x 4 sphere parameters
end

% solve the normal system of equations
v = (D' * D) \ (D' * ones(size(x,1),1));


% find the ellipsoid parameters
if flag == 0
    % form the algebraic form of the ellipsoid
    A = [v(1) v(4) v(5) v(7); ...
         v(4) v(2) v(6) v(8); ...
```

```
          v(5)v(6)v(3)v(9);...
          v(7)v(8)v(9) -1];
    % find the center of the ellipsoid
    center = -A(1:3,1:3)\[v(7);v(8);v(9)];
    % form the corresponding translation matrix
    T = eye(4);
    T(4,1:3) = center';
    % translate to the center
    R = T*A*T';
    % solve the eigenproblem
    [evecs evals] = eig(R(1:3,1:3)/-R(4,4));
    radii = sqrt(1./diag(evals));
else
    if flag == 1
        v = [v(1)v(2)v(3)0 0 0 v(4)v(5)v(6)];
    elseif flag == 2
        if strcmp(equals,'xz')||strcmp(equals,'zx')
            v = [v(1)v(2)v(1)0 0 0 v(3)v(4)v(5)];
        elseif strcmp(equals,'yz')||strcmp(equals,'zy')
            v = [v(2)v(1)v(1)0 0 0 v(3)v(4)v(5)];
        else % xy
            v = [v(1)v(1)v(2)0 0 0 v(3)v(4)v(5)];
        end
    else
        v = [v(1)v(1)v(1)0 0 0 v(2)v(3)v(4)];
    end
    center = (-v(7:9)./v(1:3))';
    gam = 1 + (v(7)^2/v(1) + v(8)^2/v(2) + v(9)^2/v(3));
    radii = (sqrt(gam./v(1:3)))';
    evecs = eye(3);
end
```

附录 B 卡尔曼滤波代码

```
clearall;
closeall;
n_iter = 100;                              % 计算 100 个温度值
sz = [n_iter,1];                           % 100 行,1 列
x = 24;                                    % 温度的真实值
Q = 4e - 4;                                % 过程方差,反应连续两个时刻的温度方差
R = 0.25;                                  % 测量方差,反应温度计的测量精度
z = x + sqrt(R) * randn(sz);               % z 是温度计的测量结果,在真实值的基础上加上了方差
                                           %   为 0.25 的高斯噪声

% 对数组进行初始化
xhat = zeros(sz);                          % 对温度的后验估计,即在 k 时刻,结合温度计当前测量
                                           %   值与 k-1 时刻先验估计,得到的最终估计值

P = zeros(sz);                             % 后验估计的方差
xhatminus = zeros(sz);                     % 温度的先验估计。即在 k-1 时刻,对 k 时刻温度做出
                                           %   的估计

Pminus = zeros(sz);                        % 先验估计的方差
K = zeros(sz);                             % 卡尔曼增益,反应了温度计测量结果与过程模型(即当
                                           %   前时刻与下一时刻温度相同这一模型)的可信程度

xhat(1) = 23.5;                            % 温度初始估计值为 23.5°
P(1) = 1;                                  % 误差方差为 1
for k = 2:n_iter
% 时间更新(预测)
xhatminus(k) = xhat(k - 1);                % 用上一时刻的最优估计值作为对当前时刻温度的预测
Pminus(k) = P(k - 1) + Q;                  % 预测的方差为上一时刻温度最优估计值的方差与过程
                                           %   方差之和

%测量更新(校正)
K(k) = Pminus(k)/(Pminus(k) + R);          % 计算卡尔曼增益
xhat(k) = xhatminus(k) + K(k) * (z(k) - xhatminus(k));
                                           % 结合当前时刻温度计的测量值,
                                           %   对上一时刻的预测进行校正,得到
                                           %   校正后的最优估计。该估计具有最
                                           %   小均方差

P(k) = (1 - K(k)) * Pminus(k);             % 计算最终估计值的方差
end
FontSize = 14;
LineWidth = 3;
figure();
plot(z,'k+');                              % 画出温度计的测量值
holdon;
```

```
plot(xhat,'b-','LineWidth',LineWidth)           % 画出最优估计值
holdon;
plot(x*ones(sz),'g-','LineWidth',LineWidth);    % 画出真实值
legend('温度计的测量结果','后验估计','真实值');
xl = xlabel('时间(分钟)');
yl = ylabel('温度');
set(xl,'fontsize',FontSize);
set(yl,'fontsize',FontSize);
holdoff;
set(gca,'FontSize',FontSize);
figure();
valid_iter = [2:n_iter];                         % Pminus not valid at step 1
plot(valid_iter,P([valid_iter]),'LineWidth',LineWidth);  % 画出最优估计值的方差
legend('后验估计的误差估计');
xl = xlabel('时间(分钟)');
yl = ylabel('℃^2');
set(xl,'fontsize',FontSize);
set(yl,'fontsize',FontSize);
set(gca,'FontSize',FontSize);
```

附录 C PID 参数对系统性能影响试验代码

```matlab
%% 如下代码对应图 8-6 所示只改变比例系数的仿真试验结果,其他类似
clc,clear
% 被控线性模型
TfPitchNum = [-0.00004584 0.0001312 0.0009171 0.000228];
TfPitchDen = [1 -2.514 2.087 -0.5657];
sysPitch = tf(TfPitchNum,TfPitchDen,0.04);    % 重新构造无噪声输入的模型
% ltiview(sysPitch)
sysPitchZpk = zpk(sysPitch);
% 使用标准 PID 参数的式子,这个是一个可用的参数
Kp = 1;
Ti = 0.1;
Td = 1.1;
Ts = 0.04;
Ki = Kp * Ts/Ti;  %0.3
Kd = Kp * Td/Ts;  %17
p2 = Kd;
p1 = -Kp -2 * p2;
p0 = Kp + Ki + p2;
ControlSys1Num = [p0 p1 p2];
ControlSys1Den = [1 -1 0];
ControlSys1 = tf(ControlSys1Num,ControlSys1Den,0.04);
SysOpen = series(ControlSys1,sysPitchZpk);
SysSum = feedback(SysOpen,1)

Kp1 = 3;
Ti1 = 0.1;
Td1 = 1.1;
Ts1 = 0.04;
Ki1 = Kp1 * Ts1/Ti1;  %0.3
Kd1 = Kp1 * Td1/Ts1;  %17
p21 = Kd1;
p11 = -Kp1 -2 * p21;
p01 = Kp1 + Ki1 + p21;
ControlSys1Num1 = [p01 p11 p21];
ControlSys1Den1 = [1 -1 0];
ControlSys11 = tf(ControlSys1Num1,ControlSys1Den1,0.04);
SysOpen1 = series(ControlSys11,sysPitchZpk);
```

```
SysSum1 = feedback(SysOpen1,1)

Kp2 = 6.5;
Ti2 = 0.1;
Td2 = 1.1;
Ts2 = 0.04
Ki2 = Kp2 * Ts2/Ti2;  %0.3
Kd2 = Kp2 * Td2/Ts2;  %17
p22 = Kd2;
p12 = -Kp2 - 2 * p22;
p02 = Kp2 + Ki2 + p22;
ControlSys1Num2 = [p02 p12 p22];
ControlSys1Den2 = [1 -1 0];
ControlSys12 = tf(ControlSys1Num2,ControlSys1Den2,0.04);
SysOpen2 = series(ControlSys12,sysPitchZpk);
SysSum2 = feedback(SysOpen2,1)

Kp4 = 25;
Ti4 = 0.1;
Td4 = 1.1;
Ts4 = 0.04
Ki4 = Kp4 * Ts4/Ti4;  %0.3
Kd4 = Kp4 * Td4/Ts4;  %17
p24 = Kd4;
p14 = -Kp4 - 2 * p24;
p04 = Kp4 + Ki4 + p24;
ControlSys1Num4 = [p04 p14 p24];
ControlSys1Den4 = [1 -1 0];
ControlSys14 = tf(ControlSys1Num4,ControlSys1Den4,0.04);
SysOpen4 = series(ControlSys14,sysPitchZpk);
SysSum4 = feedback(SysOpen4,1)
ltiview(SysSum4,'-')
ltiview(SysSum,':',SysSum1,'-.',SysSum2,'-')
```

参 考 文 献

[1] Boskovic J D, Mehra R K, Prasanth R. A Multi – Layer Architecture for Intelligent Control of Unmanned Aerial Vehicles [J]. Journal of Aerospace Computing Information & Communication, 2004, 1 (12): 605 – 628.
[2] Kendoul F. Survey of advances in guidance, navigation, and control of unmanned rotorcraft systems [J]. Journal of Field Robotics, 2012, 29 (2): 315 – 378.
[3] 王英勋. 无人机的自主飞行控制 [C]. 中国航空学会控制与应用学术年会, 2008.
[4] 戴先中. 自动化学科概论 [M]. 北京: 高等教育出版社, 2006.
[5] 秦永元. 惯性导航 [M]. 北京: 科学出版社, 2014.
[6] 凌金福. 四旋翼飞行器飞行控制算法的研究 [D]. 南昌大学, 2013.
[7] Fay G. Derivation of the aerodynamic forces for the mesicopter simulation [J]. Standord University. Stanford, CA, 2001.
[8] 宋丽君, 秦永元. MEMS 加速度计的六位置测试法 [J]. 测控技术, 2009, 28 (7): 11–13.
[9] 陈基伟. 椭圆直接拟合算法研究 [J]. 工程勘察, 2007 (6): 49 – 51.
[10] 王学斌, 徐建宏, 张章. 卡尔曼滤波器参数分析与应用方法研究 [J]. 计算机应用与软件, 2012, 29 (6): 212 – 215.
[11] 吴勇. 四旋翼飞行器 DIY [M]. 北京: 北京航空航天大学出版社, 2016: 176
[12] 张艳昆. 无人机传感器配置及信息融合技术的研究 [D]. 南京: 南京航天航空, 2009: 40 – 60
[13] 张军. 微型外转子无刷直流电机及其控制 [D]. 南京航空航天大学, 2008.
[14] 贺强. 微型外转子无刷直流电机及其控制技术研究 [D]. 南京航空航天大学, 2010.
[15] 陈志旺. STM32 嵌入式微控制器快速上手 [M]. 2 版. 北京: 电子工业出版社, 2014.
[16] 佩措尔德. 编码的奥秘 [M]. 北京: 机械工业出版社, 2000.
[17] 李智超. PID 控制规律教学方法探析 [J]. 常熟理工学院学报, 2005, 19 (6): 108 – 111.
[18] 廖常初. PID 参数最通俗的解释与参数整定方法 [J]. 电气时代, 2012 (1): 90 – 94.
[19] 周航慈. 基于嵌入式实时操作系统的程序设计技术 [M]. 北京: 北京航空航天大学出版社, 2011.
[20] 谢鹏程. 基于 STM32 和 FreeRTOS 的独立式运动控制器设计与研究 [D]. 华南理工大学, 2012.
[21] 刘滨, 王琦, 刘丽丽. 嵌入式操作系统 FreeRTOS 的原理与实现 [J]. 单片机与嵌入式系统应用, 2005 (7): 8 – 11.
[22] 王奇. 嵌入式操作系统内核调度 [M]. 北京: 北京航空航天大学出版社, 2015.
[23] 夏振群. "大九"重生记——FUTABA T9Z 遥控器的拆解与维修 [J]. 航空模型, 2011 (1): 42 – 47.
[24] 文龙. "小电直"入门攻略 – 下 [J]. 航空模型, 2013 (7): 12 – 17.
[25] 何庆芝. 航空航天概论 [M]. 北京: 北京航空航天大学出版社, 1997.
[26] 张宇雄. 电动模型飞机动力系统配置 [M]. 北京: 北京航空航天大学出版社, 2016.
[27] 程多祥. 无人机移动测量数据快速获取与处理 [M]. 北京: 测绘出版社, 2015.

《四旋翼飞行器快速上手》 读者调查表

尊敬的读者：

　　欢迎您参加读者调查活动，对我们的图书提出真诚的意见，您的建议将是我们创造精品的动力源泉。为方便大家，我们提供了两种填写调查表的方式：
1. 您可以登录 http://yydz.phei.com.cn，进入"读者调查表"栏目，下载并填好本调查表后反馈给我们。
2. 您可以填写下表后寄给我们（北京海淀区万寿路173信箱电子技术分社　邮编：100036）。

姓名：_____　　性别：□ 男　□ 女　　年龄：_____　　职业：_____
电话：_____　　移动电话：_____
传真：_____　　E-mail：_____
邮编：_____　　通信地址：_____

1. 影响您购买本书的因素（可多选）：
□封面、封底　　□价格　　　　□内容简介　　□前言和目录　　□正文内容
□出版物名声　　□作者名声　　□书评广告　　□其他_____

2. 您对本书的满意度：
从技术角度　　□很满意　　□比较满意　　□一般　　□较不满意　　□不满意
从文字角度　　□很满意　　□比较满意　　□一般　　□较不满意　　□不满意
从版式角度　　□很满意　　□比较满意　　□一般　　□较不满意　　□不满意
从封面角度　　□很满意　　□比较满意　　□一般　　□较不满意　　□不满意

3. 您最喜欢书中的哪篇（或章、节）？请说明理由。

4. 您最不喜欢书中的哪篇（或章、节）？请说明理由。

5. 您希望本书在哪些方面进行改进？

6. 您感兴趣或希望增加的图书选题有：

邮寄地址：北京市万寿路173信箱电子技术出版分社　张剑　收　　邮编：100036
电　　话：(010) 88254450　　E-mail：zhang@phei.com.cn